资源型企业安全生产的成本收益及管制研究

张国兴 等 著

科学出版社
北京

内 容 简 介

安全生产作为保护劳动者安全健康、维持企业日常工作运转、促进社会主义市场经济发展的基本保障，一直是诸多学者研究的热点和重点。本书以资源型企业为研究对象，聚焦资源型企业安全生产的成本、收益及多方管制监督，通过构建安全生产成本、收益指标体系及管制体系，多视角、多领域、多层次地分析不同类型资源型企业在安全生产过程中的成本控制与收益问题。同时，从法律法规、多方监管、工伤保险三个层面剖析我国安全生产管制体系的基本构成和实际效用，客观展现我国近年来对安全生产工作的高度重视、取得的成果和存在的问题，为读者了解我国资源型企业安全生产的现实情况提供有价值的参考。

本书核心内容建立在资源型企业安全生产成本、收益及管制研究的基础上，以从事相关领域的研究人员和专家学者为主要阅读对象，同时也欢迎社会各界的读者朋友予以斧正。

图书在版编目（CIP）数据

资源型企业安全生产的成本收益及管制研究 / 张国兴等著. —北京：科学出版社，2022.2

ISBN 978-7-03-067162-2

Ⅰ. ①资…　Ⅱ. ①张…　Ⅲ. ①企业安全–安全生产–研究　Ⅳ. ①X931

中国版本图书馆 CIP 数据核字（2020）第 244688 号

责任编辑：王丹妮 / 责任校对：贾娜娜
责任印制：张　伟 / 封面设计：无极书装

科学出版社 出版
北京东黄城根北街 16 号
邮政编码：100717
http://www.sciencep.com

北京建宏印刷有限公司 印刷

科学出版社发行　各地新华书店经销

*

2022 年 2 月第　一　版　开本：720 × 1000　1/16
2023 年 1 月第二次印刷　印张：14 1/2
字数：290 000

定价：146.00 元

（如有印装质量问题，我社负责调换）

前　言

资源型企业作为从事开发和初加工自然资源的单位或个体，其发展程度与本国资源禀赋、市场需求和安全管制紧密相连。特别是在当前市场化全面推进、安全生产工作要求日益严格的背景下，资源型企业要保证生产和生活正常运转、提高经济效益，就必须要将安全生产问题放在重要的位置上。近年来，随着安全科学、安全经济的提出和进一步发展，越来越多的专家学者开始认识到，资源型企业的安全生产意识和安全生产投入明显不足，安全生产投入水平和企业经济效益的提高具有对立统一关系等。因此，要合理提高投入水平，加大投入力度，就关系到企业生产的成本控制和收益企稳问题，还关系到企业、员工、政府等多方因素相互制约的管制效果问题。为此，我们本着科学、客观、务实的态度，仔细研读了国内外专家学者最新的研究成果，力图构建一个较为清晰、符合社会经济发展需要的资源型企业安全生产的成本、收益及管制的研究架构。我们希望通过本书的出版和发行，能引起社会各界和资源型企业对安全生产工作的重视，从而使资源型企业能合理进行成本投入，获得经济收益，并进一步完善安全生产管制体系，达到推动社会经济健康发展、企业安全运转的目的。

资源型企业安全生产的成本、收益及管制研究是涉及企业、员工、政府等多方内容的系统性工程，需要经过长期探索努力，才能实现既定的目标。资源型企业要在保障安全生产的前提下，合理增加安全生产投入，科学调整成本结构，基本稳定业务收益。同时，相关各方要建立健全管制体系，落实各方监管监督职责，共同承担起资源型企业安全生产行政执法的责任，这在一定程度上可以减少安全生产事故的发生和人员的伤亡，降低资源损耗，保障资源型企业总体经济效益稳定增长。本书将资源型企业安全生产的成本、收益及管制的相关理论基础、经济学架构和具体实践相结合，在强调安全生产的同时，注重生产的成本、收益分析及管制监督的现实效果。本书共 12 章，主要内容包括安全生产成本、收益及管制的国内外研究背景、概念界定与理论基础、中国资源型企业安全生产的状况及问题分析、安全生产的成本—收益构成与灰色关联度分析、安全生产管制体系的构建、实例研究（以河南省资源型企业安全生产管制为例）等。

本书由华北水利水电大学张国兴、张熬乾、王涵、冯朝丹共同撰写，张国兴教授最后统稿。为充实写作内容，本书借鉴了国内外关于资源型企业安全生产的成本、收益及管制研究的思想和经验，参考了大量相关文献，引用了较多专家学者的理论、方法、观点和研究成果，在此不一一注明出处，仅在参考文献中列出，如有疏漏之处，谨向遗漏作者表示歉意，向各位专家学者表示诚挚的谢意。

本书在写作过程中，力求做到理论联系实际，反映我国资源型企业安全生产的成本、收益及管制的最新进展。但鉴于作者水平所限，难免存在一些疏漏和不妥之处，敬请同行和广大读者予以指正，以便我们进一步修改。

本书的写作得到科学出版社的大力支持，在此表示衷心的感谢。同时，我们还要感谢在本书出版过程中给予我们帮助的所有人。

作　者

2020 年 3 月

目　录

第1章 导　　论

1.1 研 究 背 景

1.1.1 安全生产

1. 国外研究背景

1）国外工业发展

工业革命推动了工业化进程，尤其是美国的南部、加拿大的北部及澳大利亚的西北部等地区，以各种自然资源采掘和初加工为主要产业的资源型城镇和社区迅速兴起。20 世纪 20 年代起，大规模的工业化生产带动了经济的增长，拥有重要生产资料（如煤炭等各类矿产资源）的资源型城镇得到进一步的发展。20 世纪 60 年代以来，环保标准对煤炭方面提出了更高的要求，行业整体经济效益下滑，而天然气和核能等新能源，在使用效率和生态环境保护方面的优势，促使其在能源结构中的消耗比重越来越高。到了 21 世纪，可持续发展战略被各国提上日程，各国纷纷采取了应对措施，特别是针对资源开发中相关产业的可持续发展。

工业快速发展增加了对安全保障的需求。自公元 12 世纪起，英国就相继颁布了《防火法令》和《人身保护法》，安全生产便开始有了相关的约束。欧美国家在工业革命的推动下开始对安全生产的相关理论进行研究。19 世纪到 20 世纪初，海因里希法则[①]等经典理论针对安全生产事故发展的规律和特征建立了“事后型、局部型”的安全认知。20 世纪 50~80 年代，系统安全理论、风险控制理论进一步发展，和此前的“事后型”认知不同，主要完善了整体的可靠性。到了 20 世纪 70 年代，化工界提出了本质安全的相关理念，自此安全生产开始在煤矿、石油、

① 海因里希法则（Heinrich's Law）又称海因里希安全法则、海因里希事故法则或海因法则，是美国著名安全工程师赫伯特·威廉·海因里希（Herbert William Heinrich）提出的 300：29：1 法则。这个法则意思为，一个企业有 330 起隐患或违章，必然要发生 29 起轻伤或故障，另外还有 1 起重伤、死亡或重大事故。

化工、电力等行业进行研究和运用。

2）国外对安全生产的法律要求

国外发达国家对安全生产问题的理论研究方面比较重视，日本学者植草益曾在其《微观规制经济学》一书中，重点分析了政府部门安全生产监管问题，得出的结论是，为了保护劳动者的健康权益、防止灾害事故的发生，应该采用安全生产监管企业的生产经营活动标准加以约束和限制[1]。英国学者波利特认为安全生产监管问题是由各方协同处理，政府以外的其他社会组织要积极参与公共管理[2]。其他学者也认为，为了保证安全生产的监管效果，政府部门必须确保安全生产方面的立法及安全监管体制的统一。近代以来，工业快速发展的同时生产事故也在高频发生，这引起了相关专家学者对安全生产这一课题的重视。早在19世纪初，法国、英国、德国等一些欧洲国家逐渐开始颁布相关的法律法规，其中英国1802年颁布了全世界第一部安全生产方面的法律法规《学徒健康与道德法》。接着，1970年，美国为降低煤矿事故率及死亡率，对煤炭行业的安全生产和煤矿工人的职业健康状况有了更高的要求，为此颁布了《矿山安全和卫生法》。到20世纪80年代，与安全生产相关的法律法规逐渐完善，大多数国家开始设立相关安全生产监管机构，安全生产监督管理体系初见成效。

3）国外安全生产的基本状况

发达国家由于技术发展时间早、国内法律法规建设较为齐全，加上完善的管理体系和多元的监管制度，在安全生产方面拥有其他国家无法比拟的优势。因此，在安全生产方面也有很多值得借鉴的例子，如煤矿事故发生率极低的德国，其煤矿百万吨死亡率曾为0.04%，一直以来德国对煤矿安全的培训及安全技术的研发十分重视，同时严格的安全生产的法律法规制度更为其保驾护航。其中，参与工作的矿工要确保受到3年以上的正规培训，在成为正式职工前接受由煤矿企业组织的课程考察，不仅如此，在实际工作中仍要参加定期培训，而相应的奖励政策，如增长工资，也强化了矿工的安全生产意识。在技术方面，矿工使用“数字眼镜”可以在井下作业时查看发生故障的机器，而具体的维修步骤会直接由电脑给出动画模型；此外，德国矿山还采用“全自动车自动选煤”的先进技术，减少矿工进行危险工作。先进技术和设备的广泛应用，大大改善了煤矿安全生产的状况。

澳大利亚作为矿产资源丰富的国家，主要矿产资源有铅、银、铜等，其煤炭出口量排名第一。采矿业作为支柱产业必须降低和预防安全生产事故，因此，澳大利亚对于法律法规和员工的安全生产培训，以及先进的安全设备和技术十分重视，在不断引进先进操作设备的同时制定严格的安全检查标准，如尽量少安排或者不安排工作人员在有放射性危害和尘毒危害的矿山工作，有针对性地对噪声进行安全检查，明确规定员工工作环境的噪声分贝，减少噪声源的接触时间，同时安装噪声指示器，配备高效的保护用品和黏膜式耳塞，确保技术人员能及时发现隐患，并采取相应的防范措施。

2. 国内研究背景

1）国内工业发展

20世纪50年代以前，资源型地区率先通过自然资源上的优势赢得经济增长，产业选择也主要取决于丰富的自然资源。资源禀赋的优势令资源型地区快速获得财富积累，为进一步扩大生产创造了初始条件，但在实际发展过程中，自然资源反而制约了一些地区的发展。20世纪50~70年代，优先发展重工业的计划经济推动了煤矿城市的发展，20世纪80~90年代中后期，市场经济的转变引起对资源型城市大范围衰退现象的分析，并采取产业结构调整的手段促进资源型城市的全面发展。20世纪90年代末到21世纪初，可持续发展理念的贯彻落实，使资源型企业开始转型，转变原有的发展路径。党的十八大报告在社会主义现代化建设“五位一体”的总体布局中纳入生态文明建设，在考虑经济发展问题时注重生态文明，这也是实现城市转型发展的可循之路。煤炭资源型城市转型发展研究关注的热点问题也开始转向新型城镇化、绿色发展、资源转型的测度、转型效率研究、转型政策研究等。

目前，我国正处于工业化、城镇化快速发展时期，高危行业比重过大、从业人员居多，事故易发、多发，安全生产面临极大挑战。现实的生产和生活需求，使能源的生产和消费不断增加。同时，我国行业类型众多，包含煤矿、非煤矿山、危化品生产储存、烟花爆竹、工程建设、道路运输、水上运输、工矿商贸、城镇燃气等。企业类型的多元化引起风险源（点）的数量和类型增加。从数据来看，尤其和发达国家相比，我国的安全生产仍处于事故多发的阶段。“一带一路”倡议的提出加快了我国经济的发展，因此，确保各企业的生产安全，企业进行科学有效的风险管控，成为目前面临的难题。

2）国内对安全生产的法律要求

2005年，在首届“中国企业安全生产高层论坛”上，时任国家安全生产监督管理总局局长李毅中明确指出：企业是安全生产的责任主体，以企业为着眼点和立足点进行安全管理是扭转安全生产被动局面、推动安全状况稳定好转的治本之策。目前，安全生产问题已经严重制约经济的发展，引起国家的重视。法律作为治国之重器，健全的安全生产法律体系更是依法治安的前提，在生产过程中保障安全生产文化、安全法制、安全责任、安全科技、安全生产投入等工作的实施。

近年来，国家的法律法规越来越细化，主要对相应的资源型企业进行约束，同时，环保职能部门对资源型企业进行重点关注，2014年修改的《中华人民共和国安全生产法》（简称《安全生产法》）有效地推动了法律体系的建设。2016年12月9日，《中共中央国务院关于推进安全生产领域改革发展的意见》对安全生产工作有了更深层次的讨论：到2020年，安全生产监管体制机制基本成熟，法律制度基本完善，全国生产安全事故总量明显减少，职业病危害防治取得积极进展，重特大安全生产事故频发势头得到有效遏制，安全生产整体水平与全面建成小康社会目标相适应。到2030年，实现安全生产治理体系和治理能力现代化，全民安全文明素质全面提升，安全生产保障能力显著增强，为实现中华民族伟大复兴的中国梦奠定稳固可靠的安全生产基础。

3）国内安全生产的基本状况

党的十八大以来，各地区、各部门认真贯彻落实习近平总书记关于安全生产的一系列指示精神，贯彻落实党中央、国务院一系列重大决策部署，确保安全生产形势持续稳定好转。相关数据显示，2018年的较大事故和重特大事故及事故总量均出现下降的趋势。其中，全国发生一次死亡10人以上的重特大事故从2005年的134起到2017年的19起，下降幅度达到86%，到2018年特大事故下降了24%，死亡人数下降了33.6%①。特别重大事故，即一次死亡30人以上的事故，由2005年的17起下降为2018年的1起，而且该起特别重大事故是经济损失大，并没有发生人员伤亡。通过数据的变化可以看出，在党中央、国务院的正确领导下，我国的安全生产形势持续稳定好转。但是，我们必须意识到，安全生产还处在不稳定发展阶段，事故也仍处于易发、多发期。

1.1.2 安全生产的成本收益

1. 国外研究背景

1）国外资源型企业的发展状况

19世纪下半叶以来，工业革命和资本主义殖民活动的进行使得以采掘业和加工业为目的的资源型城市在世界各地迅速兴起，尤其是一些发达资本主义国家，如美国、加拿大、澳大利亚、英国和德国等[3]。20世纪80年代资源型产业的快速发展对社会经济和人口结构的影响至深，带来了一定的负面影响，而加拿大、美国和欧洲部分国家对全球范围内资源的充分利用迅速促进资源型城市的建立，由此推动了国际上的激烈竞争，引发全球经济危机，许多城市逐渐面临社会发展问题和经济瓦解的危机。

21世纪以来，可持续发展问题逐渐成为国际关注的重点，许多国家上至政府机构下到组织团体开始主动采取相应的对策，措施重点围绕微观的角度来探讨资源开发过程中相关产业的可持续性问题。以美国、澳大利亚和加拿大为例，这些

① 数据来源于《中国统计年鉴2006》《中国统计年鉴2019》。

地区的典型特征是地广人稀，矿藏资源丰富，煤铁开采和石油加工是其发展重点，因此要转型就需要将长期和短期政策结合在一起，如建立资源预警工程，提供经济援助等；欧盟资源型城市多采用可持续发展模式，由政府成立专门的委员会与相关机构合作，一些典型的煤铁基地和重工业区，如伯明翰、斯旺西、鲁尔等地区，其发展策略主要鼓励发展高附加值、高技术含量的替代产业；日本政府则把本国资源型城市发展、产业转型等作为重点关注方向，通过资金、技术和人才等途径扶助建设“新产业城市”或“技术密集型城市”，制定政策促进产业结构的调整，以此吸引外地企业进入，将该区域转换成高新技术产业区。

2）国外资源型企业的安全生产成本

西方国家相关学者往往通过经济学的角度对安全生产问题进行研究。最具代表性的是亚当·斯密在《国富论》中对工厂的工作环境与工资之间关系的研究，结果表明安全生产条件差的工厂要想确保工人的数量，最有效的手段是增加工资或改善工作环境，根据这一现象他提出了安全生产成本投入与补偿工资之间的替代关系[4]。企业的安全生产水平离不开安全生产成本的投入量与投入结构。实践证明，要想获得高的安全生产收益就必须有科学的安全生产成本投入。英国、法国和美国都曾经做过实地测试，结果显示各行业中对安全生产最重视、安全生产成本投入费用最为合理的单位，其安全运行系统十分完善并由此获得了丰厚的安全生产收益。国外主要从事故损失方面出发对安全生产成本进行研究，其中安全生产事故的发生具有较强的规律性和自身特点，而高处坠落、施工坍塌、物体打击、机具伤害和触电等是工程建设安全生产事故的主要类型。

3）国外资源型企业的安全生产收益

国外在安全生产投入的经济效益方面的研究主要集中在一些具体安全生产措施的投资方面，如企业安全生产投资成本效益、决策、风险评价等。具体来看，欧洲职业安全健康局将安全生产投入的效益分为直接效益和间接效益。安全与健康计划方面每投入 1 美元，承包商在工作场所受伤害和治疗疾病的费用就可以节省 4~6 美元。众多研究显示，安全生产投入通过降低事故成本来提高企业的营利能力，企业如果一味地追求利益而忽略安全生产问题就会造成人员和机械的损失，企业和雇主就会承担更大成本，不仅如此，安全生产事故的善后工作也会严重影响经济效益，甚至直接损害企业未来的发展，因此，一定的安全生产投入并不是企业的财务负担。还有不少学者进行定量研究发现，安全生产投入对推动煤炭企业的经济增长虽然有一定的抑制作用，但对企业效益的贡献不可忽视。

2. 国内研究背景

1）国内资源型企业的发展状况

党的十八大以来，过去以破坏生态环境为代价的经济增长方式亟须转变，要逐渐建立起绿色、环保、高质量的现代化经济发展体系。同时，新时代的重要任务是根据五大发展理念，结合供给侧结构性改革来促进经济转型、促进动力变革、实现高质量发展。最新的学术研究表明，资源型企业发展中主要面临的问题多集中在资源枯竭、技术落后、环境污染等方面。为解决好这些问题，许多民营资源型企业开始采取行动，然而，由于缺乏专业人才，相关战略无法顺利实施。另外，逐利性导致资源型企业忽视环保问题在发展战略中的重要性，从而受到有关部门的处罚和社会的谴责，甚至陷入发展困境。

就目前来看，我国资源型企业的安全生产形势依旧不够乐观，安全生产压力巨大，其中资源型企业的安全生产投入不合理是一个十分重要的问题。“冰冻三尺，非一日之寒”，生产中屡屡发生企业通过缩减安全生产投入来提高利润的现象。前期发展过程中出现的安全质量标准退化，安全生产成本投入几乎为零的情况，长期累积下来致使多行业出现安全生产问题，尤其是煤炭行业曾出现安全生产投入历史欠账。自 2003 年起，我国进入“能源紧缺”时代，由此资源型行业迎来第一个黄金发展期，随之而来的是密集的安全生产事故。资源型企业的安全生产成本问题成为亟待解决的课题。

2）国内资源型企业的安全生产成本

对安全生产成本的研究最早在会计体系中进行，主要是指为了实现一定的安全目标或达到一定的安全目的而进行必要的安全生产投资核算，或者在事故发生后对安全生产成本进行认定核算。企业在发展过程中，必须考虑安全生产成本与企业综合经济利益的动态关系，即使企业出现资金短缺的问题，投资主体也不能以最大的资金代价去追求最大限度的安全性。因此，讨论资源型企业为获得最佳的安全生产成本，在有限的财力条件下如何进行安全生产投资，就需要对企业安全管理效果进行科学有效的评价，对确保企业系统安全及提高企业经济利益具有重要意义。事实上，目前的研究多集中在安全生产成本要素的内部，但是成本要素的重组和优化不是安全生产成本优化的关键，重点是探寻安全生产成本投入的内在动因及安全生产成本投入的效益提升规律和机理。只有深入了解影响企业安全生产成本投入的决定性、敏感性因素，才能从根本上解决安全生产成本优化的问题。

3）国内资源型企业的安全生产收益

不难发现，安全生产投入力度的增加会在一定程度上改善资源型企业的安全生产状况。相比发达国家，我国对安全生产的投入占国内生产总值（gross domestic product，GDP）的比重严重不足。因此，安全生产水平的提高必须有一定的安全生产投入。通过有效的安全生产投资，消除事故和职业危害产生的萌芽，是最经济、最可行的途径。一个社会发展越好，就会越重视安全生产。

事实证明，企业安全生产投资是不可逆的，用有限的经济资源进行无限的安全生产投入是不合逻辑的。尤其安全度达到其极值点后，继续追加安全生产投资，并不能显著提高整体的安全水平。因此，投资者在这个过程中最关注的问题是如何对安全生产投资进行合理决策及分配以实现最大的效益。我国对企业安全生产投资问题的研究一直不断深入，在安全生产投资决策方面，国内外虽然在定性和定量方面都有相应的研究成果，但实际中还有一些问题有待解决，如无法构建一个完整的体系，帮助企业进行安全生产投资决策，以解决实际问题。关于安全生产收益方面，相关研究主要将安全生产投入、产出和安全生产收益间的内在联系相结合来进行相关的研究，由于企业安全生产收益的隐蔽性和间接性等特点，企业的安全生产收益水平不能直观地表现出来。

从总体上的研究发现，目前，我国产业生产市场不规范，从业人员（尤其是一线工人）文化素质偏低，施工企业安全管理水平不高，难免会阻碍安全生产成本投入机制的形成，加之一些施工企业经营管理者重生产、轻安全的思想，缺乏科学依据，致使安全生产成本投入方向不明确、结构不合理、数量不足、时机不恰当等问题出现，更加凸显了我国资源型企业安全生产成本投入需求增长与安全生产成本投入不足的矛盾。

1.1.3 安全生产管制

1. 国外研究背景

有效的社会制约机制是决定安全生产水平高低的重要条件。工业发达国家通过建立专门的职业安全与健康执法机构来监督安全生产相关规定的执行情况，严惩各种违法行为，如英国、美国、日本等的职业安全与健康法就明确规定对职业安全监察机构的设立、执法的授权进行监督，以确保安全生产推进，而安全不足的企业也会受到相应的制裁与制约。劳动法、职业安全与健康法被工业化国家视为规范企业行为、维护劳动者权益、保障安全与健康的基本法，其规定有关管理部门可根据需要随时制定从属的法规，以更好地借助法律来解决问题。总体来看，安全生产管制会随着市场经济的高质量发展而逐渐完善，社会监督体系和社会保障体系逐渐与之匹配，同时，民众的安全生产意识也在逐渐提高，市场经济也将更加繁荣。因此，我国在安全生产管制方面进行完善时可以借鉴发达国家的相关经验，以实现更好的发展。

2. 国内研究背景

对于整个企业的发展而言，安全管理是重中之重[5]。安全生产管理包含现场安全管理体系的构建及现场施工安全的分析两方面，生产安全达到相关指标时，才能保证企业的可持续发展。尤其是资源型企业的生产及施工问题，企业的安全生产与企业员工人身安全紧密相连，对企业本身的发展有重要意义。例如，油气生产项目是国家级重点项目，关系到我国总体经济的发展水平及各方面的建设，其较大的生产危险性引起国家相关部门的高度重视，针对油田的安全生产管理问题，禁止通过降低安全性来提高企业生产效率。

安全工作保障了资源型企业生产的平稳进行。近年来，多发的安全生产问题让大部分资源型企业意识到安全控制的关键性。伴随国内市场经济制度的构建及能源行业安全意识的提高和增强，相关企业纷纷使用各种方法来提高安全控制，建立健全安全生产长期监督保障制度。从长期来看，结合系统工程的相关理论，企业应该对有限的人力、物资进行合理分配，优化各部分之间的因素影响，达到最大化的混合效应，以减少事故造成的损失。目前，我国安全生产保障体系面临安全生产投入配置不平衡、人才配置不合理、装置把握不准确、职业健康保护不到位、监督管理确认工作较慢等问题，需要研究出一套完善的保证系统。在此背景下，本书就资源型企业安全生产管制的相关内容进行研究。

1.2　研究目的与意义

1.2.1　研究目的

安全生产是资源型企业维护稳定、长远运行的基础和前提，也是保证企业产生收益和减少成本所必须遵守的生产规定。我国资源型企业基本每年都会发生安全生产事故，特别是近年来，资源型企业发生的重大安全生产事故，影响了资源型企业和社会的稳定发展。随着经济体制改革和创新，社会对资源型企业安全生产管理提出了新的研究课题。因此，本书从安全经济学的角度出发，探讨资源型企业的安全生产成本、收益及管制方面的安排，以期发现目前生产的问题并提出相应的建议。

1.2.2　研究意义

安全生产涉及社会的发展与稳定，特别是党的十九大以来，党和政府多次在报告中提到要重视安全生产，加大对资源型企业生产过程的监督，以行政执法、经济处罚等方式制约企业的不规范生产行为，降低事故伤亡率，保护广大一线矿工工人的合法权益。通过对资源型企业安全生产的成本、收益进行研究，有利于了解资源型企业如何平衡企业利益和安全生产效益之间的关系。生产的成本投入与收益产出是企业在安全生产过程中不可忽视的重要环节，政府和社会无法要求企业不能一味追求安全生产收益，却对企业有明确的安全生产成本要求。以国内典型的资源型企业为例，通过数据分析，将其安全生产成本与安全生产收益分别进行单独与整体分析，旨在说明我国资源型企业安全生产效益的基本情况。同时，对比国内外资源型企业的安全生产管制状况，借鉴国外先进国家的管制经验和管理实践，进一步完善我国资源型企业安全生产管制体系，提高管制效率，增强安全法治建设，降低我国资源型企业安全生产事故的发生率。

1.3 国内外研究状况

1.3.1 资源型企业安全生产的成本、收益研究

安全生产成本对于建立安全生产成本会计核算体系，单独分析核算安全生产方面的相关费用具有十分重要的意义，主要指企业为了确保生产的安全进行而产生的费用及因为生产问题而承担的损失。安全生产成本是一种不产生直接经济效益的附加性成本，其与企业的决策和管理、组织机构等诸多方面息息相关，贯穿整个资源型企业生产和管理的全过程，资源的稀缺和人类技术经济能力的局限，使人们总是希望以尽量少的安全生产成本获得最大的安全生产收益。因此，对于安全生产成本带来的安全生产收益的研究，很多学者提出了不同的观点。

1. 安全生产的相关研究

安全生产需要投入和付出成本。目前，一些行业和领域事故多发，很重要的一个原因是安全生产投入不足。尤其是在安全设施的配备、安全管理投入不足上严重制约了企业的发展。安全技术管理是我国生产管理的重中之重。近年来，随着国际交流的不断扩大和现代科学技术的不断发展，传统劳动安全卫生检查的内容、方法及劳动保护都有了一定改变。自 1983 年起，全国近 100 所高校同 2 111 位来自企业和科研机构的科技人员进行安全管理方面的评判工作，涉及的对象主要为发展较为快速的 33 个行业。1985 年，北京劳动保护科学研究所提出对企业生产的安全性评价可以根据危险因素、有害因素的相关分析结果来进行，随后该评价方法被推广使用并取得了不错的效果。1986 年，我国相关部门提出《机械厂、冶金厂、化工厂危险等级分类方法》，通过安全技术管理评价，建立安全分级管理体系[6]。

2. 安全生产成本的效益研究

从现有的研究来看，对安全生产成本并没有权威的定义。有学者认为安全生产成本应该是安全保险成本与非保险成本之和，还有一部分学者则将施工安全生产事故直接成本和间接成本之和作为定义，也有学者认为施工安全生产成本是安全预防成本和事故成本之和[7~9]。我国在采掘业的研究中率先展开有关安全生产投入的理论研究，罗云主要从安全生产与社会发展的关系出发，深入分析安全生产投入的效益问题，并得出最佳安全生产投入点的确定方法，解释了安全经济在实现 GDP 目标时发挥的作用[10, 11]。近几年对建筑施工安全企业安全生产投入的研究取得了较好的成果。张兰兰和郝风田重点针对施工工人进行研究，建立完善的投入评价指标体系，对投入分配进行动态优化[12]。张仕廉等对安全生产投资与安全生产收益的特征及其关系进行系统分析，探讨在具体建筑施工中应用安全生产投资合理评价法，总结出与建筑企业施工相关的安全经济学的规律[13]。

许多研究往往把安全生产成本纳入事故损失的分析与考量中。国外在安全生产成本领域的研究中，具有代表性的有 20 世纪 30 年代的 Heinrich 等学者。我国对于安全生产成本的研究起步较晚，多数集中在 2000 年之后。在功能内涵方面，安全生产成本是为了保证建筑施工的日常安全生产状态、处置安全生产事故并及时恢复正常状态，最开始主要涉及损失性安全生产成本、事故成本等方面。例如，Heinrich 等曾通过 5 000 余个事故调查，对安全生产损失进行了大量系统研究，提出安全生产事故损失包括直接损失和间接损失，为安全生产成本研究提供了一定的参考依据[14]。其他一些学者，如陆宁等以安全生产事故为界，把安全生产成本分为保证性安全生产成本和恢复性安全生产成本[15]。其中，保证性安全生产成本指事故发生前，为了保证和提高施工活动的安全生产所支付的费用，包括文明施工费、安全教育费、劳动保护费、现场安全设施费和安全保险费；恢复性安全生产成本是安全生产事故事中及事后为了恢复安全生产而支付的费用，包括直接、间接损失及用于清理现场等所花费的恢复费用。Hinze 通过对美国的建筑施工企业在建筑工程安全管理方面的投入进行研究，分析了八项典型安全生产成本的投入后认为，建筑企业的安全生产必须牢固建立在企业责任之上，由企业对安全生产负总责[16]。

3. 安全生产成本的收益方法研究

对安全生产成本的收益优化方法和策略研究主要是为了提高安全生产成本的产出效益。针对安全生产成本投入与安全生产损失、安全生产收益的内在关系的量化研究，Everett 和 Frank Jr 对安全生产成本的优化研究从职业健康安全的角度出发，对企业安全生产成本投入和安全生产收益进行估算和优化[17]。Aven 和 Hiriart

根据不精确的事故概率统计，对应用风险/安全管理模型（及其扩展版本）进行研究，结果显示在实际生产过程中需要更为精确和敏感性的计量模型，且在考虑实际问题时需要添加多个变量来控制模型的稳定[18]。Tong 和 Dou 分析安全生产投资与其影响因素之间的因果关系，并运用系统动力学原理，验证安全生产投资与事故成本之间的关系[19]。在安全生产成本优化方法方面，Choudhry 等提出在风险决策中运用成本效益法，主要以企业安全生产投资成本、效益、决策、风险评价等几个方面为重点，研究表明，美国、英国等发达国家企业的安全水平远远高于其他国家，且高度关注员工的基础生命健康对企业安全生产收益的重要性[20]。

国内安全生产成本优化研究虽然起步较晚，但取得的成果较为丰富。目前，研究对象多集中于施工企业和煤矿企业，方向则是试图寻找应用效果更佳的安全生产成本优化途径，分析安全生产成本如何取得更好的安全生产收益等方面。研究中安全生产成本优化的关键在于弄清安全生产成本与安全保证程度之间的关系。夏鑫和隋英杰在此基础上，以技术创新、信息化为起点提出了施工安全生产成本优化的主要措施[21]。陆宁等通过构建安全保证程度和安全生产成本指数模型，研究了一定时期内企业安全生产成本的合理性，为企业安全生产成本的预测和分析提供了科学参考[22]。

在安全生产成本优化方法的深入研究中，安全生产成本的预测、决策等模型一直是热点问题，许多新的方法也被应用于该问题中。大多数研究以建立安全生产成本投入或者投资决策的目标规划模型为基础，优化安全生产成本或投资组合，进而使有限的安全生产成本或投资取得最佳的效果[23]。杨明通过 ALARP（as low as reasonably practicable，最低合理可行）原则进行了模型的构建，研究安全生产成本分配的科学性[24]。廖向晖借鉴可靠性原理，用数学函数模型定量描述安全水平与安全生产成本之间的关系，找到了安全生产成本和安全水平之间的合理最低点——合理最低安全生产成本率，并应用该指标对施工安全生产成本进行分析优化[25]。徐伟和段治平利用时间序列模型分析安全生产成本的构成和走势，通过测算生产成本的影响因素，预测了安全生产成本的走势[26]。徐强等运用灰色关联分析法，将最低安全生产成本作为目标，构建了安全生产投入与安全度的关联模型，从而使企业的安全生产收益达到最佳[27]。

目前，关于安全生产成本优化策略与方法研究的优化模型已有大量的研究，并取得了一系科学性和系统性的成果。研究层次从理论向实践转变，更多的研究人员，如刘伟军和汤沙沙、谢安发现安全生产成本优化的研究不仅要关注一般性的理论，更要不断提高针对性，尤其是一些具有特殊背景的行业，着力于解决实践的关键问题，不断提高理论成果对实际工作的指导意义，以及在工程实践中的应用价值[28, 29]。

1.3.2 资源型企业安全生产管制研究

安全生产管制是指政府管制机构为保证生产经营过程中劳动者人身安全和财产安全，制定和执行安全生产的法律法规对企业的安全生产行为进行监督、检查和处理。资源型企业的安全生产涉及社会经济发展、产业部署需要等多领域、多方面的内容，因此，在我国较长的一段时期内，政府作为安全生产管制政策的执行者和落实者，严格对资源型企业进行安全监督和约束，以此来纠正和弥补信息不对称等原因带来的市场失灵问题。资源型企业安全生产中的市场失灵问题主要是政府、生产单位等主体进行管制时造成的安全资源配置的低效率和不公正[30]。目前，政府职能部门通过设置安全生产标准、安全生产等级评估、安全监察执法等方式来解决安全生产管制中出现的问题。接下来对国内外资源型企业安全生产管制方面的研究进行整理，从经济学、路径模式等方面进一步对安全生产管制问题进行分析，以期丰富相关领域的研究成果。

1. 安全生产管制的经济学研究

Keohane 等立足于政治经济学角度，聚焦环境政策的执行，从流通市场环境、市场失灵及政府监管等方面，分析了政府作为市场的主要干预者，通过实施有关政策对市场生产的必要性和有效性进行干预[31]。Fisher 等认为政府机构虽然可以有效降低生产项目的死亡风险，但同时也面临着艰难的资源分配决策[32]。Venetsanos 等通过分析煤炭资源的相关特性后认为，如果政府不加干涉会造成较大的外部性，带来较为严重的环境污染和安全生产事故[33]。Schroeder 和 Shapiro 从保险市场、劳动力市场、政府管制等角度，剖析了安全生产与健康管制之间的关系[34]。Viscusi 也证实了两者之间存在明显的相关关系[35]。还有很多学者从积极的政策制定、完善的市场机制等角度，实证检验发现各生产主体之间存在极强的经济依赖性，且两两之间又存在博弈的动态关系[36, 37]。

国内的学者结合我国国情和实际的生产状况，利用经济学的有关理论对安全生产的政府管制问题进行了大量的研究。李红霞等从经济学的角度，认为安全生产作为公共产品，存在严重短缺、效率低下的问题，会造成大量的经济损失和安全生产事故，政府作为该类产品的管理者和提供者，有广泛监督和惩处的权力[38]。吴丽丽则从经济学的视角，探讨了对资源型企业进行安全生产管制的理论依据，认为安全生产管制是控制死亡风险、减少非理性行为的主要手段，也可以在一定程度上减少市场失灵和信息不对称等问题的产生[39]。刘铁敏和秦华礼从经济学的角度出发研究我国煤炭事故高发的主要原因，分析认为我国缺乏完善的安全生产管制体系，政府部门的监管措施无法有效发挥积极作用，无法降低事故发生率[40]。王绍光同样指出我国的安全生产管理，特别是矿产企业的安全生产管理，依然存在的最大问题就是管制对象的不明确和管制机制的不完善[41]。

2. 安全生产管制的机制研究

从理论过渡到实践，国内外的学者开始关注安全生产管制的机制和方法研究。Coglianese 等研究指出，监管机构的干预在一定程度上减少了安全生产事故的发生，但除此以外，市场环境的变化也会改变事故发生的概率[42]。Keiser 认为经济因素在制定安全生产管制机制时具有重要作用，要充分考虑安全监管的货币成本[43]。Moore 和 Viscusi 从保护工人权益的角度出发，分析了政府在安全生产管制中的重要作用[44]。Dorman 指出，政府主体有责任保护工矿企业和工人的合法权益，其中最为有效的方法是建立系统的安全生产管制机制[45]。

从众多学者的研究中发现，李豪峰和高鹤认为煤炭企业的安全生产投入对安全生产管制有着十分重要的影响，适当调整垂直的安全监管体制，强化双方责任，可以促使煤炭企业加强安全管理[46]。马宇等通过建立多方博弈模型，认为国家政府对一线矿工的监管并不能达到很好的实际效果，而煤矿企业作为安全生产的主体，政府加强对其的监管能够有效改善安全生产状况[47]。王冰和黄岱认为在安全监管机制内部依然存在信息不对称问题，而在整个机制内，政府管制的内部性又是“逆向选择”和“道德风险”发生的主要原因[48]。

3. 安全生产管制的模式方法研究

Cohen 通过实证分析监管措施的实施对安全生产事故的影响，发现两者之间并不存在明显的相关关系[49]。Mendeloff 采用时间序列数据，首次将 OSHA（Occupational Safety and Health Act，职业安全与卫生条例）因素的影响进行剔除，重点分析了政府管制实施后对企业安全生产及事故的影响，但结果并没有发现明显的积极影响[50]。同样，McCaffrey 在研究 OSHA 对安全生产事故的影响中也发现，政府监管对安全生产事故的降低没有起到正向的作用[51]。有学者通过对美国监管效果的长期研究发现，政府的监察效果对小企业的效果更明显，对大企业的效果十分有限。这主要是因为大型生产企业的管理机制比较健全、工会组织比较强大、工人的安全教育培训比较到位，发生事故的可能性也小于小型生产企业。

刘穷志采用博弈论的方法，系统地分析了我国煤炭安全管制的行为特征后指出，我国的安全管制是一种典型的监管博弈，政府通过实施严格的监管和处罚措施，可以在一定程度上降低安全生产风险的发生[52]。陈宁和林汉川通过对煤矿企业与煤矿监管双方的博弈分析发现，企业为了降低生产成本，会减少安全生产投入，从而安全生产事故就会增加，同时，政府为了保障各方的基本权益，会提高罚款和刑事处罚，进而又会促使企业增加安全生产投入[53]。郑爱华和聂锐运用博弈论对安全生产投入和政府监管之间的关系进行了研究，结果显示政府监管需要大量的成本投入，而通过加强激励和引导的措施，既可以降低企业自身费用的支出，也能增强企业安全生产投入的动力[54]。

1.4 研究思路与内容

1.4.1 研究思路

本书的研究思路主要分为两大部分，但又相互关联。

第一部分为资源型企业安全生产的成本—收益研究，主要针对资源型企业在生产过程中采取安全措施和进行安全管理所费成本及所获收益，通过单独及综合分析的方法，探讨我国资源型企业安全生产的成本—收益问题。首先，在对相关概念和理论进行梳理后，我们主要聚焦涉及安全生产的研究对象，在特定研究对象的范围内，对其安全生产的状况、存在的问题及问题背后的原因进行分析。其次，通过对我国已上市资源型企业的相关数据进行整理，运用有关统计手段对其成本和收益进行单独分析，而后采用灰色理论，建立灰色数学模型综合分析资源型企业的成本—收益。最后，我们选择具有代表性的资源型企业对以上的结论进行印证，并提出改善资源型企业安全生产的成本—收益的相关建议。

第二部分为资源型企业安全生产的管制研究，该部分在第一部分的基础上，进一步探究多方管制效果及管制体系的构建。对资源型企业安全生产管制进行研究的思路主要是沿着"国内外文献综述—资源型企业内部控制体系概念—资源型企业安全生产管制体系存在的问题和解决方法—资源型企业的案例剖析"这一脉络展开研究。首先，在借鉴资源型企业的有关安全生产的概念理论的基础上，明确资源型企业安全生产内部控制体系的研究范围和功能定位。其次，将资源型企业治理、管理控制、内部控制和风险管理框架进行整合，结合世界上已有的案例及相关研究，总结提出资源型企业安全生产存在的状况、问题及原因分析。再次，在了解资源型企业安全生产的重要性之后，对安全生产的管制情况做出分析，并提出一定的解决对策。最后，根据我国省域的案例来具体分析资源型企业安全生产的状况及管制研究，并提出具有一定借鉴意义的相关结论。

1.4.2 研究内容

第 1 章，“导论”。该章在论述本书研究背景的基础上，明确本书的研究目的和研究意义，确定采用的研究方法和技术路线，并对相关的国内外安全生产研究状况进行论述和评定。

第 2 章，“概念界定与理论基础”。该章简要论述安全生产的相关内容和基础理论，并结合资源型企业的安全生产进行论述与评价。

第 3 章，“中国资源型企业安全生产的状况及问题分析”。该章主要对近年来我国资源型企业安全生产的状况进行分析，并找出我国资源型企业在安全生产过程中存在的主要问题，以现实为依据，对问题背后的原因进行深度分析。

第 4 章，“资源型企业安全生产成本—收益构成”。该章主要从影响资源型企业安全生产的成本—收益的因素出发，对资源型企业的成本构成和收益构成进行整合和优化。

第 5 章，“资源型企业安全生产的成本—收益分析”。该章在第 4 章的基础上，对我国已上市的资源型企业进行数据收集和整理，主要借助上市企业的财报数据，对资源型企业的成本、收益进行单独研究，以期探讨近年来我国资源型企业在安全生产操作中的最优成本和最优收益问题。

第 6 章，“资源型企业安全生产成本—收益的关联度分析”。第 5 章是对成本、收益的单独分析，在此基础上，该章运用灰色数学的相关理论和建模方法，将资源型企业安全生产的成本—收益进行综合分析，并利用具体企业数据对结果进行检验。

第 7 章，“资源型企业安全生产的成本控制与收益企稳的优化设计”。该章是对资源型企业安全生产的成本—收益问题的总结，依据第 5 章、第 6 章的有关结论，提出相关建议。

第 8 章，“中国资源型企业安全生产管制的状况及问题分析”。该章聚焦资源型企业的安全生产管制问题，通过对资源型企业的安全生产事故进行深度分析，进而对近年来资源型企业事故频发暴露出的安全管制问题进行研究。

第 9 章，“国外资源型企业安全生产管制体系的经验借鉴”。该章主要对国外发达国家资源型企业安全生产的状况进行分析，进而对比我国的相关状况，对其先进有效的管制经验进行借鉴和学习。

第 10 章，“资源型企业安全生产管制体系的相关研究”。安全生产的管制效果在很大程度上依赖结构完善、功能健全的管制体系，因此，该章对资源型企业安全生产管制体系进行研究。在体系构建上，主要对各生产参与主体进行分析，构建出多方协作的管制体系，在此体系的基础上，结合我国实际，采用博弈论的有关理论和方法对管制体系的运行进行更为细致的研究。

第 11 章，“完善中国资源型企业安全生产管制体系的对策建议”。该章主要是对前边章节的总结，并依据有关结论，提出完善我国资源型企业安全生产管制体系的对策建议。

第 12 章，“实例研究——以河南省资源型企业安全生产管制为例”。该章通过对河南省资源型企业安全生产管制体系进行研究，更为具体和针对性地对其管制体系的运行效果进行分析。

1.5 研究方法

（1）本书主要采用文献分析法，在广泛阅读的基础上，搜集整理大量与本书的研究密切相关的国内外优秀文献，以期开展对资源型企业安全生产的成本、收益及管制的相关研究。

（2）本书的研究采用描述分析法和比较分析法。在收集有关资源型企业的数据后，通过对数据的预处理，借助分析工具，对资源型企业安全生产的成本和收益进行趋势和原因分析，丰富了研究的形式和内容。

（3）本书的研究采用灰色建模、博弈论及实证分析等方法。利用灰色建模、实证分析及博弈论的相关理论和方法，对资源型企业安全生产的成本、收益进行综合分析，较为全面、综合地研究资源型企业安全生产的成本最优和收益最优问题。

第 2 章　概念界定与理论基础

2.1　概 念 界 定

2.1.1　资源型企业

国内的研究中，针对资源型企业的定义主要是按照资源的依赖程度、主营业务及行业进行分类的[55]。从更加全面的角度来看，资源型企业主要是指在经营过程中企业的核心竞争力是其在资源上的优势，借助自然资源进行生产，且在生产过程中最终主导产品的形态为资源型产品。此外，根据资源型企业生产经营的资源型产品进行分类，一类是拥有丰富资源并占据大的竞争优势的资源型企业（如煤炭、石油企业等），另一类是资源的依赖性极强，且资源消耗成本在产品的成本构成中占比较大的企业（如钢铁、水泥企业等）。工业化进程的加速及全球人口的急剧增加导致许多国家和地区面临资源枯竭的局面，由此给环境带来了很大的压力。

结合本书的研究要求，笔者将资源型企业定义为：以从事石油、煤炭、天然气、水等自然资源的开发、生产、加工和销售为主，来实现经济增长和发展的企业。和一般的制造型、高新技术和服务型等企业相比，资源型企业的发展基础是开采和消耗有限的自然资源，通过开采与加工的生产方式，充分利用其在资源方面的优势。根据使用的资源类型对其分类，分为四类，有煤炭、冶金、石油化工和水电企业；根据生产类型划分，有开采型、开采加工型和加工开采型企业。结合国内学者的重点研究方向可以看出，我国针对资源型企业的战略焦点主要在国际化上，未来发展的重点及关注的热点是资源型企业的核心竞争力和可持续发展。

2.1.2　安全生产

安全的概念比较抽象，多泛指没有危险或不出事故的状态，也可引申为生产系统中人员免遭风险伤害的状态。世界上任何事物都含有不安全因素，具有一定的危险性，因此，当危险低于一定程度时，则认为是安全的[56]。多年来，不少研究学者主要从社会层面和生活层面出发，对安全展开较全面的研究。安全生产是指在生产过程中采取一系列措施，有效消除或控制潜在危险，以保障人员的安全与健康、设备和设施免受损坏等，保证生产经营活动顺利进行的一种状态。第二次全国劳动保护工作会议提出劳动保护工作必须贯彻“安全生产”方针后，“安全生产”一词也长期出现在生产的全过程中。其中，《现代汉语词典》《中国大百科全书》《安全科学技术词典》分别对安全生产给出了不同的定义，但最终都表明安全生产的本质是防止生产过程中各种事故的发生，确保财产和人身生命安全。本书的研究重点主要为资源型企业的安全生产，即企业员工的人身及财产设备安全，具体指煤炭、石油、化工、冶金、石化、水利、电力等产业部门的安全生产。

根据前面的论述，安全生产不仅包括对劳动者的保护，也包括对生产、财物、环境的保护，最终确保生产活动正常进行。因此，本书将安全生产定义为，在符合安全要求的物质条件和工作秩序下进行劳动过程时，为保障劳动者的安全健康和生产劳动过程的正常进行而采取防止伤亡事故、设备事故及各种灾害发生的各种措施和活动。

2.1.3　安全生产成本与安全生产收益

目前，对安全生产成本的研究中，具有代表性的是《现代安全经济理论与实务》中将安全生产成本定义为“实现安全所消耗的人力、物力和财力的总和”，是安全生产活动中衡量一切可调度的人力、物力和财力消耗的重要尺度。Andreoni最早解释了劳动安全生产费用，具体表现为生产过程中生产计划阶段的费用、企业经营期间的费用和生产经济损失[57]。

安全生产成本是指为了保证企业安全、预防和控制事故发生而支出的费用总和，以及安全生产问题导致的所有损失费用的总和。不同行业对安全生产成本的概念有不同的解释。安全生产成本的概念由西方发达国家率先提出，我国在加入世界贸易组织（World Trade Organization，WTO）后也逐渐将这一概念引入企业的管理中。随着社会进步与科学技术发展，人们对安全生产提出了更高的要求，在安全生产的投入和支出方面越来越多，与安全生产有关的费用不断增加，这是现代企业发展面对的现实问题。安全生产成本的关键点在于企业为达到“最适宜”的安全水平所花费的“最合理”的费用，以及未达到安全目标所产生的损失。安全生产成本贯穿企业生产过程始终，其不是一种职能成本，而是为考察分析经济活动所做的一种分类。

对安全生产收益的定义主要是指在日常生产活动中，针对安全领域进行一定投资后，取得的有形或无形的收获。这一概念实现的前提条件是满足社会安全需要的大环境，运用科学的手段实现降低事故损失及增加劳动产出的最终目标。因为相比生产经营投资所带来的利润效益，安全生产收益的效益表现形式具有极大的隐性，两者之间存在一定的差别。安全生产投资和安全产出是影响安全生产收益的重要因素，因此，需要对安全生产投资和安全产出之间的关系进行合理的调整，以期为整个生产系统创造更好的经济效益。

2.1.4　安全生产管制

安全生产关系到一个国家的经济发展和社会稳定，20 世纪 70 年代以来，各国为保障安全生产，通过一系列法规和政策来对企业进行管制，而管制体制的出现，明显改善了世界各国的安全生产状况。

安全生产管制是重要的社会性管制之一。在社会经济发展过程中，管制对效率造成的损害，引起了人们的反思，而政府的管制重点也开始发生改变。各种外部性及其他社会性问题不断涌现，在这种情况下，国家安全生产监督管理总局（现为应急管理部）开始采取相应的行动提高安全生产管制工作效率。

安全生产管制是政府管制机构依据安全生产法律法规，通过制定规章设定许可、监督检查、行政处罚和行政裁决等行政处理行为，针对环境安全、工作场所安全、特种设备安全、核安全等方面，对微观经济个体涉及的安全生产行为进行监督、检查和处理，以保证生产经营活动中劳动者的人身安全的政府管制。本书根据研究内容将安全生产管制定义为环境及工作场所的安全等方面的社会性管制，以预防或减少工作场所事故发生率及事故造成的伤害程度。

2.1.5　政府管制

管制，即政府管制。“安全生产管制，是指政府管制机构通过制定和执行安全生产的法律法规规章，对企业的安全生产行为进行监督、检查和处理，从而保证生产经营过程中劳动者的生命健康安全和国家财产的安全。”[58]对于管制的概念，现有的研究主要涉及的领域有经济学、行政学、政治学和法学等。政府管制由专门负有安全监察职能的机构进行监督检查，带有强制性和规范性。目前，对我国安全生产管制工作进行统一协调和管理的机构是国务院安全生产委员会和应急管理部，我国各级地方政府也都建立了各自的安全生产管制机构。因此，本书将政府管制定义为政府行政机构为矫正、改善市场机制，通过法律授权对市场中微观经济主体的某些特殊行为进行的限制和监督。

2.2 理论基础

2.2.1 外部性理论

外部性理论最早由福利经济学家庇古根据马歇尔的“内部经济”和“外部经济”的理论基础提出[59]。外部性是指社会成员，包括组织和个人，在从事经济活动时，不能完全承担成本与后果，即从事经济行为的社会成员出现行为举动与其得到的行为后果不一致的现象。萨缪尔森将外部性定义为“当生产或消费对其他人产生附带的成本或效益时，外部经济效果便产生了，也就是说成本或收益附加于他人身上，而产生这种影响的人并没有因此而付出代价或报酬。外部经济效果是一个经济主体的行为对另一个经济主体的福利所产生的效果，而这种效果并没有从货币或市场交易中反映出来”。

安全生产在生产上有正外部性，具体表现为让工人受益，为社会创造财富。但企业无法将工作场所的安全生产收益完全内部化，从而造成私人收益小于社会收益，私人成本与社会成本相偏离。考虑自身利益最大化，企业提供的安全数量必然低于社会需求的最优数量，从而造成向社会需求的工作场所的安全生产投入供给不足，此时就需要政府进行管制。“负外部性”主要体现在安全生产事故上。首先，安全生产事故严重损害工人的家庭、亲友等共同体，这种损害可能涉及低收入家庭的主要劳动力，在精神上更是造成难以弥补的创伤。其次，事故伤亡迫使救援、医疗等领域的公共支出增加，而这些非生产性支出往往无法直接带来社会财富的增加。最后，厂商通过降低安全生产条件获得暴利的现实将产生恶劣的典型示范作用，致使其他厂商竞相效仿。这些现象进一步催化了伦理问题，重特大安全生产事故的频发可能会降低人们对生命的价值与尊严的评价，腐蚀社会价值观。外部性具有非排他性的特点，要想解决生产过程中的不安全生产问题，企业本身与市场的力量是远远不够的，现有的市场机制无法使企业家放弃超额利润。要克服生产事故可能引发的负外部效应，使其向内部性转化，政府必须担负起安全生产管制的职责，努力确保人们的身体健康，提高每个人的福利。

基于此，本书认为，外部性的存在，使完全竞争不能实现最佳的资源配置，从而会导致市场失灵，这样就需要政府进行管制。大量具有正外部性需求的经济活动由于无法得到有效补偿，需要通过政府管制从而促进公共利益和“旁观者”的福利。

2.2.2　成本补偿理论

在可持续发展观念及目标的影响下，社会各界普遍意识到，企业在进行生产时不能以牺牲环境为代价，一味追求经济效益，而应寻求经济利益、社会利益和环境利益三个目标的平衡发展。随着社会经济的不断发展，各类资源环境问题越来越严重，而现有的成本理论缺少从自然资源和人类活动两方面认识和定义成本理论，因此人们无法采取更加科学的手段去解决问题。成本补偿的概念随着成本概念的外延产生相应改变。通过对各种理论的研究可以发现，在大循环成本理论中，成本的构成应当包含自然资源成本、物化劳动消耗和活劳动消耗。只有包含这三方面的消耗或支出，成本补偿最终才能帮助人类社会和自然界完成良性循环[60]。

2.2.3　收益最大化理论

作为以营利为目的的生产经营单位，利润最大化是企业关注的首要目标，然而，随着经济的发展，企业营利最大化的目标逐渐受到挑战。从社会角度出发，社会的和谐离不开企业，企业的发展也离不开社会，在社会这个有机整体中，企业是构成这个有机整体的单元。任何一个企业对于推进社会的有序发展都有着不可推卸的责任。因此，企业要正确处理好利润最大化与企业社会责任的关系，以做出于己、于社会更加正确的决策。一般微观经济学将企业看作等价于“理性人”的组织，而追逐利润是企业的本质，因此，企业利润最大化观点在西方经济理论中有根深蒂固的地位。企业财务管理目标理念之一是利润最大化，即企业在投资收益确定的条件下，通过企业财务管理行为实现企业利润总额的最大值。每个企业都在为实现自身利润最大化而努力时就实现了社会总财富的最大化。

2.2.4　管制俘虏理论

20 世纪 70 年代前，管制公共利益理论（public interest theory）是政府管制理论领域的研究重点，其“既是一种关于什么激励着政策制定者的正面理论，又是关于什么应当激励他们的规范性理论”[61]。然而，现实情况与理论之间的冲突，使人们开始质疑政府行为和动机。于是，1971 年芝加哥学派代表人物乔治·斯蒂格勒（George Stigler，美国诺贝尔经济学奖的获得者），从政治经济学的角度出发证实各方利益集团经过竞争与监管者达成的利益均衡即政府管制政策，从而创立了管制经济理论。其中，管制俘虏理论（regulatory capture theory，也译作规制俘获理论）假设负责保护公共利益的管制机构已经与被管制产业勾结，给被管制者带来一定的非社会福利的利润[62]。同样，乔治·斯蒂格勒在其著名文章《经济管制理论》中犀利指出："管制者被受管制产业俘获，管制的设计运行主要是为了受管制产业的利益。"[63]

历经传统管制俘虏理论、新管制俘虏理论两大发展阶段后，管制俘虏理论的研究一直在不断深入，通过经济计量模型、主观测量及相关案例研究，广泛运用实证分析工具，不断提高其影响力[64]。尤其在能源管制领域，由于该领域的特殊性，往往涉及较大数额的项目资金，领域内财团为了"捕获"管制机构，会采取各种手段抑或是管制者主动接受被俘虏、谋求寻租利益。结合实际情况，管制俘虏理论已经逐渐发展成规范的理论工具，广泛地应用于政府能源监管、环境保护研究中，并不断地发展和完善。

2.2.5 可持续发展理论

可持续发展最早可追溯到生态环境学相关领域的内容，随着社会经济的发展，可持续发展的概念和含义也在很大程度上被延展和丰富，逐渐被应用到诸如社会学、经济学等相关领域。近年来，绿色文明生活被多次提及，甚至联合国发表的关于解决环境与发展问题的纲领性文件《我们共同的未来》，提出"可持续发展"是人类 21 世纪求得生存和发展的唯一途径的结论，并明确将其定义为"既满足当代人的需要，又不对后代人满足其需要的能力构成危害的发展"[65]。因此，可持续发展的主旨开始与人类生产、生活密切相关，诸多学者也可以使用可持续发展的理念和思想去解决现实中企业、社会、公众的经济问题。

从经济发展的角度来看，可持续发展理论可以概括为，在一定的自然承载力范围内，合理使用资源，满足人口正常增长与就业，保证人们对基础粮食、能源、水、卫生等的基本需要，保持经济增长，稳定增长速度和质量。经济发展决定物质发展，可持续发展的另外一层含义就是保障人民的物质生活丰富、健康与环保。在日常生活中，要将生产、生活中制造的自然污染降到最低限度，有序、公平、合理地分配资源，降低无效能源消耗，保护生物多样化，使得人与自然能够和谐共处。

从制度和文化发展情况来看，可持续发展又着重强调制度的可持续性、生态性与健康性。一个良好的制度设计应该首先是能保障体系内的公民可以公平、平等、自由地参与决策；其次，在稳定、持续的国家制度下，人民可以自力更生，能使用自然赋予的资源高效、绿色地创造价值，并在此过程中产生剩余物质和技术知识，为国家发展和社会进步提供基本的支撑。此外，以可持续发展理念建立起的制度和文化体系应具备不同的子体系，如以生态发展为基础的生产和生活体系、以技术革新倡导绿色发展的技术体系等。

从社会发展的层面看，可持续发展并不单单强调现有社会体系内的人人平等和社会稳定，还强调未来社会发展的基本要求。可持续发展理论认为，社会之所以会有恐怖主义、殖民主义，最深层次的根源在于人与人之间有着较为严重的贫富差距，贫富差距造成人与人之间为了自身利益产生各种争端，在发展中国家和落后国家中，贫富差距往往就显得格外明显。可持续发展强调可持续，也强调发展，这一点无论是对发达国家还是发展中国家来说，都是相同的。但从现实的情况看，发达国家在经济发展前期出现过大肆掠夺资源、生态环境恶化等问题，且当代的生态危机主要是发达国家对全球资源的过度占有和消耗造成的，起源于发达国家对发展中国家及欠发达国家在生态资源上的掠夺，从而造成人为的不平等，因此，发达国家既要承担相应的历史责任，也要承担更多的现时义务，包括对发展中国家提供经济、技术帮助。从未来发展的视角看，避免发生“生态赤字”，保证当下社会的基本所需，并为下一代留有开发、发展的余地，这是可持续发展对于未来社会发展最基本的要求。

可持续发展思想反映了人们对人类进入工业文明时期以来所走过的发展道路进行了认真的反思，使全人类普遍认识到工业革命以来所取得的经济空前增长，人类创造的无比巨大的物质财富是以惨重的生态恶果为代价的，进而深刻地懂得工业文明的发展道路不是可持续的，或至少是可持续性不够。因此，针对资源型企业，特别是从事资源开采、初加工的生产类企业，都应将可持续发展的理论和思想融入企业正常的生产和生活中去。企业在保证自身收益的情况下，合理、循环地使用自然资源，增加科研投入，促进剩余物质的再利用。

第3章　中国资源型企业安全生产的状况及问题分析

科技的进步有效地促进生产规模的扩大，工业化进程不仅给人们带来物质财富上的满足，也对生态文明的发展产生了负面影响，现阶段面临的首要问题是生产过程中安全生产事故频发。安全生产能够有效地保护人民的生命健康和国家财产，也是国家的一项长期基本国策，未来发展中实现经济、社会、资源和环境保护协调，以及可持续发展都会以安全生产为目标来进行，从而为社会生产力发展提供基本保证，确保社会的和谐稳定。人们对安全生产的关注度正在不断提高，“安全是最好的经济效益”正逐步被接受和认可，由此，本章内容也将以此为出发点，对我国资源型企业相关状况进行阐述。

3.1　中国资源型企业的发展状况

资源型企业主要指将各种生产要素集合在一起，运用开采、加工等基本生产方式，为社会提供所需产品而赚取利润，并依据其法人资格进行自主经营、独立核算的经济实体。其经营范围主要包含煤炭、石油和天然气、水利水电等行业。作为我国宏观经济重要的组成部分，资源型企业涉及生态资源等多个方面，作为自然资源和经济的纽带，其发展为国民经济70%以上的行业提供原材料和能量，国家的政策改革也会对其发展产生较大影响。因此，结合我国资源型企业的现状，以此对其所面临的问题进行深刻剖析。

3.1.1　主要资源枯竭及空间分布不合理

以往掠夺式的开采行为，使自然资源损失严重。资源型企业的发展也多以不断增加能源消耗为前提来推动企业的发展，如果继续沿着这样的发展模式进行下去，资源的消耗速度将不断加剧。长此以往，资源型企业迟早会受资源缺失的制约，陷入发展困境。

1. 煤炭企业面临的资源问题

煤炭资源作为我国极其重要的矿产资源类型，在资源型企业发展初期曾普遍存在以煤炭资源开采、洗选及初级加工为主导产业，最终发展成典型的煤炭资源型城市的状况。受技术及资金条件的影响，为追求超高的利润，我国许多矿山依然采取“边探边采、大矿分采、小矿小采”的传统模式，最终导致目标不明确、盲目开采，低效的勘探投入，从而造成资源的浪费。此外，小规模的开采不能充分利用现代化高新技术，生产力低下必将导致经济效益低下，因此预期目标难以实现。2008 年、2009 年、2012 年，中国分三批将 262 个资源型城市（县、区）中的 69 个列为资源枯竭型城市。其中，煤炭资源枯竭型城市已经占 50%，产生的原因主要是城市中以 20 世纪中期建设的国有矿山为基础的煤矿产业多数已经进入“衰退期”，面临着数百座矿山闭坑、几百万名下岗职工的问题。

以黑龙江省为例，作为东北乃至全国重要的煤炭生产基地，是东北地区能源消费的支柱，带动了全国煤炭产业的发展，其煤炭开采历史悠久，且拥有丰富优质的煤炭资源。然而，最具代表性、规模最大的煤炭企业——龙煤集团，其分公司所在地除了鸡西外，其他三大煤城（七台河、双鸭山、鹤岗）已经沦为“资源枯竭城市”，大量的开采造成资源枯竭，煤炭产量也在逐年下降[66]，产能收缩也使东北三省的煤炭产量持续下降，吉林省、辽宁省、黑龙江省 2018 年的煤炭产量分别为 1 518 万吨、3 376 万吨、5 792 万吨，较 2015 年分别下降 27%、36%、5%；根据有关数据，三省煤炭消费量分别为 9 355 万吨、17 587 万吨、14 469 万吨，均为煤炭大幅调入省份，与 2017 年三省合计 10 687 万吨产量相比，调入规模合计 3.1 亿吨，对外依存度高达 74%，缺口较以往年份不断扩大。

2. 石油和天然气企业面临的资源问题

石油一直以来在社会生产中处于战略地位，也是能源领域的重要代表。但是，现实的发展情况表明我国的石油产量不能维持发展的需求，对进口消费的依赖性较大。在经济全球化的潮流中，国际能源形势和贸易格局日趋复杂。2013 年以来，全球勘探投资新增原油储量大幅下跌，国际油价也产生了相应的波动，尤其是 2014 年以来国际油价的大幅度下跌，导致国内开始减少在勘探开发方面的投入，对石油产量稳产造成了很大的压力，持续的油价波动导致 2016 年石油产量跌破 2 亿吨，要想持续稳产，无疑是一项艰巨的任务。同时，“十二五”以来，随着国内石油勘探难度的增加，勘探领域逐渐开始向深层、复杂领域扩展。与 2013 年相比，

2015 年全球勘探开发投资降幅达 35%，新增油气储量降幅高达 70%。同期，国内三大油公司［中国石油化工集团有限公司（简称中国石化）、中国石油天然气股份有限公司（简称中国石油）、中国海洋石油集团有限公司（简称中国海油）］勘探开发投资降幅达 67%，原油产量也出现下降，2018 年产油 1.89 亿吨。相比 2014 年全国原油产量下降 2 216 万吨，中国石油产量下降 1 265 万吨，中国石化产量下降 880 万吨。

产业结构的稳步调整为经济平稳增长保驾护航。“煤改气”和北方地区清洁取暖政策的实施增加了国内天然气消费量，自 2006 年起我国天然气消费量年均增长 14.3%，2018 年我国天然气消费量 2 803×10^8 立方米，是 2006 年的近 5 倍，天然气消费市场正在不断扩大，天然气在一次能源消费中将达到 10%以上。2018 年我国天然气产量与 2017 年相比，在存储量和对外依存度等方面有了较大的提升，2018 年国内天然气产量达 1 600 亿立方米，增幅约为 8.3%，对外依存度达到 45%以上，明显比较高。《能源发展战略行动计划（2014–2020 年）》中提出，到 2020 年，一次能源消费总量控制在 48 亿吨标准煤左右。其中，天然气比重达到 10% 以上。在“蓝天保卫战”背景下，国家大力推行“煤改气”政策，天然气的消费持续增加，相关消费市场的潜力有待发掘。然而，目前我国面临的主要问题是产量短期内很难大幅提升，尤其是我国天然气供应多以“国产气为主，进口气为辅”，国产气供应以“常规气为主，非常规气为辅”。天然气的勘探开发周期较长，一般需要 3~5 年，甚至更长时间。受技术和埋深等各种因素的制约，页岩气、煤层气等非常规资源勘探开发无法全面实现。

3. 水利水电企业面临的资源问题

我国的水电资源极其丰富，人均占有量为世界平均水平的 81%。水能也是我国能源的重要组成部分，尤其是最近几十年新技术材料的投入使我国在水电建设的设计、施工和机组制造等方面位居世界前列。水电资源的储量依赖于河流和湖泊所提供的潜力和动能，取决于河流、蒸发、降水等因素。通过分析可以发现，我国水电发展的稳定性及调节能力方面仍有不足，主要原因是我国大多数河流径流分布不均，不同季节流量相差较大，导致区域间的水电资源出现差异。水能资源分布与地区经济发展水平之间也并不匹配，如华中地区和华南地区的水力资源理论储备相对较低但技术发展水平更高。

为解决空间分布上的不均衡，我国水电资源的开发主要采取西电东输[67]。要想合理开发和利用这些资源，必须结合实际情况对资源进行优化配置。长江流域水电站的装机容量最大，占全国总装机容量的 53.2%，相对而言，西南流域、雅鲁藏布江等流域的水电资源仍有待开发，未来我国开发的重要区域要逐渐转移[68]。资源总量的急剧下降直接影响资源型企业的可持续发展。一直以来，依靠增加能源消耗来寻求发展的方式，直接提高了资源的消耗率，同时，一些老工业基地面临资源枯竭、产业转型困难等问题，甚至影响所在城市经济的可持续发展。

3.1.2　生态环境破坏严重

资源型企业的生产离不开自然资源的开采，整个过程中积累的问题也凸显出来。现阶段，我国各类环境与健康事件的爆发，尤其是资源加工型企业初级阶段采用成本高昂的不可持续发展方式，过度开采自然资源，土地及植被遭受严重破坏，付出了较高的代价。资源与开发、生态环境和经济发展之间的矛盾日益加剧，特别是资源型区域开发规模增长过快、工业技术化水平低、生产结构配套程度低、产业链条不完整等问题，带来巨大的环境压力，影响居民的正常生活。

1. 煤炭企业面临的生态问题

对于煤炭企业来说，最难解决的问题就是在开采过程中造成的环境污染和开采过后的尾矿治理，具体表现在三个方面。第一，煤矿的开发和利用引起地质灾害。大量的矿山开采工作严重影响到地表结构，山体和斜坡也受到不同程度的损害[69]。《低碳发展与土地复垦政策法律研究报告》指出，矿产资源开发等生产建设活动导致塌陷土地的面积不断提高。全国有 33.0 万公顷的土地因为煤矿开采产生塌陷，由于煤矿开采和废矿、矿业残渣的堆放而受到破坏的土地面积分别为 154.5 万公顷和 91.5 万公顷。现阶段，我国地质灾害频发，造成经济危害的城市高达 40 多个，损失金额达 4 亿元以上。第二，开采造成空气质量严重下降。近年来出现的各种空气污染问题多数是由开采过程中生成的污染气体、颗粒粉尘和污染残渣等引起的。相关数据显示，矿山开采过程中排放的大量有害气体严重危害周围居民的人身安全。第三，矿产的开采和利用影响水资源。人们的生产和生活离不开水资源，煤炭开采引起各种水环境问题。尤其是煤炭大省山西省的煤炭开采问题曾导致山西省大部分地区面临吃水难的问题[70]。

2. 石油企业面临的生态问题

石油又被称作“工业的血液”，是最广泛的化石燃料之一[71]。近代工业的不断发展，引起人们对石油需求的增加，石油开采量大幅上升。开采、贮存、运输、加工中出现的原油污染物严重危害到生态系统和人们的健康。目前，我国勘探和开发的油田、油气田数量超过 400 个，油田覆盖地区的面积约占我国土地总面积的 3%，石油年产量已超 1.8 亿吨，主要分布在 25 个省（区、市）。在开发过程中每年新增石油污染土壤约 10 万吨，原油由于无法回收而直接进入环境，引起土壤和水体污染。

如何在开采过程中降低对环境的污染，这是大多数国家石油企业所要面临的最主要问题。2014 年,《全国土壤污染状况调查公报》调查了 13 个采油区近 500 个土壤样点，其中有近 1/4 点位超标，导致采油区及周边数百公顷的土地遭受到严重污染。

3. 水利水电企业面临的生态问题

水能开发中面临的最大问题是如何在发展过程中最大限度地减少对生态环境的破坏。首先，水库的运行改变了水质，影响水生生物的多样性。尤其是水电梯级的开发过程对鱼类的产量及饵料产生不同程度影响，许多受保护或产漂流性卵的鱼类正在不断减少甚至消失。其次，水电工程在建设过程中对陆生生态环境影响也较为显著，工程施工对土地资源的占用直接迫害地表植被进而影响动物原有的生存环境，严重时将会淹没土地资源，损害生物资源和生物的多样性。再次，“三废”（废气、废水、废渣）排放等问题也会威胁到当地的生态环境。最后，水电资源开发给气候带来一定程度的影响，阳光辐射使大面积的蓄水蒸发导致降水量增加，受低温效应的影响，原有的生态结构被破坏。

3.1.3 核心技术和人才资源匮乏

企业的核心竞争能力决定企业的发展，当今时代，技术创新的优势更为明显。因此，高素质人才及技术创新机制将直接影响资源的利用效率，目前，绝大多数企业面临研发与技术成果转化衔接不紧密的状况，难以形成企业核心竞争力，从而无法获取强有力的竞争优势，严重制约了我国资源型企业的可持续发展。

1. 煤炭企业的人才技术问题

煤炭伤亡事故不仅造成了巨大的经济损失，更给职工带来了身心痛苦，产生了恶劣的社会影响。受行业特性的影响，煤炭企业对劳动力的要求更加侧重体力，因此出现职工素质低、专业技术人员缺乏的问题。相关数据显示，在煤炭企业工作的高学历人员不足高校毕业生的 10%，其中还有一部分人员会选择煤炭机关或事业单位，人员流失的现象严重，整个煤炭企业在人才总量上的流失率呈逐年上升态势，有的企业流失人员比例甚至高达 30%~40%，且多为井下采矿、地质、机电等高学历、高职称人才。对大中型煤炭企业进行抽样调查发现，整体人员的结构严重失衡，出现学历越高，所占比例越低的现象，中高级职称工程技术人员的数量远远低于国内平均水平。由此可见，煤炭企业高质量人才严重匮乏，影响企业的生产发展。

2. 石油企业的人才技术问题

目前，市场竞争日益激烈，石油企业人才的流失情况也日趋严峻。石油、石化行业人才外流的原因不仅源于其行业的特殊性，产业区域分布过于分散、线路长、覆盖面广，不免出现难以克服工作或生活条件的现实问题，也无法留住人才。另外，相比其他行业在待遇上的优势，石油、石化企业对人才的吸引力正在降低。相关调查结果显示，大部分石油企业人才的流失对企业的生存和发展带来的损失最为严重。对中国石油的部分企业进行抽样调查，克拉玛依油田、大庆油田有限责任公司、中国石油天然气股份有限公司华北油田分公司三家石油企业流出引入比为0.53。进一步对中国石油下属一家国有石油企业的采油厂调查，该企业2018年有在岗职工3 000余人，其中青年专业技术人员为290人，青年人才流失超过了1/3，人才流失影响原本生产科研计划的实施，尤其是技术流失、商业秘密泄漏等问题，给企业造成巨大损失。

3. 水利水电企业的人才技术问题

目前，我国高度重视水利建设的发展，“一带一路”倡议和京津冀协同发展战略也给水利建设施工企业的投资带来了新的发展方向，各企业也紧随其后制定相应的发展战略。企业要发展离不开人力资源的有效利用，目前，我国水利建设面临着市场环境多变及投资决策的不确定性等问题，因此，企业管理人员必须尽快适应新的发展要求。有关调查显示，我国水利建设施工企业在人力资源管理方面仍存在以下问题：①岗位和人员之间没有经过科学的人事安排，往往是哪里有空缺，就将人员安排到哪里；②人事部门在管理人员时，只通过上级领导的指示来进行人员的调配。这些问题导致人才优势无法充分发挥，影响了企业发展。总体来看，水利建设施工企业的工程项目分布较广，人员的流动性也较强，人员、设备常常需要不断进行新的调整，无法固定下来。施工企业生活、工作条件艰苦，工资待遇相对偏低等，使得高素质人才不愿参与，技术人才稀缺。

在新的电力时代，加快水电企业人才队伍建设可以为电力事业的可持续发展提供保障。但是，水电企业在人才队伍建设中，出现了人才“断层”的情形。电力行业本身工作环境复杂、劳动强度大，青年人才加入的意愿较低，后备储备干部不足，人才队伍结构具有较大的不稳定性，“断层”现象日益显现，特别是高层次技术人才占比不到6%。调查结果显示，水电企业面临频繁的人才流动，青年人才的平均在岗时间为3年，对队伍的稳定性及队伍中后备人才的储备造成严重的影响。在人才优化配置中，尚未形成完善的人力资源配置机制，出现人力资源浪费或闲置的现象，不利于人才队伍的有效建设。在人才培养等方面，并没有加以重点关注，优秀人才缺少足够的发展空间及晋升渠道。

总体来看，我国的资源型企业基本上分布在中西部地区。企业的生活环境和工作条件相对艰苦，缺乏对高技术、高素质人才的吸引力。企业自身对于人才开发的体系并不健全，尤其是创新型人才的开发和利用，只侧重于教育、培养和激励机制，缺少对学科基础、成果应用和微观层面的开发。由于资源型企业基本上从事矿产资源的开采和基础加工，从而过度重视一线人员的储备，忽视了对高科技设备和高科技人才的需求，人力资源储备严重失衡。

3.1.4 产业链不完善

受环境资源条件的约束，为了实现可持续发展目标，资源型企业需要完善产业链的转型升级对资源重新整合，以实现节能降耗、绿色创新的目标。尤其是资源型城市的企业对自然资源的依赖程度高，导致整体产品附加值低，过于依靠某一种资源的集中开发与利用，产业结构较为单一。

1. 煤炭企业产业链存在的问题

煤炭企业产业链主要有以下几种形式：第一，以产品的开发与利用为基础，具体分为煤–电–铝产业链、煤–焦–化产业链和煤–铁–钢产业链等（图 3-1）；第二，以提升产品价值及产品营销为基础，这种产业链的形成不局限于煤炭产品，逐步向煤炭相关的产业延伸，发展矿、路、电、港一体化模式，也将向油、化等延伸，最终形成煤炭产业一条龙经营；第三，以煤炭派生资源的利用及由煤炭衍生出来的新兴产业开发利用为基础。目前，我国第一、第二种形式的产业链已经具备，第三种形式的产业链仍较为单一，且产业链延伸得不够广泛，仅限于某一个产业，目标不够精准，范围不够广泛，导致我国煤炭产业发展缓慢且存在瓶颈。目前，资源型企业普遍缺乏开发与创新的理念和有效完善的先进技术运用机制，造成资源综合利用水平和企业技术运用水平低。相关部门的统计显示，受技术水平的限制，我国矿产资源综合利用率只有 30 %，尾矿利用率不到 10%；共伴生矿利用率仅 20%，比国外先进水平低 20~30 个百分点。在资源短缺的背景下，这严重影响了我国资源型企业的高效发展。

2. 石油和天然气企业产业链存在的问题

石油和天然气企业产业链具有明显的分工特点，根据其产业定位不同分为上游、中游、下游产业，如图 3-2 所示。在石油和天然气企业产业链的上游主抓勘探开发生产、中游负责储运、下游进行加工销售，各业务间互相协调发展以实现整体的效益最大化。每个环节的变化会对整个产业链产生一定的影响。在实际生产过程中受政府的干预、市场需求的变动等外部环境的影响，石油企业产业链经

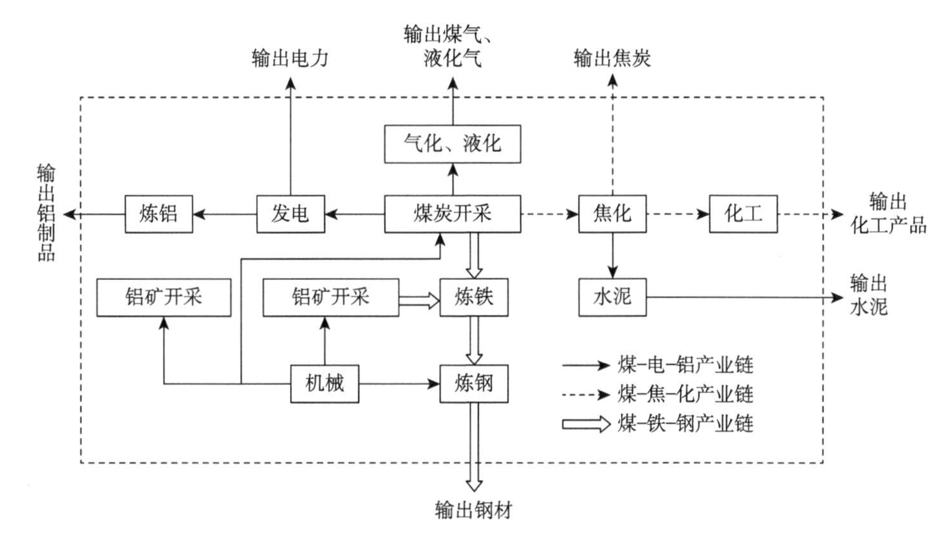

图 3-1　煤炭企业产业链图示

常出现上游和下游环节盈亏差距较大的情况。例如，中国石油、中国石化、中国海油对上游业务的倾斜，限制了下游的业务规模，导致上游业务的投资回报率较高，下游业务的投资回报率较低，纵向一体化程度低下，反过来影响了外界环境。因此，各石油企业在发展中要重点根据实际情况动态调整投资结构，考虑如何保证上游和下游产业间的均衡。在国际市场上，绝大多数的本土企业对可能出现的问题并不重视，选择直接从国外购买原油，并运回国内，长时间的运输过程，会加大意外发生的可能性，严重影响石油价格，打乱国际石油市场的稳定。近年来，我国石油企业的海外业务也在不断跟进，通过对海外技术的研究，有效利用了相关资源，但是，受国内市场需求的波动及外部环境的变化，目前大多石油企业仅仅外购石油运回国内，最终导致国内油价波动，带来较大的风险。

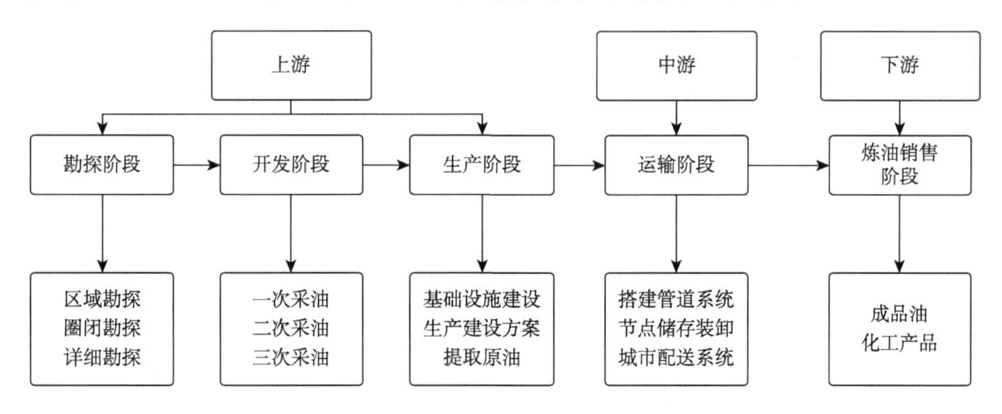

图 3-2　石油和天然气企业产业链图示

3. 电力企业产业链存在的问题

电力产业作为基础产业，是日常生产和生活稳定进行的保障。自电力体制改革以来，整个行业快速发展的同时，矛盾也更为凸显，尤其是煤电方面的发展，经营状况的下滑会严重影响国民经济。电力产业自身较为特殊，其主要产品电能也是能源产品，是日常工作、生活所需的公用产品。因此，必须结合整个产业链来探究如何实现整个电力产业的帕累托最优效率，进而实现社会福利最大化的问题。如图 3-3 所示，电力企业产业链中所包含的各部分均是国民生产的基础产业，与国民经济的发展息息相关，尤其是上游的一次能源产业煤炭、天然气等，以及下游部分的钢铁、水泥等。结合目前的产业链理论，本书认为电力企业产业链通过不同类型的能源转换方式，将各种一次能源转换为电能并将电能输送分配到各类最终用户。由于我国富煤少油缺气的资源禀赋，目前以煤炭为主要燃料的火力发电占主导地位，未来，水能、风能、核能、太阳能等清洁能源在整个发电装机容量中的比重将逐渐提高。

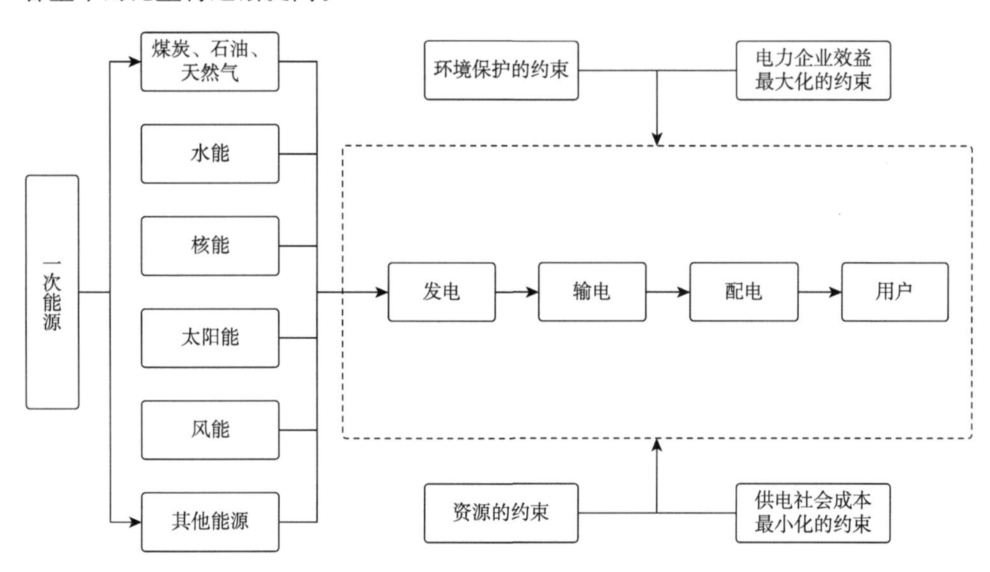

图 3-3　电力企业产业链图示

就目前发展情况来看，整个产业链的所有环节的市场竞争力不足。由于发电环节中存在卖方势力和买方势力，缺少议价优势，企业的关注重点仅在于上游和下游企业间的纵向竞争。相关数据表明，新能源发电在我国电力供应结构中的比重逐渐增加，未来能源产业改革将是主要的方向。但是，就目前的能源禀赋情况而言，之后电力产业仍然会维持以火电为主的能源结构。

3.2　中国资源型企业的安全生产状况

我国资源中石油和天然气资源主要被国有资源型企业垄断，而煤炭等其他矿产资源多由民营资源型企业进行开发生产。资源型企业作用的对象是不可再生资源，这意味着资源型企业有一定的存在寿命，资源的匮乏将会影响资源型企业乃至整个市场和经济的发展，同样，资源型企业获得资源的方式也会对社会经济产生影响。国有资源型企业作为国家的最大型资源型企业，备受关注，其安全生产程度相对较高，而民营资源型企业相对而言存在较多问题。煤炭等矿产资源丰富，先进技术的成熟及频繁的推广使得获取矿产资源变得不再艰难，开发成本也变得更低，导致更多的资源型企业选择煤炭资源进行挖掘，长此以往安全生产问题就会浮出水面。加之每个资源型企业的进入时间、发展水平等的差异，就会对安全生产的意识有着不同层次的理解，从而会产生不同的影响。

3.2.1　资源型企业安全生产标准化的状况

安全生产标准化既是开展安全生产工作的基本要求和衡量尺度，也是加强安全管理的重要方法和手段。为了保证各生产环节符合有关安全生产法律法规和标准规范的要求，企业通过制定安全管理制度和操作规程，完善安全生产责任制和预防机制，对重大危险源进行监控，排查治理隐患，规范生产行为。原国家安全生产监督管理总局在企业安全生产标准化建设专题板块中列出了五大行业，分别为工贸企业、烟花爆竹企业、危险化学品企业、煤矿企业、非煤矿山企业。

安全质量标准化于 2003 年 10 月由国家安全生产监督管理总局和中国煤炭工业协会在《关于在全国煤矿深入开展安全质量标准化活动的指导意见》中率先提出，为达到符合国家相关标准的目标，对生产经营的各个环节和岗位实施管理。由此各行业开始逐步完成安全生产标准化建设，建立较为成熟的安全生产标准化管理体系。安全生产标准化的实施，不仅对安全生产工作形成规范作用，更维护了员工的合法权益。目前，我国规模以上生产型企业的安全生产标准化创建工作基本完成，企业的安全生产工作得到保障，从而促进安全生产标准化的实施。

图 3-4 是 2005~2018 年我国安全生产标准的发布情况，可以看出，国家标准的发布数量和行业标准基本持平的年份主要有 2006 年、2008 年、2013 年和 2016 年，国家标准的发布数量比行业标准高的年份为 2009 年、2014 年，其余年份行业标准的发布数量明显高于国家标准。安全生产标准对生产各个环节的安全技术

措施和管理提出明确的规定和要求，以规范生产过程中的安全事项，如原辅材料的准备、中间产品的生产、最终产品的产出，以及产品包装、运输等。

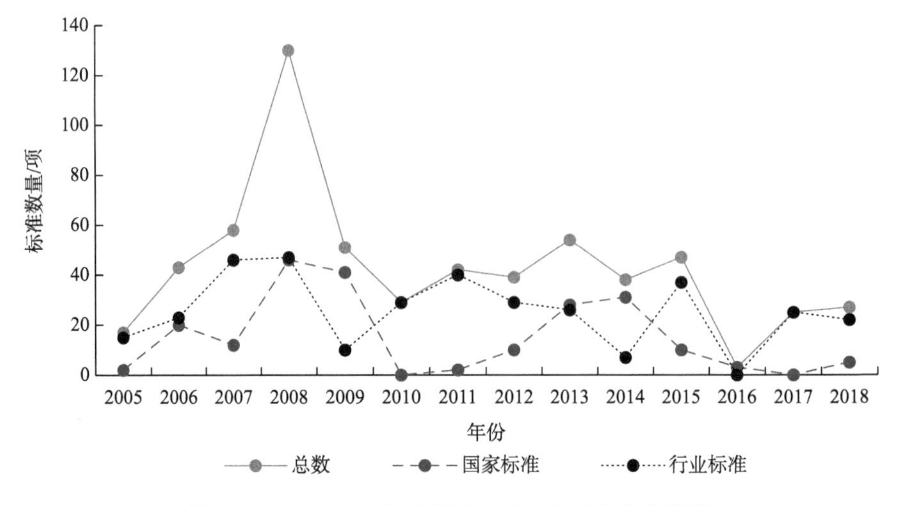

图 3-4　2005~2018 年我国安全生产标准的发布情况

图 3-5 主要分析了 11 个领域（煤矿、非煤矿山、危险化学品、烟花爆竹、冶金有色、工贸、粉尘防爆、涂装作业、职业健康、个体防护和综合）的国家标准和行业标准分布情况。根据统计结果，有 5 个领域（即煤矿、非煤矿山、个体防护、职业健康、危险化学品）发布标准占比均超过 10%，其中煤矿占总数的 21%，而另外 6 个领域（即涂装作业、粉尘防爆、烟花爆竹、冶金有色、工贸和综合）占比均低于 5%。

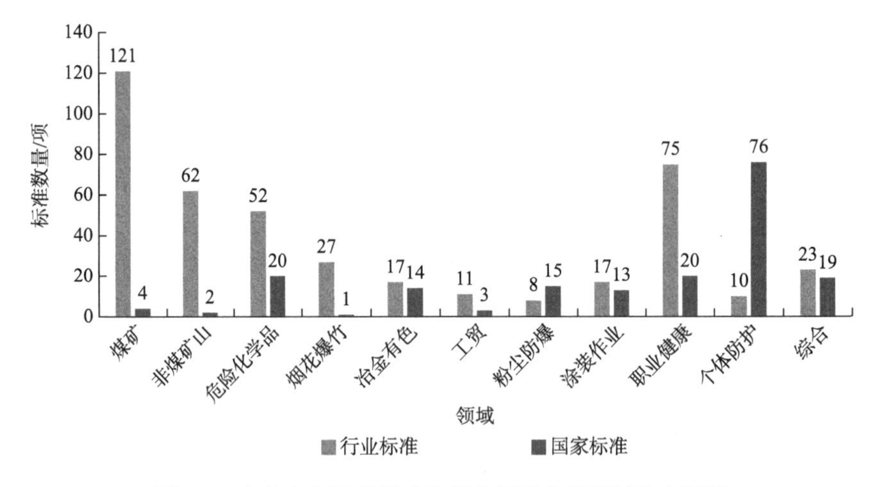

图 3-5　安全生产国家标准和行业标准在各领域分布情况

在这些行业中，安全生产管理的重点领域是煤矿、非煤矿山和危险化学品等高危行业，因此，在行业标准数量方面相对集中，三者之和占标准总数的43%。这说明依靠标准手段进行安全生产风险控制和事故预防是有效的。从图3-5不难发现，站在国家标准数量层面上看，职业健康和个体防护作为保护职工生命安全和基本生活标准的指标，一般都由国家政府严格约束和管控，其国家标准数量远远大于其他领域的安全标准要求。从不同领域的标准要求来看，煤矿、非煤矿山、危险化学品、烟花爆竹、工贸、职业健康6个领域的行业标准数量要远超过国家标准，主要因为资源型企业负有重大安全生产责任，基于行业自律、行业管理的基本原则，不同行业对不同类型的资源型企业具有直接、有效的管理，因此，煤矿、非煤矿山等其他6个领域的行业标准数量要大于国家标准数量。

1. 煤炭企业的安全生产标准化

煤炭企业在建立安全长效机制时重点关注安全生产风险分级管控和事故隐患排查治理[72]。《安全生产法》中规定生产经营单位必须推进安全生产标准化建设。安全生产标准化的实施有助于我国煤炭企业采用国际通用的安全管理体系，确保煤矿施工现场安全生产及煤矿职工的安全健康。《中共中央 国务院关于推进安全生产领域改革发展的意见》指出，大力推进企业安全生产标准化建设[73]；煤炭企业安全生产标准化是深度结合理论实践，遵循煤炭企业自身生产系统发展的客观规律，构建适合于煤炭企业管理的双线预控管理体制，逐步形成煤炭企业安全基础建设工作体系。近年来，政府对安全越来越重视，相继出台了多种法律和针对性的措施，从宏观上对煤炭企业安全进行长期控制。中华人民共和国成立前开始逐步引用标准化，中华人民共和国成立后加以重视并逐渐进行发展和完善。2013年，为更好地推动煤矿的安全管理建设，国家提出了煤矿安全生产标准化。2017年开始实行《煤矿安全生产标准化考核定级办法（试行）》，突出了双重预防机制的重要地位。我国煤矿安全生产标准起步晚，标准也多针对产品，在其他方面仍存在缺口，因此还需继续完善安全生产标准的制定和修订工作。

2. 石油企业的安全生产标准化

标准化工作对石油企业的生产管理至关重要，在生产过程中用标准来对企业的各项生产活动进行约束，保证生产的有效运行及生产效益。为有力推动石油行业安全生产标准化的创建工作，2012年发布的《石油行业安全生产标准化导则》及9个实施规范（AQ2037—2012至AQ 2046—2012共10个标准，简称石油标准化标准），为其提供了根本依据。但实施过程中，不断暴露出一些问题，尤其是企业的实际生产活动不能适用相关的标准，加之近年来相关的法律政策发生调整，有关的行业标准还需继续修订完善。

2018 年 1 月 1 日开始实施修订的《中华人民共和国标准化法》，其明确了行业标准为推荐性标准。《石油行业安全生产标准化导则》发布之后，对石油行业安全生产标准化做出一些新的安排，其他安全生产标准化的有关规定也在不断更新，如提出企业自愿申请标准化评审等新的要求，进一步完善石油标准化标准与这些政策文件之间的一致性。同时，为了更好地规范生产工作，《企业安全生产标准化基本规范》由推荐性行业标准提升为推荐性国家标准，并且石油标准化标准要与其相互协调，对一级要素和二级要素不断进行优化。

3. 水利水电企业的安全生产标准化

安全生产标准化管理在整个水利水电工程中起着非常重要的作用，是开展所有管理工作的关键，通过完成生产标准化的项目管理工作，保证水利水电工程建设圆满完成。目前，水利水电工程中，新技术应用管理上的安全生产标准化研究不断取得突破。水利部门一直重视安全生产工作的实施，并于 2011 年提出安全生产标准理念，随后开始在部分省（区、市）试点推出具体的安全标准和安全细则。到了 2017 年底，为了更好地开展工作，水利部不断征集修改意见，在整合原有标准的基础上，增加新的内容，于 2018 年 4 月正式出台了最新的水利安全标准化评审标准。因为人员素质、施工环境、技术水平等外部环境问题，水利施工面临的风险极大，所以为了确保企业安全生产、落实企业安全生产主体责任、防范事故发生，为企业创造一个良好的管理环境，需要完善安全标准化建设来进行有效的控制。目前水利工程发生的事故主要集中在勘察设计、施工、运行管理方面，因此，推进安全生产标准化建设势在必行。

水利部正式发布更新后的评审标准后，各地区立即开展了大规模的安全标准化达标创建。目前，我国水利行业的安全标准化建设主要依托第三方咨询机构。第三方咨询机构通过对企业的前期调研、中期辅导和后期改进，不断推进企业安全生产工作。第三方咨询机构为企业提供安全生产标准化达标创建可以使企业在较短时间取得安全生产标准化达标证书，但同时也存在诸多问题。例如，企业在取得达标证书后，往往有所懈怠，很多安全资料和档案不健全，为了应付检查，临时补全安全资料；在安全生产标准化建设过程中，企业内部往往也存在配合上的问题。虽然水利安全生产标准化评审标准在 2018 年进行了更新，但是针对参建方，即设计、监理、勘察等单位，仍然缺乏相应的评审标准。其他参建方往往参考《水利水电工程施工安全管理导则》对安全资料进行梳理，无统一的安全生产标准化建设标准。因此，建立更加全面、更加系统的标准化评价体系完善行业安全体系建设、提升行业安全管理水平是未来发展的重点之一。

总体来看，目前部分高危行业的大型企业的安全生产管理水平基本与世界先进企业持平，地方政府和各行业的相互配合使我国安全生产管理工作取得了有效的成果。但是，安全生产标准化体系在发展完善的过程中，标准制定和修订中会出现交叉和雷同的现象，且部分企业未达到安全标准化管理的预期目标。因此，这就需要科学合理地界定各种标准的范围和领域以发挥各自优势，共同服务资源型企业的安全、可持续发展。

3.2.2　资源型企业安全生产事故状况①

1. 整体状况分析

图 3-6 为 2013~2017 年资源型行业的安全生产情况。可以看出，采矿业是发生事故最多的行业类型，化学工业次之，其余的资源型行业发生数量大致相似。并且，由事故发生情况来看，每一次事故对资源型行业造成的损失都是惨重的，95%的事故都造成了 3 人以上的伤亡。

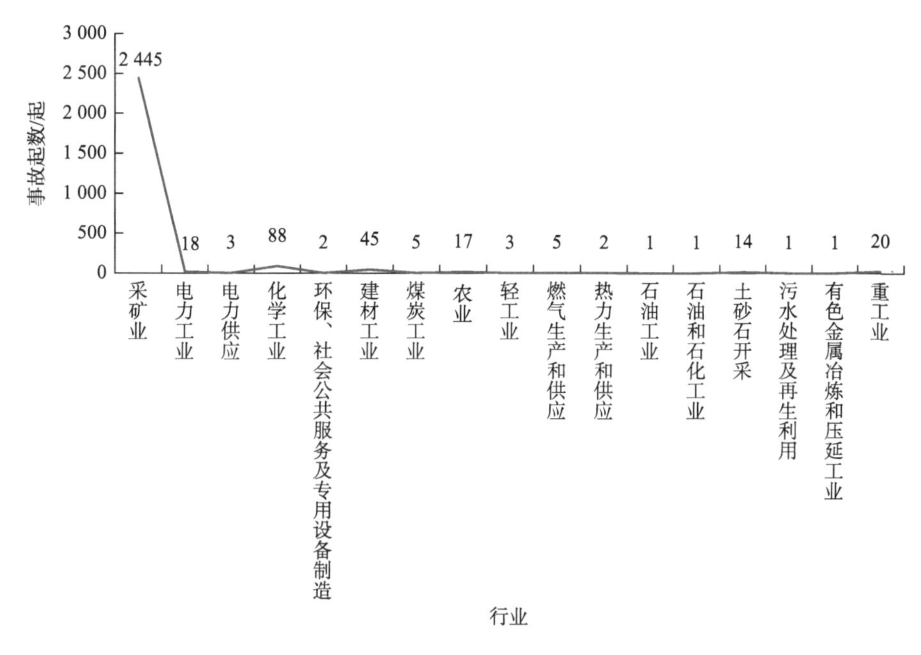

图 3-6　2013~2017 年资源型行业的安全生产情况

近年来，我国各产业产值虽持续增长，但由于我国资源型企业规模庞大，在建工程数量较高，存在行业风险高、建设周期长、人员流动性大等客观因素，安

① 资料来源：应急管理部（原国家安全生产监督管理总局统计司）、国家统计局《国民经济和社会发展统计公报》等。

全生产事故尤其是重大事故仍有发生，不仅严重威胁从业人员的生命安全，而且给企业带来巨大的经济损失，最终直接影响社会的稳定发展。

2. 煤矿企业安全生产事故状况分析

相关数据显示，我国资源型企业的安全生产形势不容乐观，尤其是煤矿企业的安全生产情况，如表 3-1 所示。

表 3-1　2013~2018 年我国煤矿事故统计

年份	事故起数/起	死亡人数/人	煤矿百万吨死亡率
2013	604	1 067	0.293
2014	509	931	0.257
2015	352	588	0.159
2016	249	526	0.156
2017	226	381	0.106
2018	224	331	0.093

表 3-1 统计出 2013~2018 年我国煤矿事故起数及死亡人数，数据表明，2013~2018 年，我国煤矿事故的事故起数、死亡人数和煤矿百万吨死亡率呈现逐年下降的趋势，整体上有较大改善，但从事故起数和死亡人数来看，2018 年全国煤矿共发生事故 224 起，死亡人数为 331 人，同比减少 50 人。

导致煤矿发生灾害的因素主要包括顶板垮落、瓦斯爆炸、机电事故、突水、矿井火灾、放炮、车辆运输等，其中造成人员伤亡最多的是顶板垮落事故，事故的因素如下：①煤矿的生产环境较差，经常出现的煤矿断层现象加大了顶板维护难度；②支护方式不及时、相应的措施不到位；③相应技术落后，在开采中出现顶板垮落。同时，我国煤矿主要为瓦斯矿井，事故发生率较高，瓦斯事故又以瓦斯爆炸事故居多，主要原因是通风不畅、瓦斯检测不及时等，因此，瓦斯矿井必须定时检测、及时通风、杜绝明火。据不完全统计，2008~2018 年，瓦斯爆炸占总事故起数的 10.38%，造成的死亡人数占总死亡人数的 27.64%；顶板垮落事故占总事故起数的 48.09%，造成的死亡人数占总死亡人数的 8.32%；两者占到事故起数的 58.47%、死亡人数的 35.96%（图 3-7 和图 3-8）。

3. 水利水电企业安全生产事故状况分析

相关数据显示，尽管电网事故的总数及电力经济损失较少，但是电力人身伤亡事故总量相对较高，如图 3-9 所示。在各类别分析中可以发现，伤亡起数最多的是高处坠落和触电（图 3-10），主要原因是工人自我保护意识不强，生产中存在不安全行为，同时，由于监护人员工作失职，工程施工制定的“组织措施、技术

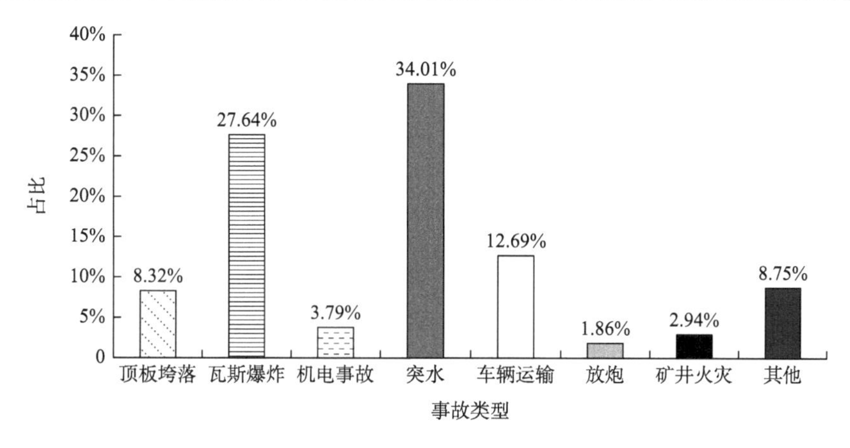

图 3-7　2008~2018 年煤矿各类事故死亡人数占总死亡人数的比例

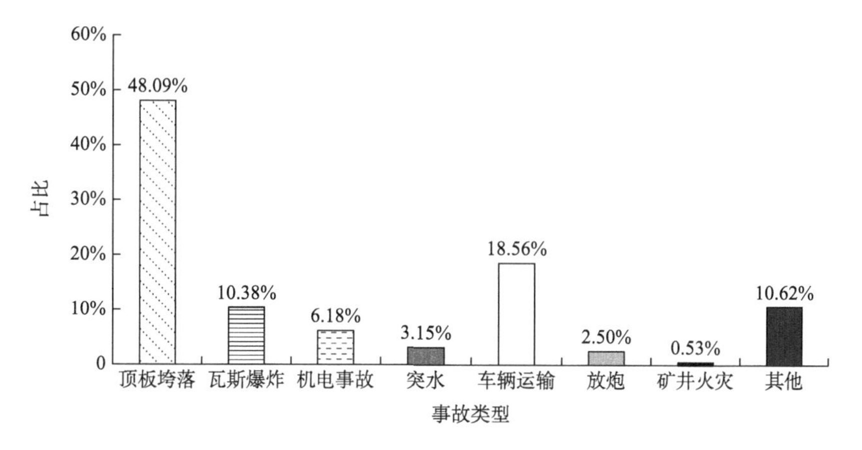

图 3-8　2008~2018 年煤矿各类事故起数占总起数的比例

措施、安全措施”无法落实，另外，在机械设备的使用及工器具维护保养制度上不够重视，施工现场安全管理中不能及时对现场进行勘察发现存在的隐患，引发高处坠落等其他人身伤亡事故的发生。

通过相关分析可以发现事故频发的原因如下：第一，设备设施存在缺陷，如吸收塔顶端坍塌、机械采样头和采样料斗整体脱落等；第二，作业人员在进行检修及维护等工作时，存在违章操作现象，相应的安全措施不到位，如擅自进入带电间隔。

电能作为清洁高效的能源与社会生产和生活息息相关，极大地促进了生产发展和科学技术进步。电力系统的安全稳定，需要用电各方相互配合，一旦发生故障，不仅直接对企业造成经济损失，对社会也会产生负面影响。例如，2003 年 8 月，美国东北部及加拿大东部地区的大停电，造成约 5 000 万人的生活用电受到严重影响，经济损失高达 300 亿美元；2012 年 8 月，印度大停电等大电网事故，

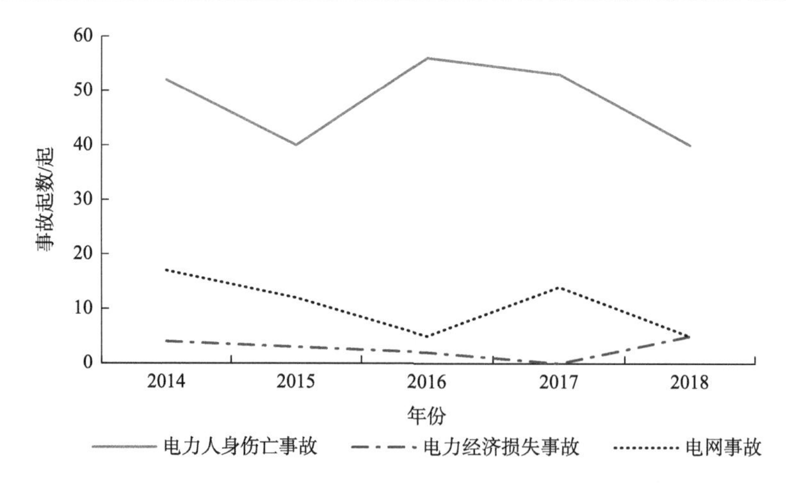

图 3-9　2014~2018 年电力安全生产事故统计

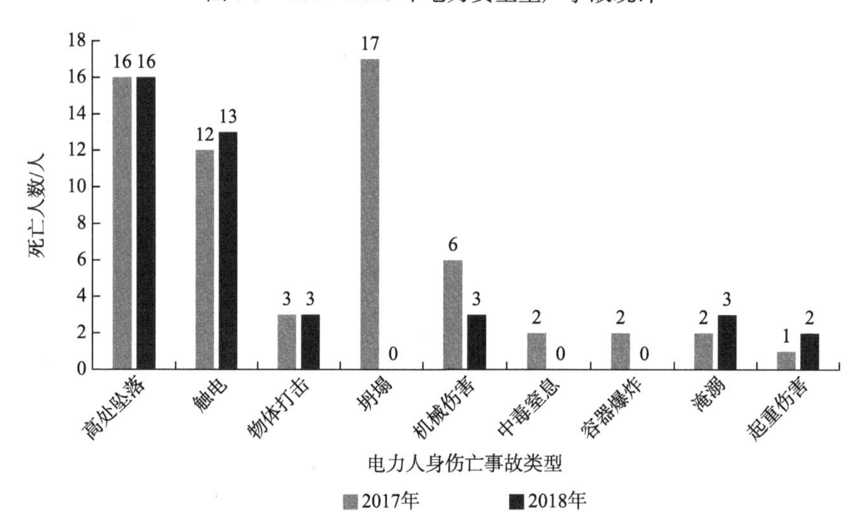

图 3-10　2017~2018 年各类别电力人身伤亡事故死亡人数

使印度东北部 6.7 亿人受到影响。通过事故调查分析发现，事故发生的主要原因是电力行业管理中出现的问题。因此，保障电力生产安全有序进行具有十分重要的意义。

4. 石化、化工行业安全生产事故状况分析

石化、化工行业是我国的支柱产业，国家统计局相关数据显示，2013~2018 年石化、化工行业主营收入占总体 GDP 的比例保持在 12%左右，根据数据的变化趋势可以看出其绝对值呈现缓慢上升趋势；截至 2018 年末，石化、化工行业规模以上企业的数目有所增加，达到 27 813 家，全年增加值相比 2017 年提高 0.6 个百

分点，增长4.6%；主营业务收入的增长幅度比较可观，收入总量为12.4万亿元，同比增长13.6%；利润总额相对来说也有所浮动，达到8 393.8亿元，同比增长32.1%。因为石化、化工行业的生产过程中存在大量的危险化学品，极易发生生产事故，造成人员伤亡及财产损失，甚至威胁行业发展，2013~2018年较大及以上事故起数、死亡人数统计如图3-11所示。

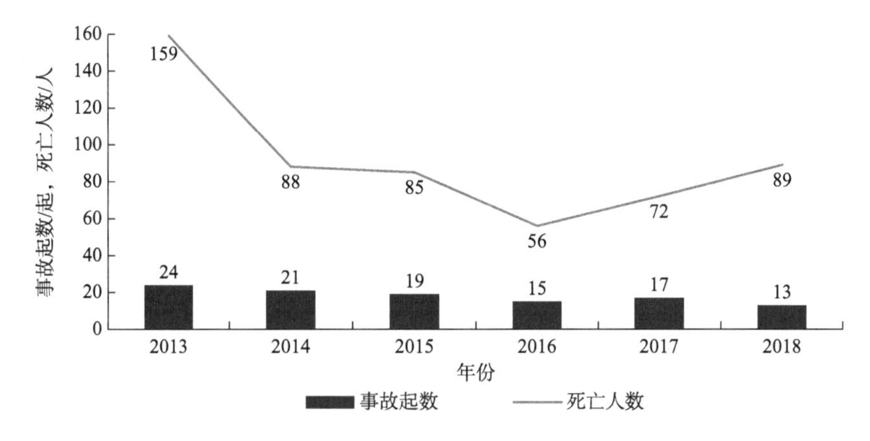

图3-11　2013~2018年较大及以上事故起数、死亡人数统计

2013~2018年较大及以上事故共109起，死亡人数共549人。2013~2016年，事故起数由2013年的24起降至2016年的15起；2016年死亡人数为56人，相比2013年的159人，出现了大幅下降。由于行业规模不断扩大，在2017年的时候两者均有小幅反弹，增至17起、72人。对109起事故进行总结发现，有1起特别重大事故（2013年黄岛11·22输油管道爆炸事故），6起重大事故（2013年2起、2014年1起、2015年1起、2017年2起）。事故数量总体趋势稳中有降，死亡人数仍有所上升。重特大事故仍有发生，较大及以上事故总体有所遏制。各级政府和有关部门越来越重视石化、化工行业的安全生产，自2013年起，颁布各类生产性法规及文件，大力培养安全人才，采用安全技术，确保石化、化工行业实现长久有效的安全生产。

3.3　中国资源型企业安全生产过程中存在的问题

从近年来的事故调查研究中可以发现，处理事故方法的研究固然重要，但是，及时发现安全生产事故多发的原因，采取高效的防范措施更是解决问题的关键。在我国资源型企业快速发展的过程中，最为突出的问题是安全生产，根据原国家安全生产监督管理局的统计数据，我国曾每7.4天发生一起特大的煤矿安全生产事故，相比前期虽有所下降，但总体仍超出世界平均水平。我国资源型企业的安全生产中依然存在下列主要问题。

3.3.1　安全生产责任制度未落实

就安全生产责任制度而言，有的企业根本没有责任制度，有的企业只有责任制度但无法落实，甚至还有缺少配套措施造成的事故。受地域、经济条件的影响，资源型企业的发展对各个地区经济发展的影响存在显著差异。因此，在安全生产方面同样存在差距。针对当前资源型企业安全生产的状况，必须实施良好的对策和严厉的管理办法来制止安全生产事故的发生。以大庆油田油矿开采为例，工作过程中基层小队在编制管理手册的时候主要依据上级的要求，并没有真正落实具体责任的划分和监督职责。在实际实施过程中，大多数企业在进行安全管理和事故处理时，仍然只有安全部门对其负责，其他部门并没有进行协作，以在油田开采为例，每一采油队采用的管理体系无法实现现场全联合管理，导致现场作业的安全性较低，无法及时避免事故发生。由此可见，即使资源型企业的各个生产环节均拥有全面的安全管理系统，但系统基本设置不能与之相匹配，造成安全系统的针对性较低，如果按照这种安全管理体系，企业生产过程中的安全是无法保证的。因此，关键还需要将规章制度落实和监督到位。

3.3.2　安全生产投入不合理，投入产出效益偏低

在核算企业付出的代价时不可避免要考虑到安全生产成本。足够的安全生产投入是企业安全生产的必需条件。但是，安全生产成本也会随着安全设施配置上的投入加大而增加，最终的结果就是产品价格的提升，受价格的影响，企业的竞争力和利润就会有所下降。因此，为实现利益最大化，企业会采取躲避安全生产成本的投资决策，将关乎安全的因素，如生产设备安全、产量标准等置于其后。在我国发生事故的煤矿中，中小煤矿占到 70% 以上，其中有 80% 以上都不具备安全生产条件；我国原煤产量中有安全保障的煤矿只有 60%，且有将近 40%面临瓦斯爆炸、煤矿坍塌等危险。安全生产无法保障和超负荷生产，直接导致了安全生产事故的不断发生。在此过程中，资源型企业根据财政部规定的比例提取安全费用，即在企业所有者权益项下设立“专项储备”科目进行核算。因此，会计处理的不完善也会使会计主体成为企业调整利润、粉饰业绩的重要手段，进一步造成安全生产投入不合理，最终导致投入产出效益偏低。

3.3.3　员工安全生产意识不足，管理不规范

大多数企业及管理人员不能正确认识安全生产投入增加对降低安全生产事故的重要性，同时，安全生产投入能够产生的巨大社会经济效益也非常容易被忽视。受市场环境的影响，我国很多企业在发展过程中不重视安全管理，为了提高企业的竞争力、获取高额的利润，企业把过多的精力放在了生产管理上。因此，在安全与生产之间进行抉择时，企业多数情况下会选择以牺牲安全为代价来提高生产，加之企业的管理层中管理者并没有真正地理解安全生产，导致施工人员的安全生产意识也较为淡薄。有些员工即使对安全生产事故发生的原因、安全生产事故造成的后果非常了解，对工作的相关流程也极其熟悉，但在实际施工过程中对相关问题并没有加以重视。通过对各类事故起因的研究可以发现，操作者在操作技术方面不达标及安全生产意识淡薄是主要原因。而且，实际中安全知识及管理等方面的培训流于表面，没有针对性，无法达到预期效果。在生产时惯性操作问题突出，常常将学习的安全常识抛诸脑后，非常容易发生安全生产事故。

3.4　中国资源型企业安全生产存在问题的原因分析

我国资源型企业安全生产存在的问题比较严重，各种安全生产事故仍有发生，其原因多种多样，究其原因，具体表现为以下方面。

3.4.1　安全生产管理工作不规范

缺乏有效的安全运行机制来规范安全管理。从资源型企业多次发生的安全生产事故来看，虽然有危机辨识能力不足、违章操作、违章指挥方面的因素，归根结底还是缺乏对安全生产重要性的认识，无法切实意识到安全生产对于员工、企业及社会发展的重要性。因此，生产中安全知识掌握不到位，对安全设备和技术投入不足，导致不能及时发现安全隐患，严重阻碍了安全生产管理工作的进行，从而引发安全生产事故，给企业造成巨大经济损失的同时，也给社会稳定带来诸多负面影响。

近年来，我国一直强调转变政府职能，但是部分地方政府对资源型企业安全生产的监督管理仍有所疏忽，生产事故仍有发生，表面的检查无法彻底解决相关问题。政府部门在监管的时候容易忽略企业在市场经济活动中自由竞争的本质，

而把一些企业当成其下属单位，直接采用下发文件和指示及提要的监管手段；对企业的安全生产的管理也常常停留在口号要求上，不能灵活使用经济手段和法律手段贯彻实施相关要求。事实上，在市场经济条件下，竞争市场的主体对利益的渴望，可能会令其漠视政府部门的监管，甚至通过弄虚作假的手段来逃避监管。政府方面，某些管理人员出现的作风问题无法对小型企业做到有效的监督管理，仅依靠会议和文件的形式落实安全生产措施，这样安全生产的目标就难以实现。

3.4.2　安全资金投入严重不足

资源型企业的生产危险系数相对较高，尤其像采矿这样的高危活动，通过加大安全资金的投入，提高安全保障措施来降低事故伤亡率显得尤为重要。但是，在日常开采活动中，企业在安全资金上的投入并不能在短期内使企业察觉其存在的价值，发挥出最大的效用，这也是与企业生产过程中其他投入不一样的地方，因此，现实中不少小企业甚至一些大企业都会减少在安全方面的投入，企业不愿对安全资金投入过多的现象在我国十分普遍，特别是资源型企业在考虑企业安全发展时往往很难合理地进行安全资金投入。据不完全统计，就全国煤矿企业而言，其安全资金欠账超过 40 亿元，安全装备和安全系统存在的缺陷，给安全生产埋下了隐患。随着社会安全经济的发展和政府宣传及监督力度的加大，不少企业开始进行安全生产投资，安全生产投入效益具有隐蔽特性，使得多数企业无法合理进行成本投入，进而导致生产效率低下，生产事故多发。

3.4.3　安全教育培训不严格，存在空白

在发展过程中，企业没有对职工进行全面的培训，在之后的生产中留下了安全隐患。从事基层生产工作的多为农村外出务工人员，其本身没有高层次的教育背景，加上缺少专门的生产技能和安全生产培训，对安全的重要性认识不足，自我保护手段缺乏，有可能受到伤害。同时，人才资源分布不匀，导致高素质人才多流向设计机构和科研机构等单位，生产建设一线工作岗位空缺，高等院校的毕业生对一线工作有抵触心理，最终导致员工层次水平和安全生产水平失调，不利于企业的稳定发展。企业发展中安全工作做不好，主要在于人的思想意识不到位，管理不到位。如何加强资源型企业的安全管理，需要从资源型企业的发展特点出发，全面部署安全生产管理工作，使之形成保障安全生产、促进资源型企业安全的有效机制。

第 4 章　资源型企业安全生产成本—收益构成

企业的安全生产成本和安全生产收益的构成是一个多元、交叉的概念，它在不同问题背景下有着不同的实际意义及延伸含义。首先，本章介绍了什么是资源型企业的安全生产成本及涉及的一些相关概念，深入讲解了上述安全生产成本的实际意义及它的延伸含义，到底是什么影响企业安全生产成本在本章中也有介绍；其次，对资源型企业安全生产收益的组成部分和对其造成影响的原因进行分析，并结合前两章的表述分析了其中投资回报的动态过程关系，并围绕这个过程开展与安全生产成本投入方向相关的灰色关联分析。

4.1　资源型企业安全生产成本的构成

在我国经济发展的过程中，资源型企业也是我国经济的重要组成部分，在其中起到了至关重要的作用。在人们生活水平不断提高的情况下，伴随着城镇化范围的扩展，资源型企业如鱼得水迅速发展。但随之而来的是安全生产程序规章制定不严格、操作人员未按照规章操作、企业监督不严格、企业安全设备投入不足等原因产生的安全生产问题。因此，为了改善现在的状况、预防安全生产事故的发生、保障资源型企业安全生产，企业要制定符合生产需求的安全管理制度、安装有保障能力的安全设备、针对高危生产操作的员工进行培训、监督员工的生产活动等以减少资源型企业因其发生的安全生产问题而造成的损失。所有相关的活动都需要企业投入资金，这些消耗的资金就构成了企业安全生产成本。资源型企业安全生产成本主要由两大类构成，分别是功能性安全生产成本和损失性安全生产成本，进一步分为四个种类，即安全工程费用、安全预防费用、企业内部损失和企业外部损失，如图 4-1 所示[74]。

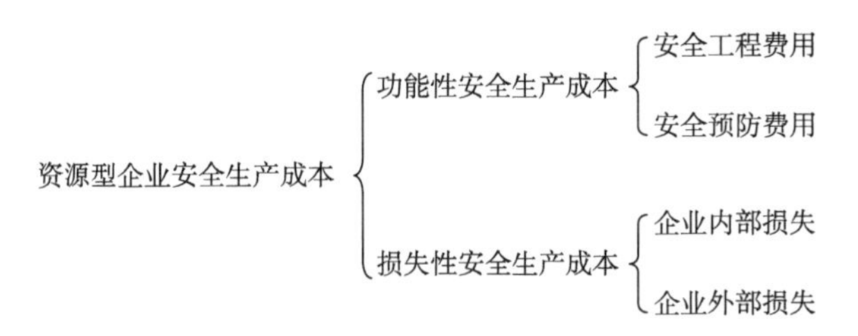

图 4-1　资源型企业安全生产成本

4.1.1　功能性安全生产成本

功能性安全生产成本是通过各种安全资源的配置来达到企业安全生产目标，是为了形成保障安全生产的条件而支出的费用。这部分支出是企业安全生产最基础的部分，预防事故的发生是这部分支出的主要目的，企业需要提前做好安全生产保证条件，使其在安全生产过程中拥有主动性和控制权。功能性安全生产成本由两部分构成，即安全工程费用和安全预防费用。这两部分费用的落实可以保证企业生产活动的安全性，如安全工程的构建、安全设施的安装、安全设备的检查维修、对生产活动安全的监督、对员工的安全教育和培训等。支出这些费用的目的是通过保障安全生产来减少企业发生安全生产事故的损失从而提高企业的收益，但控制企业功能性安全生产成本的前提必须是满足企业安全生产的必要性。功能性安全生产成本细分如下。

1. 安全工程费用

安全监测设备、仪器仪表的购买，设备的折旧，安全工程、设施的构筑和安装等活动所支付的金额，以及发放的相关工作人员的设计费、工资、补贴活动所支出的资金都属于安全工程费用。它是期望使安全生产水平达到一定的标准而付出的资金支出[75]。安全工程费用可以直接应用于实际工程之中，效果相对明显。

2. 安全预防费用

安全预防费用的用途十分广泛，主要是为了对运营安全工程的设施进行全方位维护，维护的主要内容有安全管理、监督、检修和维护。对员工进行的安全生产培训和教育涉及的支出也在其包含范围内。直观来说，其经济目的就是用来防范、避免安全生产事故的发生，通过这种途径提高功能性安全生产成本的利用率，较之安全工程费用，安全预防费用更加隐蔽，没有直接体现出来。

资源型企业的功能型安全生产成本由多个要素构成，它们从不同方面体现着功能型安全生产成本不是单一要素能反映的。按照安全预防工作的业务类型对资源性企业功能性安全生产成本进行细化，其构成要素可以归纳为以下 4 类[76]。

（1）对安全宣传教育的投入，如表 4-1 所示。

表 4-1　安全宣传教育费用的划分

安全宣传教育费	安全生产培训考核费	特殊工种培训费	安全管理人员培训费
印刷安全技术劳动保护手册、安全宣传单，购置教育设备，设立安全教室，举办安全生产文化系列交流活动的费用	对各级职工安全知识、安全技能的专门培训及考核所发生的费用	对特殊工种的职工（如信号工、电工、各种设备使用人员和专职安全人员等技术性较强的工人）进行专门安全生产培训产生的费用	用于专门岗位的安全管理人员进行安全生产培训与学习产生的费用

（2）对劳动保护保健的投入，如表 4-2 所示。

表 4-2　劳动保护保健费用的划分

体检费用	检测费用	劳保费	工伤保险费
用于对职工进行周期性的体检和从事危害因素岗位的职工进行定期体检产生的费用	对有危害因素的岗位进行的危害因子和危害强度分级的检测，以及作业场所粉尘和有毒有害物质定期检测的费用	劳防用品费、防暑降温费、有害工作津贴费等	为职工缴纳的工伤保险

（3）对安全设备的投入，如表 4-3 所示。

表 4-3　安全设备日常费用的划分

安全设备的购置费用	安全设备的改造费用	安全设备的维修、保养费用	安全设备的检测费用
按照安全生产的原则投入的设备购买成本、对安全技术的引进费用	为了改善条件、解决安全生产问题、适应环境而投入的一系列费用	对使用中发生可修复问题的设备进行的维护及设备日常的养护费用	对使用前和使用中的安全设备进行国家标准的安全检测付出的检验费用

（4）对日常安全管理的投入。

资源型企业中与安全设备相关的工作人员的费用、安全咨询评级费用、应急救援费用、为促进企业安全生产而设置的奖励等产生的成本。

4.1.2　损失性安全生产成本

损失性安全生产成本，是指由于影响企业的安全生产问题或安全生产水平无法满足生产要求和安全生产问题本身产生的损失而支付的价格。被动性和不可控制性是损失性安全生产成本的特点。损失性安全生产成本可以从经济上反映出以资源为基础的企业在安全基础水平无法满足生产要求时发生安全生产事故造成的损失。安全工程有缺陷，设施缺陷或启动不当，无效率的安全管理，没有适时安全监督和监控，员工安全认识低，非法运营等可能会导致生产、设备、人员伤亡等事故的发生。损失性安全生产成本主要分为企业内部损失和企业外部损失两部分，如表 4-4 所示。

表 4-4　损失性安全生产成本的划分

分类	企业内部损失	企业外部损失
定义	企业内部的安全生产问题引起的停工损失和安全生产事故本身的损失	安全生产问题引发的企业外部的损失和影响
包含	停产损失、检查费用、恢复生产费用、处置报废设备和工程的费用	医疗费、应付赔偿款、各种罚款、诉讼费、修理费

投入的功能性安全生产成本越多，越能够完善工程的安全措施和安全管理系统，避免安全生产事故的发生，降低损失性安全生产成本的支出。反之，付出越少的功能性安全生产成本，企业的安全生产水平得不到有效保障，其损失性安全生产成本越高。

4.2　资源型企业安全生产成本构成的影响因素

资源型企业是以生产、加工和经营某种自然资源为主的企业类型。由于行业整体的特殊性，其安全生产事故的发生率也明显高于其他行业，需要企业对安全生产形成重视，加大安全生产成本的投入以减少事故的发生。资源型企业对其安全生产成本的投入受到多种因素影响，其中，社会的发展、科学技术的进步及自然资源条件都是对安全生产成本的投入影响较大的因素。

4.2.1　社会的发展对资源型企业安全生产成本的影响

在日常生活中，整个社会的安全状况与本身的政治制度、经济制度息息相关。在我国，政府一直将提高人民生产和生活的健康质量及重视劳动保护作为工作宗旨之一。随着重特大安全生产事故影响范围的不断扩张，政府也加大了对于安全生产的监管力度，自严抓企业安全生产以来，各种安全生产事故的发生率明显降低。从宏观来看，一个企业对安全生产所愿意付出的投资程度受到一个国家整体社会对安全的重视程度的影响，如企业所在国家的政治制度及其政治形势，乃至该国家对安全的重视程度等。从微观个体来看，企业接受政府、社会公众、媒体的监督越多，其对安全生产投入就越多。目前，我国施行的主要是由中央政府检查、地方政府监管、企业负责及社会公众（包括企业员工）监督的管理体系，目的是促进资源型企业的安全生产[77]。

以煤炭行业为例，2005 年全国发生了 58 起重特大事故，而 2018 年重特大事故仅发生 2 起，下降了 96.6%。2018 年全国煤矿共发生事故 224 起、死亡 331 人，同比减少 2 起、50 人，分别下降 0.9%和 13.1%。其中，较大事故 17 起、死亡 69 人，同比减少 9 起、35 人，分别下降 34.6%和 33.7%；重大事故 2 起、死亡 34 人，同比减少 4 起、35 人，分别下降 66.7%和 50.7%；连续 25 个月没有发生特别重大事故；煤矿百万吨死亡率为 0.093，同比下降 12.3%，首次降至 0.1 以下①。

从这些数字来看，近几年通过采取有效的措施，煤炭行业的安全生产形势得到很大改善，处于一个稳定好转的态势。尤其近几年是实现全面小康的关键时期，国家对安全生产问题十分重视，并加快制订、修订相关的法律法规和标准、企业加强对员工的安全教育，社会公众的安全生产意识提升，监督增强。由此可以看出，良好的社会政治环境，政府和社会的监督都可以促进企业重视安全生产，都有助于资源型企业对安全生产成本的持续投入。

石油化工企业也是一类基础的资源企业，在我国的资源市场中占据着至关重要的地位，而作为高危行业的石油化工企业，一些易燃易爆的物品、腐蚀性强有毒有害的化学品都是该行业生产过程中会涉及的。如果不妥善处理，很容易在生产中发生安全生产事故[78]。尤其是随着我国社会的壮大、经济的不断发展，人们生活中对石油的需求越来越多，促使企业不断地加大生产投入。生产石油和储蓄石油的机械装置越来越多，危险系数不断增加；伴随着广大人民群众生活需求增加，市区内加油站增多，尤其是学校、住宅区等人口密集程度不断提升，加上城市化进程的加剧，城市空间范围不断向外扩展，使得一些曾经处于郊区的石油化工企业与城市中心距离较近，为安全埋下隐患，危险性极高。行业的安全生产需要将科学的监管制度及安全防护体系作为根本保障，科学的监管制度和安全防护体系的建立依托在社会的经济制度和社会的政治制度之上。社会的政治约束和监督可以促进石油化工行业重视其生产过程中的安全，寻找可以兼顾安全生产与经济效益的投资生产方式。

近年来，新能源的概念不断深入人心，天然气与人们的日常生活紧密相连，我国目前较为基础的新能源开发项目，在推动新能源进入人民生活中起到了巨大作用[79]。但政治制度还未跟上人们对天然气的要求，政府部门相关的监督管理机制不够健全，天然气企业内部也没有建立完善的安全管理系统和安全生产系统，社会群众对天然气的危害认识不够充分。2018 年，全国共有 232 个城市发生燃气安全生产事故，其中共有 35 个城市全年爆炸事故超过 5 起②。天然气的工程建设

① 数据来源于《中国统计年鉴 2006》《中国统计年鉴 2019》。

② 数据来源于应急管理部官网。

及运行管理都需要经济和政策的倾斜，来推动整个行业提高安全生产的意识，促进企业科学、安全生产，使得天然气对人类的威胁降低，工作人员和使用者的生命安全得到保障，也更加利于社会稳定。

由表 4-5，全国 GDP 总量在 2014~2018 年呈现逐年上升的趋势，资源型企业的安全生产成本总额也呈现递增的趋势，二者的趋势是相同的，企业最终可以把多少资金投入安全生产中与社会整体的经济发展水平和政治环境要求息息相关。对于企业来说，资源型企业得到多少经济效益在很大力度上影响着对安全生产的投入。表 4-5 显示，虽然功能性安全生产成本增幅较损失性安全生产成本的增幅更加显著，但通过对比各个企业的投资数据我们发现，在目前我国的经济水平下，有部分企业的安全管理仅仅是形式上的投入，为了应付政府的检查，投入的经费和实施的措施都不到位，因此也就导致了虽然对生产过程中的安全设备进行了投资，但损失性安全生产成本的支出依然不断上涨。安全生产费用经常被企业当成经济负担，很多企业为了在竞争中获得更多的利润，就会减少安全生产成本的支出。安全生产措施的安全保障程度其实依赖于企业的经济效益，经济效益越高的企业对安全生产投入关注得越多，其成本也就会越高。

表 4-5　全国 GDP 总量和资源型企业安全生产成本

项目	2014 年	2015 年	2016 年	2017 年	2018 年
GDP/亿元	643 563.1	688 858.2	746 395.1	832 035.9	919 281.1
功能性安全生产成本/亿元	274.280	271.566	342.887	415.199	469.532
损失性安全生产成本/亿元	128.078	137.024	178.759	118.360	293.828
安全生产成本总额/亿元	402.358	408.590	521.646	533.559	763.360

资料来源：《中国统计年鉴》和各企业年度财务报表

当社会经济水平较为落后的时候，人们一般只会顾及最基本的生活需求，进入企业寻找工作会首先考虑自己能够获得的薪酬，而把自身的安全健康放在满足基本金钱的需求之后。随着我国经济形势发展得越来越好，人民的生活水平也得到很大的提升，人们在工作时不仅会考虑薪酬的多少，还会对企业中员工人身安全提出进一步的要求，并且现在的科学技术和经济发展水平也提供了基础的保障。资源型企业是更为特殊的一类行业，它的生产风险更高，因此，为了满足企业员工的需求，资源型企业也必须提高对安全生产成本的投入，减少安全生产事故的发生。

4.2.2　科学技术的进步对资源型企业安全生产成本的影响

科学技术的水平会影响企业对于安全生产成本的投入水平，良好发展的科学技术是安全生产保障能力提升的基础，对其起决定性作用。不同的生产技术条件下适应的安全生产是不同的，企业安全生产成本的投入必须符合企业发展进程的需要。如果科学技术水平发展较差，制造出来的安全设备不符合企业生产的需要，就限制了企业的进一步发展。企业的发展伴随着技术的进步而越发迅速，当前生产水平的提高也就要求更高的安全设备技术水平。企业应该根据自己的实际发展情况进行安全生产的运作，危险性高的企业应该使用科技含量更高的设备进行企业安全生产，企业的安全生产投资必须符合对该企业的具体要求。

以资源型企业的煤炭企业为例，煤炭企业在我国数量多、分布范围广、就业人员多，在安全生产问题上更引人关注。煤炭企业需要根据企业规模的壮大去控制超能力、超负荷的生产，加强对工作人员的教育，改善生产环境——修缮通风系统、机电设备、顶板支护，不断提升防火、防爆炸、防粉尘的能力。

再看石油企业，随着工业化和城市化的推进，石油企业为了增加产量持续扩大生产规模，对机械化水平的要求也越来越高[80]。相关的生产设备的升级，冶炼、开采、运输技术的更新都依赖于科学技术水平的提高，但与石油企业相关的安全生产工艺发展不够迅速，存在较大的缺陷，其中所包含的科技实力、工艺技术较低，不能很好地满足石油企业安全生产的需要，导致石油在开采、运输和使用过程中出现安全生产事故，企业的名誉和财产遭受重大损失，人民的生命受到威胁。

天然气已经成为我国使用最广泛的新能源之一，随着人民生活对天然气依赖程度的提升，社会对天然气的需求也在不断增长。虽然在天然气的开采、液化、运输等方面，我国已有了一定的规模水平，但要保障整个过程的安全，这些技术水平都还有待提高[81]。优化天然气的开采和液化工艺技术水平，能够减少开采过程中天然气的浪费、缩小天然气储蓄所占体积，提升开采效率，提高企业的经济收益，同时也可以控制安全生产事故的发生。加强对天然气储蓄手段、运输方式的技术研究，能提高其从开采地出发的整个运输途中的安全保障水平，提升天然气应用过程中的便利性和安全性，减少意外安全生产事故的发生，就相当于保障了企业的经济利益[82]。

资源型企业因其特殊性会被社会更加关注安全生产问题，这就要求企业不断提升安全保障水平。那么，安全保障水平本质上的提升就是要求企业使用的生产设备、生产技术更为科学合理。随着社会的进步，解决该问题除了企业积极配合不断投入资本外，还对技术人员和安全设备研发人员的要求也更高。

原国家安全生产监督管理总局高度重视安全科技工作，始终把安全科技作为保障安全生产的重要支撑。为了推进科技强安，尽快在防范事故上取得突破，2012 年 9 月，国家安全生产监督管理总局印发了《关于加强安全生产科技创新工作的决定》（安监总科技〔2012〕119 号），以防范事故、提高安全科技保障能力为目标，对安全科技工作做了整体部署，同时下达了首批煤矿等重点领域的 69 个安全科技“四个一批”项目①。安全科技“四个一批”项目在各地区、各部门、各有关单位的共同努力下取得了很大的进展。

截至 2013 年 10 月底，首批项目落实资金 8.95 亿元，已产生研究成果 89 项，申请专利 318 项，已批准和授权 121 项，转化成果 15 项，在 2 374 个企业（矿井）中得到转化应用，推广先进适用技术 13 项，在 1 352 个企业（矿井）中得到应用，建设示范工程 18 个，应用新技术、新装备 54 项，形成标准 28 个。

4.2.3 自然资源条件对资源型企业安全生产成本的影响

我们对各种资源的依赖程度随着社会的发展越来越高，资源型企业生产所利用的一般都是不可再生资源，对资源的依赖性非常大，自然资源是制约行业持续发展的关键因素。

自然资源的条件受矿产储蓄量、矿区的地形条件、所在地的气候条件等客观因素的制约。这些客观因素的好坏直接影响着自然资源开采成本与安全设备所需要满足的条件。若自然资源的条件较好，则企业所需要花费的开采成本较少，可投入的安全生产成本就可以相应地灵活变更。但当自然资源条件较差时，企业所需要花费的开采成本较多，需要的安全生产成本会变得更多，因为较差的开采条件更需要安全设备的投入来保障企业的活动正常运行。

由《中国矿产资源报告》（2013~2018 年）数据得出表 4-6，可知 2013 年的矿产查明资源储量中煤炭增加了 4.5%，石油增加了 1.2%，天然气增加了 6.0%；2014 年的查明资源储量中煤炭、石油、天然气分别增加了 3.2%、1.8%和 6.5%；2015 年煤炭、石油、天然气的查明资源储量分别增加了 2.3%、2.0%和 5.0%；2016 年的查明资源储量中煤炭、石油、天然气分别增加了 2.0%、0 和 4.7%；2017 年煤炭、石油、天然气的查明资源储量分别增加了 4.3%、1.1%和 1.6%。根据自然资源部在 2019 年发布的《中国矿产资源报告》，2018 年我国多数主要矿产查明资源储量增长，主要矿产中有 37 种查明资源储量增长，11 种减少，其中资源型企业使用较多的煤炭查明资源储量增长 2.5%，石油剩余技术可采储量增长 0.9%，天然气增长 4.9%，全国地质勘查投资 810.30 亿元，较 2017 年增长 3.5%，继 2017 年首次回升后继续回升；全国采矿业固定资产投资在连续下降 4 年后首次增长[83]。

① 一批安全生产科研攻关课题，一批可转化的安全科技成果，一批可推广的安全生产先进适用技术，一批安全生产技术示范工程。

表 4-6　矿产查明资源储量

矿产	2012 年	2013 年	2014 年	2015 年	2016 年	2017 年
煤炭/亿吨	14 208.0	14 842.9	15 317.0	15 663.1	15 980.0	16 666.7
石油/亿吨	33.3	33.7	34.3	35.0	35.0	35.4
天然气/亿立方米	43 790.0	46 428.8	49 451.8	51 939.5	54 365.5	55 221.0

由以上数据可以看出，资源型企业常用的主要矿产品供应能力不断增强，但近几年增幅不大，增长较为稳定。新发现的自然资源储蓄量增长速度变慢，说明我国的资源可开采量趋近顶点。但是，我国受到技术成熟的专业人数较少的制约，地质勘探工作仍然不够成熟。工作人员在地质勘探过程中技术未达标或者操作不到位，都会造成难以挽回的地质破坏；再加上地质勘探设备由于没有及时进行检查和更新而落后，会产生更为严重的地质平衡问题。企业需要投入专业人员、专业设备，并因为目前我国存在的开采短板，其安全生产成本也就增加得更多。

4.3　资源型企业安全生产收益的构成

保障企业开采资源、继续加工生产的过程安全而投入的成本费用，使得企业在经营活动中能够获得技术保障、环境安全、员工能力发挥及为整个社会发展所带来的利润是资源型企业的安全生产收益。企业的安全生产收益可分为安全经济收益和安全非经济收益[84]。安全生产收益又具有多种特性，比较典型的就是间接性、滞后性、长效性、多效性等。

间接性是指安全并不是作为直接产出物被体现出来。在事故中人员伤亡数量的降低和企业财产损失的减少才能够体现出生产的安全经济收益。这种客观的间接增值会有两方面的体现：一方面是能够使社会、企业、个人的损失减少；另一方面是保护生产人员、生产技术和生产工具，从而间接地增加收益。在企业运营中，一些安全生产成本不是直接投资于原材料的生产，而是投入安全保障中。例如，一个企业的消防设施、报警提示、日常的安全检查、企业员工的保险费用、对企业员工的安全生产培训费用，这些安全生产成本的投入都不是直接地以物质的产出为目的，但是这些费用投入之后的结果可以间接地促进生产、获得收益。从各种生产经营活动获得的益处中可以体现出安全生产收益的间接性。

企业运转中安全生产问题造成的损失减少、伤亡人员的减少和财产的损失数量体现出安全生产收益的滞后性。安全生产成本的价值和作用总是在安全生产事故发生的时候才会表现出来，并非在安全生产成本刚刚投入之时就可以直接表现出来。但对于安全生产成本的投入问题，应该是提前投资进行预防，做到防患于未然，不能在企业发生安全生产事故的时候才去“亡羊补牢”。要想获得安全生产收益就要理解安全生产成本投入的滞后性，理解其回收期较长，也就是企业在安全生产方面的投入要想得到回报需要较长的时间间隔。国外针对安全生产的投资回报还有过专门研究，其研究数据显示，如果投入的对象是物品，那么将会有 3.5 倍的收益；如果投入的对象是安全，那么将会有 6.7 倍的收益。

企业一般情况下进行的安全生产成本的投入所产生的效果和作用都能够长时间内有效地体现出来，它不仅仅在使用寿命的时间期限内保持效果，在期限之后还可以发挥持续、间接的作用功效。例如，煤炭企业采取相应对土地、水等外界环境的污染治理对策，这些对策的功效不仅仅在实施的当时能够体现，而且在之后对人类长远有效，间接地产生提醒人们采取安全措施的教育效果。这些不但使当时企业参与生产的员工得到安全教育，也能够使与此相关的安全教育知识增加、社会整体的安全生产意识提高，接触该部分领域的人也可以从不同程度上受益。

安全生产成本首先可以保障企业的生产活动平稳展开，技术水平正常发挥作用，并促进企业健康运营发展。此外还可以使员工的身心健康得到保证，使得员工的劳动效率得到进一步的提升。最终刺激经济积极增长，避免或减少重大安全生产问题的产生，使企业减少对人员伤亡和财产损失造成的额外费用支出，做到转“负”为“正”，为社会经济的增加起到积极作用。

安全生产成本和企业的收益紧密相关，企业的管理者要有安全管理的理念，管理者应该理解收益和安全息息相关，而作为一个合格的管理者就必然不能忽视这一点。如果一个企业的安全生产事故不断，那么对内会影响员工的工作积极性，对外会影响企业的信誉和形象。

4.3.1　安全经济收益

经济收益是投入和产出共同作用的结果，当产出大于投入时，会出现价值提高、社会财富增多，就产生经济收益；当产出小于投入时，就会出现负经济效益[85]。

安全经济收益是企业在生产中为了达到满足安全生产的条件，不断加强对技术、环境、人员的保障水平，为社会经济发展所带来的利益，也就是既可以保障企业生产的安全性，又可以保障可以获得经济利益。其主要包括两方面：第一，可以减少事故对人、社会和自然的危害，减少财富损失，即减损收益；第二，可以保障企业生产必需的条件，维持企业正常经营中的经济收益，即增值收益。

减损收益就是将企业发生的安全生产事故中本应该损失的经济部分的减少作为经济收益，虽然安全生产进行投入有经济收益这一观点在社会中是被承认的，但是企业负担的经济损失在安全生产投入前与安全生产投入后的差额一般是没有办法收回的，因此，人们通常认为投入安全生产成本是得不偿失的，而且这种观点相当于否认了投入安全生产成本可以获得收益。

衡量安全经济收益的思路是应该没有“有无对比”，但人们习惯于使用“前后对比”的方法。换句话说，安全经济收益反映在安全生产投入实施前和实施后安全生产事故造成的差额。这种测量看似合理，但不一定准确。没有进行安全生产成本投入，可能发生事故的概率在一般情况下不会有所改善，这是该对比所做出的假设。但是，在没有进行安全生产投入之前，企业当前的安全状态也不可能一直不变并持续下去，正常情况下，当企业的安全状况处于劣化时期时，此时还没有增加安全生产投入，企业安全生产中的隐患没有得到治理并一直干扰着企业正常运转，企业的安全状况将会不断恶化，其安全生产事故发生的可能性越来越大；如果及时进行安全生产投入，在下次事故发生之前能够有效治理相应的安全隐患，就等于阻止了企业安全状况恶化的进程，那么发生安全生产事故的可能性就能够减小。

增值收益就是安全生产对企业带来的经济增加值、对经济效益的贡献。增值收益主要体现在三个方面：第一，企业员工安全素质的提升，通过培训使得员工在生产中对事故发生的防范意识提高，劳作水平提升能够规范高效的操作；第二，安全设施、生产设备等生产资料与时俱进，不断配合企业生产规模的扩大而优化、完善，使与企业整体密切相连的供应链之间的安全性在相互促进下提升，保持运转的安全稳定；第三，不断优化企业安全生产中的科技含量，用科技创造良好的运作环境，保障生产功能正常实现，提升整个企业的环境承载力。人力、物力、环境承载力的改变都可以体现出“安全就是生产力”，三力的安全提升促进企业生产力的提高。

根据经济学理论，安全经济收益表现方式有两种：一是利用投入产出的“比值法”，把经济收益看成利益去表达，即安全经济收益就是安全生产产出量与安全生产投入量的比值；二是投入产出的“差值法”，把经济收益当作利润去处理，也就是安全经济收益=安全生产产出量−安全生产投入量。

这两种表现方式表明投入、产出两大因素与安全生产收益有十分密切的关系，企业的投入和产出二者相互作用的产物就是企业的收益，评价安全经济收益必须要与企业的投入和产出结合起来。

4.3.2　安全非经济收益

安全非经济收益就是当安全生产条件达到时带来的积极影响，如其安全性对于社会的发展、企业生产的稳定、环境资源的保护和社会公众幸福感的提升等。安全非经济收益主要表现为正向安全信誉、环境资源保护和良好的公共卫生。

一家企业的安全状况良好，从而给这家企业在竞争中带来有利地位，这就是安全信誉。如果使用资源的用户能够关注到企业良好的安全信誉，企业在行业中就会脱颖而出，能为用户带来较高的回报，那么用户更有可能选择该企业。这类收益是长久的、无形的。这种安全信誉是其他企业无法获得或窃取的，是企业长期努力塑造的结果。在这里，安全不是企业的有形资产，却可以增加企业的收入。因此，企业的安全信誉对企业的发展有着重要的价值，值得研究。下面进行信誉价值的评估方法和环境价值的估算简介。

1. 信誉价值的评估方法

1）超额收益累加法

超额收益累加法是在未来的超额收益数值用若干年形成的超额收益额来确定的前提下，运用往年的资料获取相应年份的收益额，再用累加法求得信誉对应的价值。其计算方法如下。

例如，假定某企业信誉的各项可辨认资产价值之和为 1 000 000 元，商誉持续期为 5 年，第 1~5 年的收益额依次为 318 000 元、301 000 元、275 000 元、255 000 元、220 000 元，假定该行业的一般年资产收益率为 20%，其收益分摊如表 4-7 所示。

表 4-7　收益分摊　　单位：元

时间	年净收益	一般收益	超额收益
第 1 年	318 000	200 000	118 000
第 2 年	301 000	200 000	101 000
第 3 年	275 000	200 000	75 000
第 4 年	255 000	200 000	55 000
第 5 年	220 000	200 000	20 000
总计	1 369 000	1 000 000	369 000

2）收益本金化法

收益本金化法是通过过去若干年的平均收益和一般收益率去计算其本金化金额，然后扣除资产净值，以求得商誉价值的方法，仍如前例。

过去 5 年的平均收益=1 369 000/5=273 800（元）

则过去 5 年平均收益的本金化金额=273 800/20%=1 369 000（元）

商誉价值=1 369 000−1 000 000=369 000（元）

以上两种方法简便易行，容易获取所需材料，操作非常方便。但是，这两种方法也有缺陷：一是对未来超额收益的发展缺少趋势的判断；二是没有充分考虑未来超额收益的时间价值。我们也可以采用超额收益现值法去弥补以上不足，由于本书并未用到该方法，不再展开论述。

2. 环境价值的估算简介

资源型企业对周围环境有重大影响，且对环境的影响是持久的，影响范围也很大。如果企业对环境的影响是负面的，那么社会影响就不好，从而阻碍社会可持续发展。由于很多不易确定因素也会对环境造成影响，环境价值测量成为一个更复杂的问题。我们可以根据环境的不同功能把它分解为有形的资源价值和无形的生态价值。

恢复受到污染的企业场地设备的费用，由于事故发生而毁坏的厂房、设施、矿井等资产都包含在有形的资源价值中。被污染的水资源、气体、土地资源、生物资源等都属于无形的生态价值，而我们的环境价值就是由有形的资源价值和无形的生态价值构成的，因此，我们需要将它们的价值加以界定，然后将其求和，求和之后的数值就是我们需要的总体环境价值。

目前，我们计算的环境价值实际上是人们想在环保上支付的金钱，随着生活水平的改善，人们对环境支付意愿的积极性会提升，因此，环境价值也与人们的生活水平息息相关。

4.4　资源型企业安全生产收益构成的影响因素

4.4.1　矿井服务年限对企业安全生产收益的影响

资源型企业发展成长所需要的自然资源绝大部分需要进行开采挖掘才能够获得，在开采过程中，因为地层条件较为复杂，企业在开采中会面临难度较大的挑战。有些矿山受到原始资源环境的影响，万吨的掘进速度高，但效率不高，使用工人多、成本高，投入产出效率低下。为了保障员工的安全、企业的社会声誉，企业除了开采的运行成本外还要投入安全生产成本。在投入这些费用后，企业最重要的任务是提高矿山的回采率，并应尽可能延长矿山的使用寿命，以实现经济、社会效益的提高。

矿井服务年限与企业的收益息息相关，通过延长矿井的可服务年限，企业对该资源可开发利用的水平提高，卖出的资源产品增加，从该矿井获得的收益也会随之增加。南方某煤矿在 20 世纪 50 年代建成，最初设计的最大产能为每年 21 万吨，此后，矿山的生产能力经过后期的整改得到极大的提高，达到每年 30 万吨，使得企业在原有基础上获得了更多的收益[86]。河南煤化集团鹤煤二矿有限责任公司的矿井为资源枯竭衰老型矿井，所剩储量十分有限。该矿井已步入服务年限的衰老期，所剩储量也十分有限，至 2009 年 3 月底，矿井尚有的资源量为 1 282.2 万吨，可采储量为 551.81 万吨，该矿井面临的主要问题是如何提高其资源利用水平、如何延长服务年限，进而提升企业的经济效益及带来的社会效益。经过企业制定管理办法、改进工艺、强化现场管理等措施，最终实际采出量比回采地质说明书中多了 2.39 万吨，采出率超过规定的 11.9%[87]。

企业通过一系列措施来提高矿井的服务年限，虽然中间会增加一部分安全生产成本，但相较于企业资源的产出和获得的社会经济收益的提升，企业整体的收益显著增加。

4.4.2　资源定价对资源型企业安全生产收益的影响

关于自然资源价格的设定，由于我们对于资源价格形成的理论研究还不够，实践中没有明确解决这一问题[88]。Hotelling 于 1931 年提出的“可耗尽资源经济学”是该方面在国外得到较多认可的观点，Hotelling 认为自然资源的补偿费用和利率增长是相等的，这一条件是可以被用竭尽的资源的价格所必须要满足的，即自然资源的 t 期价格 $P_t = P_0 \cdot e^{i_t}$（其中 P_t 为自然资源当期价格，P_0 为基期价格，i 为当期的利率）[89]。国内关于资源定价的说法很多，目前还未达成统一意见：黄贤金指出自然资源存在二元性[90]；高兴佑和郭昀认为自然资源的价值等于环境价值加补偿价值加效用价值再加员工的劳动价值[91]；安晓明认为自然资源本身的价格、产出产品的价格和开发利用的价格等都是广义范围的自然资源价格[92]。

本小节所说的资源定价参考安晓明的价格[92]，包括自然资源本身的价格、产品的价格和开发利用的价格。企业开发自然资源而进行勘探、采掘加工的过程难度越大，自然资源本身的价格就会越高，整体的资源定价就会上升，这个过程中所投入的安全生产成本也因为开采的难度增大而投入较多费用。若市场较好，需求较多，成本高的资源型企业依然可以获得大量的利润；若市场上可替代的资源随着科技的发展变多，对该资源的需求量减少，由于供求关系，该资源的市场价格会下降，但本身的资源定价由于无法灵活地变化，企业从中获得的利润减少。

近几年，尤其是 2017 年之前，处于“寒冬期”的石油行业的收益就明显受到资源定价的影响。在全球经济下行时，市场对石油的需求下降，石油的库存过剩，价格下降，但在前期油价很高的时候，企业勘探开发的投资非常大。2016 年，石油石化装备制造业主营收入利润率为 5.33%，同比下降 0.19 个百分点；每 100 元主营收入成本为 87.53 元，同比上升 1.39 元；全年生产成品存货周转天数为 23.6 天；应收账款平均回收期为 72.8 天；行业亏损面为 17.8%。总体看来，石油石化装备制造业经济运行情况未见明显好转，仍呈下行态势[93]。2016 年石油行业并未走出寒冬，油价过低导致国内勘探投资力度减弱，油气生产企业因过高的开采成本不得不计划性减产，资源定价过高影响企业的收益，由此可以看出，资源定价对企业的安全生产收益也有很大的影响。

4.4.3　政策性成本对资源型企业安全生产收益的影响

政策性顾名思义就是国家机关做出的决定，是国家从实际出发对某件事、某一类人实施的一种政策，非单个案例的行政行为。那么，政策性成本就是企业由于国家机关制定的某些特定的政策而需要支付的成本。

由于资源型企业需要长期进行矿井的开采，难免会出现污水排放、地面塌陷、过度开采、矿难事故等给环境和安全生产带来负面影响的情况。随着环境的恶化，社会各界开始重视资源型企业对其开采行为做出的补偿。针对这种现象，政府在资源、环境等方面出台了一系列调控措施，如增加相关的税费、加大污染处罚力度，资源型企业承担的政策性成本不断增加。加之资源开发的鼓励政策、优惠政策都在逐渐减少，这部分成本也增加了资源型产品的成本压力。在资源型产品成本增加，但市场价格没有同步上涨时，企业的利润空间被挤压，安全生产收益能力减弱[94]。

政策性成本势必会给企业的收益带来不利的影响：企业的营业压力增大，利润减少；原产品和下游产品由于成本的增加会抬高自身的价格，从而物价上涨。但对于企业的安全生产收益来说也不是全无益处：可以促使安全生产条件差、开采不经济的企业整改，减少企业安全生产事故的发生，促进企业的良性发展；由于企业获得外界资助减少，就需要自己增加成本，为了较少消耗资金企业会自觉加强对成本的管理，通过对增收节支的探索来促进良性发展。在这个过程中虽然安全生产收益减少，但是促进了企业的环保循环发展。

第5章　资源型企业安全生产的成本—收益分析

根据本书的研究主题和数据的可获得性，本章研究的企业均为资源型企业中的上市公司，选取依据为中国证券监督管理委员会2019年4月发布的《2019年1季度上市公司行业分类结果》，从中选取煤炭开采、石油和天然气开采、水电生产行业共73家在沪深主板A股上市的公司。本章选择煤炭开采、石油和天然气开采、水电生产企业作为研究对象，并选取其2014~2018年的年度报告为初始研究样本。

由于新上市的公司存在股票价格波动异常及上市后才披露年报的现象，故选择上市时间在2018年之前的公司，并且考虑到数据的完整性与一致性，剔除以下公司：①截至2018年12月31日上市未满5年的公司，包括贵州燃气（600903）、重庆燃气（600917）、成都燃气（603053）等8家上市公司；②剔除上市满5年但在2014~2018年被特别处理的公司，包括*ST大洲（000571）、平庄能源（000780）、郑州煤电（600121）等9家上市公司；③剔除数据缺失的公司，包括韶能股份（000601）、湖南发展（000722）、甘肃电投（000791）等18家上市公司。

最终得到符合要求的38家上市公司2014~2018年的样本数据，38家上市公司的基本情况（简称和代码）如表5-1所示。

表5-1　38家上市公司的基本情况

样本一览表							
靖远煤电	000552	上海能源	600508	中煤能源	601898	南京公用	000421
中国神华	601088	红阳能源	600758	中国石油	601857	陕天然气	002267
冀中能源	000937	恒源煤电	600971	湖北能源	000883	新疆浩源	002700
西山煤电	000983	淮北矿业	600985	明星电力	600101	安彩高科	600207
露天煤业	002128	开滦股份	600997	三峡水利	600116	长春燃气	600333

续表

样本一览表							
兰花科创	600123	大同煤业	601001	西昌电力	600505	国新能源	600617
永泰能源	600157	昊华能源	601101	梅雁吉祥	600868	百川能源	600681
兖州煤业	600188	陕西煤业	601225	郴电国际	600969	深圳燃气	601139
阳泉煤业	600348	平煤股份	601666	广安爱众	600979		
盘江股份	600395	潞安环能	601699	胜利股份	000407		

5.1 资源型企业安全生产成本分析

5.1.1 安全生产成本指标体系的构建

我们可以通过成本—收益分析来确定如何实现利润最大化的目标。成本—收益原则要求只有当一种行动能够带来的收益大于成本，即有利润时，我们才会采取这种活动，是所有经济活动产生的源头。从会计学角度来看，由于需求和供给的信息不对称情况难免发生，供给所耗费的成本和市场需求之间的比例需要保持在适度的水平，当花费的供给成本小于市场的需求成本时，企业由此差额获得利润，反之就应该降低成本、维持现有的获利能力。经济学理论强调，人们行为的出发点往往伴随着收益大于成本的预期，从而才能够进行人类社会的经济活动，也就是成本—收益原则是社会理性遵循的首要原则。

成本的概念就是我们对于希望获得的产品的投入，放在企业中就是在生产经营的过程中耗费的各种人力、物力，只不过最后都以金钱的方式加以计量[95]。马克思主义政治经济学上的成本由公式 $W=C+V+M$①中的 $C+V$ 表示；经济学利用机会成本角度对成本进行分析，经济成本中的成本在会计学上是指在生产过程中可以用货币计量的要素消耗，是客观的，用历史成本计量，其基本原理是马克思的劳动价值论。

安全生产成本按照本书第4章内容可分为功能性安全生产成本和损失性安全生产成本，由于安全生产成本披露信息的特殊性，考虑到数据的可获得性和标准的一致性，本书的功能性安全生产成本由财务报表中的“专项储备”数据计算，损失性安全生产成本由“营业外支出”科目的数据获得。

专项储备核算了高危行业的企业依据法律法规而计提的可以加大企业应对风

① W 表示商品，C 表示不变成本，V 表示可变成本，M 表示剩余价值。

险能力的费用，如安全生产费、维持再生产的花费等类似费用。资源型企业大多需要进行矿产挖掘、开采，属于高危行业，尤其是本章研究的煤炭、燃气、石油、水电等行业，需要提取专项储备来强化企业的安全体制，保障企业员工的利益，维护社会的稳定。

营业外支出是指除主营业务支出和其他业务支出等以外的各项非营业性支出。损失性安全生产成本的经济意义在于它综合反映了企业安全生产事故造成的损失，也反映了因安全保障水平不能满足生产的需要而付出的代价，这就是它的经济意义所在。一些操作不当或者意外造成的安全生产事故都计入企业当期的营业支出，因此资源型企业的损失性安全生产成本在本章用财务报表中的“营业外支出”数据核算。

5.1.2 安全生产成本的趋势分析

依据 2014~2018 年 38 家上市公司数据，运用描述性分析法及比较分析法对资源型企业安全生产成本的状况进行详细的分析。对于资源型企业安全生产成本的趋势分析主要包括功能性安全生产成本趋势分析和损失性安全生产成本趋势分析。

1. 功能性安全生产成本趋势分析

根据表 5-2，2014~2018 年，资源型企业的功能性安全生产成本总量呈现虽有波动但整体增加趋势。具体表现为：2014~2015 年，功能性安全生产总成本呈现下降的趋势，但减少的数值较小，仅为 27 141 万元，下降幅度为 0.99%；2015~2018 年，总成本呈现持续上涨趋势，增长值为 1 980 701 万元，2018 年的总值较 2015 年总值的增长幅度高达 73%，其中，2015~2016 年的增长幅度较大，达到 26.26%。2018 年的总值为整个样本年度中最高值，达到 4 696 364 万元。由表 5-3 可以得知，2014~2018 年，资源型企业的损失性安全生产成本变化较大，波动较大，总体也呈上升趋势。具体表现为：2014~2016 年，损失性安全生产成本总量表现出增长趋势，3 年间总量增加了 506 812 万元，涨幅为 39.57%；2016~2017 年有所下降，减少了 1 432 149 万元，下降幅度为 80.12%；2017~2018 年，损失性安全生产成本投入增加，大幅度上升，增加了 2 582 835 万元，增长幅度高达 726.66%，到 2018 年行业的损失性安全生产成本总量为 2014~2018 年最高值。

表 5-2 2014~2018 年功能性安全生产成本 单位：万元

年份	总量	煤炭开采	石油开采	水电生产	天然气开采
2014	2 742 804	1 702 425	1 034 500	1 676	4 203
2015	2 715 663	1 538 464	1 164 800	2 278	10 121

续表

年份	总量	煤炭开采	石油开采	水电生产	天然气开采
2016	3 428 866	2 087 955	1 318 800	3 341	18 770
2017	4 151 989	2 788 180	1 350 900	4 433	22 776
2018	4 696 364	3 285 463	1 383 100	5 220	22 581

资料来源：各样本公司年度报告及《中国统计年鉴》(2014~2018 年)

表 5-3　2014~2018 年损失性安全生产成本　　单位：万元

年份	总量	煤炭开采	石油开采	水电生产	天然气开采
2014	1 280 777	194 893	1 038 300	42 682	4 902
2015	1 370 242	224 832	1 122 000	12 375	11 035
2016	1 787 589	338 119	1 431 700	10 935	6 835
2017	355 439	315 760	1 638	6 877	31 164
2018	2 938 275	637 971	2 282 500	5 775	12 029

资料来源：各样本公司年度报告及《中国统计年鉴》(2014~2018 年)

通过对以上数据进行分析，究其原因，在 2016 年之前各企业皆试图降低安全生产方面的投入，甚至出现一些零投入的极端现象，这种行为带来的消极影响就直接表现在矿井的年久失修等问题上，从而无形中增加发生安全生产事故的可能性，导致整个行业的安全生产水平下降，频繁发生的安全生产事故导致损失性安全生产成本上升。直到 2016 年市场反弹，各企业才得以顺利展开生产活动[96]。2018 年的功能性安全生产成本总量和损失性安全生产成本总量为整个样本年度中最高值，分别达到 4 696 364 万元和 2 938 275 万元，2018 年社会经济发展较前几年更为成熟，社会各界对企业安全生产问题的关注度也更高，企业需要主动或被动地进行更多预防安全生产事故发生的成本投入。总的来说，整个行业的功能性安全生产成本的变化趋势可以分为三个阶段，即 2014~2015 年的下降阶段，2015~2017 年的大量投入阶段，2017~2018 年的缓慢增加阶段；整个行业的损失性安全生产成本的变化趋势也可以分为三个阶段，即 2014~2016 年的增长阶段，2016~2017 年的下降阶段，2017~2018 年的增长阶段。为更透彻地对资源型企业的功能性安全生产成本的变化情况进行探究，下文将对资源型企业的功能性安全生产成本和损失性安全生产成本的变化进行趋势分析。

由图 5-1 可知，整个资源型企业的功能性安全生产成本总量都在波动中上升。煤炭开采企业的上市公司所占样本比重较大，故对整体趋势的影响也较为显著，其变化趋势基本与整个行业的变化趋势一致。具体表现在 2015 年较 2014 年数值减少了 163 961 万元，下降幅度为 9.63%，国家重点协调宏观经济增长速度，转变发展模式，用高质量取代高跨进，注重煤炭开采企业的协调发展，增加发展的机会，推动企业间的兼并、重组、整改，煤炭行业扩张的过度发展导致企业忽视了安全生产问题。随之而来的安全生产问题促使企业扩大安全生产成本的投入，故2015~2018 年一直是逐年增加的趋势，到 2018 年最高为 3 285 463 万元，较 2015 年增长了 1 746 999 万元，增幅高达 113.55%，其中 2015~2016 年增幅为 35.72%。

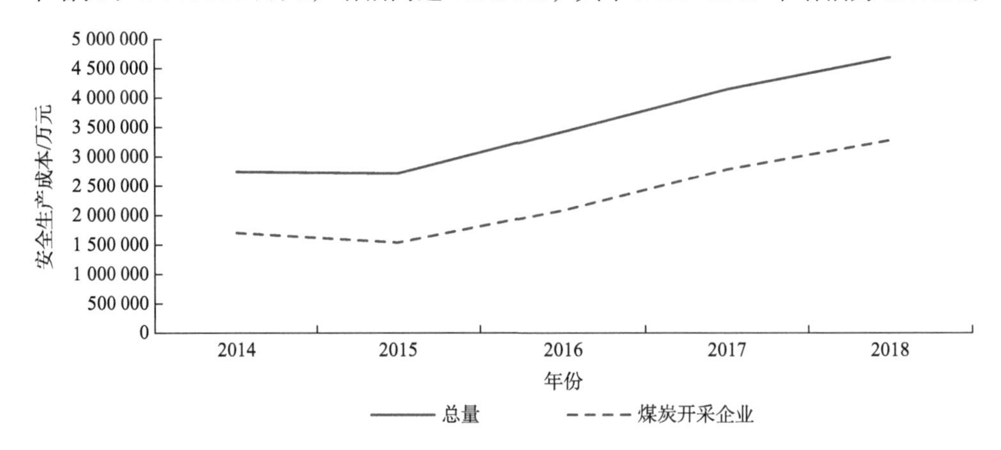

图 5-1 功能性安全生产成本总量及煤炭开采企业功能性安全生产成本趋势

由图 5-2、图 5-3 和图 5-4 可知，石油开采企业功能性安全生产成本在 2014~2016 年逐年增长，增长趋势平稳，涨幅较小，在 2018 年达到顶峰，其中 2014~2015 年增加了 130 300 万元，增幅为 12.60%；2015~2016 年增加了 154 000 万元，增幅为 13.22%；2016~2017 年增加了 32 100 万元，增幅为 2.43%；2017~2018 年增加了 32 200 万元，增幅为 2.38%。水电生产企业功能性安全生产成本在 2014~2018 年基本呈直线增长，其中 2014~2015 年数值增加了 602 万元，增长幅度为 35.92%；2015~2018 年增长较快，2018 年较 2015 年增长幅度为 129.15%。天然气开采企业 2014~2018 年的功能性安全生产成本增长趋势是由快速增长到平稳缓增，2014~2016 年的增长速度十分迅速，尤其是 2015 年较 2014 年增长了 140.80%，2015~2016 年增长了 85.46%。从 2017 年开始放缓，2017 年较 2016 年增长了 21.34%，2018 年与 2017 年数据基本持平。

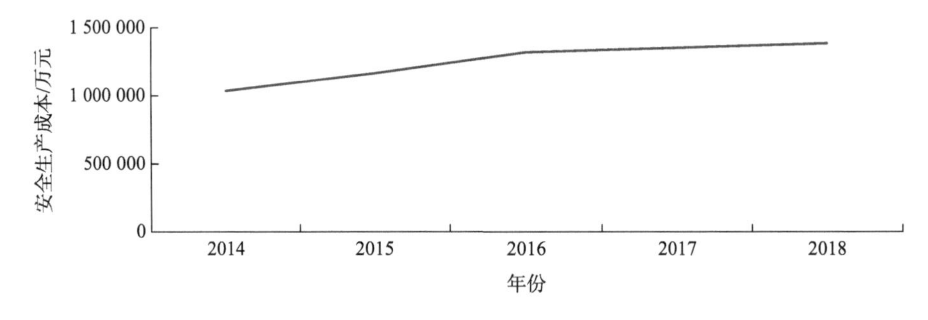

图 5-2 石油开采企业功能性安全生产成本趋势

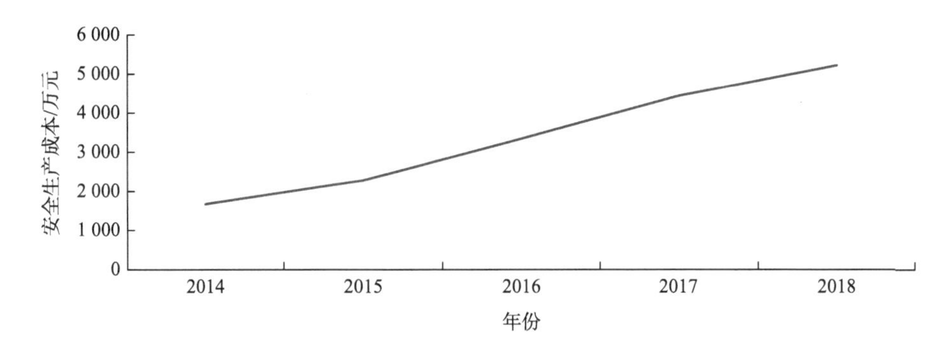

图 5-3　水电生产企业功能性安全生产成本趋势

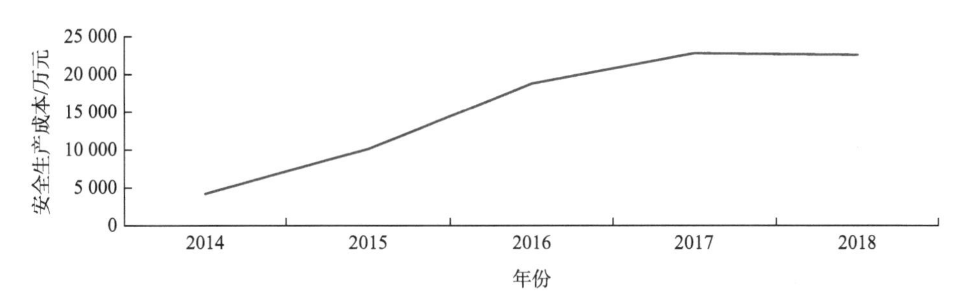

图 5-4　天然气开采企业功能性安全生产成本趋势

2. 损失性安全生产成本趋势分析

从图 5-5 可以看出，整个资源型企业的损失性安全生产成本总量在曲折中小幅度上升。煤炭开采企业的变化趋势总体上与资源型企业总量的变化趋势一致（图 5-6），由于煤炭开采行业的上市公司所占样本比重较大，加上煤炭行业的高位性，它的损失性安全生产成本较大，故对整体趋势的影响也比较显著。该趋势产生的主要原因是国家调整了宏观经济政策，对煤炭开采企业的发展给予了众多的调整机会，如倡导企业高质量绿色发展，大型煤炭企业合并吸收中小型煤炭企业、优化整体的行业结构，对煤炭开采企业生产过程中的技术提供大力支持，煤炭开采企业的过度发展导致整个资源型企业陷入了对经济效益关注的热浪中，而忽视了安全生产问题，对安全生产问题的预防不足，使得损失性安全生产成本基本上在增多。具体表现在 2014~2016 年一直是平稳小幅度增长，其中，2014~2015 年投入增加了 29 939 万元，涨幅为 15.36%，2015~2016 年增长了 113 287 万元，变动幅度为 50.39%。2016~2017 年有小幅下降，减少了 22 359 万元，降低幅度为 6.61%。2017~2018 年有了一个比较大的波动，使得行业损失性安全生产成本大幅增长，2018 年增长了 322 212 万元，涨幅为 102.04%。

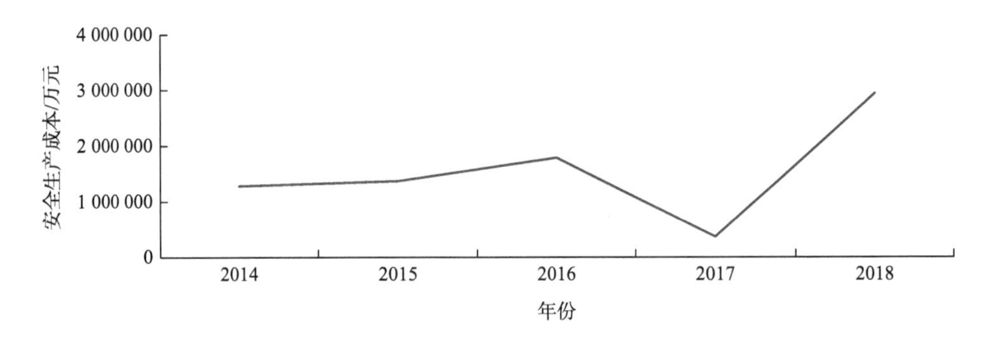

图 5-5　损失性安全生产成本总量趋势

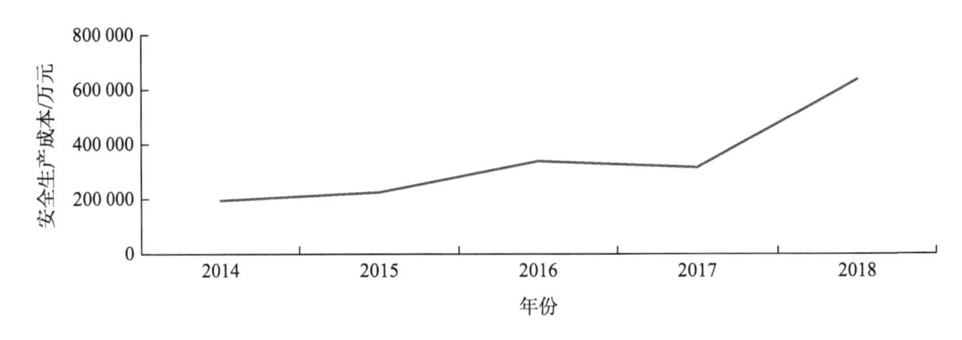

图 5-6　煤炭开采企业损失性安全生产成本趋势

如图 5-7、图 5-8 和图 5-9 所示，石油开采企业损失性安全生产成本除了在 2017 年大幅减少之外，整体在 2014~2016 年逐年增长，增长趋势平稳，涨幅较小，在 2018 年猛增，达到顶峰，其中 2014~2015 年增加了 83 700 万元，增幅仅为 8.06%；2015~2016 年增加了 309 700 万元，增幅为 27.60%；2016~2017 年大幅降低了 1 430 062 万元，下降幅度为 99.89%；2017~2018 年增加了 2 280 862 万元。水电生产企业损失性安全生产成本在 2014~2018 年都是下降的趋势，其中 2014~2015 年减少了 30 307 万元，减少的幅度为 71.01%；2015~2018 年浮动较小，但都是减少的趋势，2016 年较 2015 年减少了 144 000 万元，降低幅度为 11.64%，2017 年变动幅度为−37.11%，2018 年减幅为 16.02%。天然气开采企业 2014~2018 年的损失性安全生产成本的变动趋势波动较大，2014~2015 年安全生产成本量上升，增加了 6 133 万元，增幅为 125.11%；2015~2016 年下降，变动幅度为−38.06%；2016~2017 年投入增多了 24 329 万元，增幅为 355.95%，2017~2018 年又大幅度下降，降幅为 61.40%。

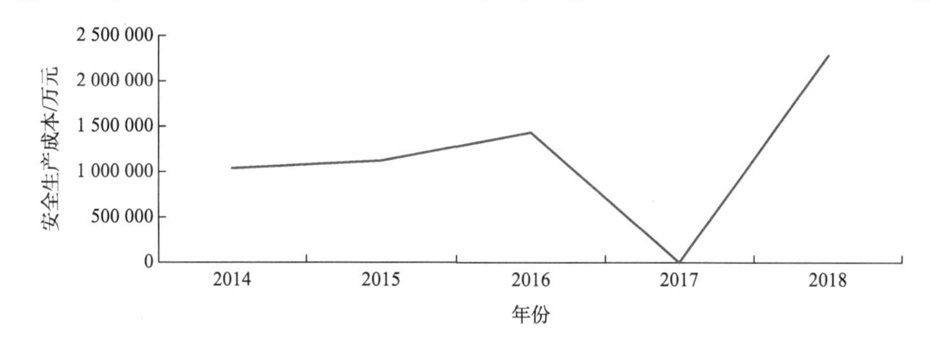

图 5-7　石油开采企业损失性安全生产成本趋势

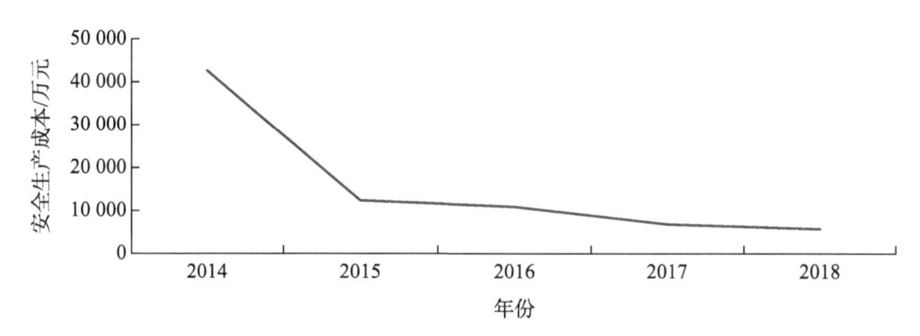

图 5-8　水电生产企业损失性安全生产成本趋势

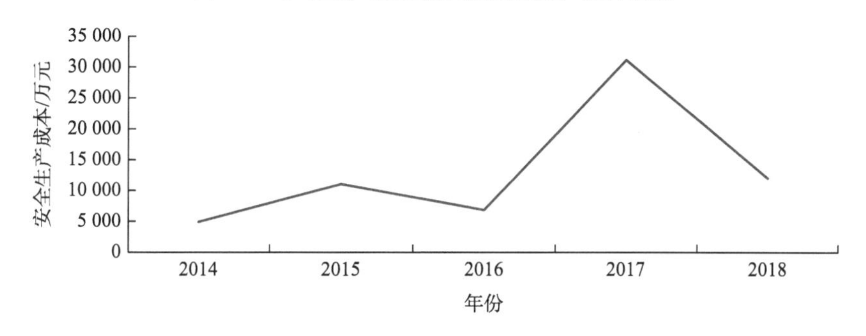

图 5-9　天然气开采企业损失性安全生产成本趋势

5.2　资源型企业安全生产收益分析

5.2.1　安全生产收益指标体系的构建

关于成本—收益分析的方法一般有两种：一是分析各种业务在固定利润条件下投资成本的价值；二是分析固定成本，此时每种业务都会比较所获利润。成本—

收益分析就是基于对成本与收益之间比例关系的分析。

“利益”概念表示的是安全生产的经济效益，每单位劳动消费都能满足社会需求的安全结果。安全经济收益和安全劳动消耗的乘积便是安全的结果。并且，当此乘积的价值大于劳动消耗时，该结果就是给定安全生产活动的总经济利益。这一结果与经济利益的概念完全一致。综上所述，本章所研究的安全生产收益以净利润和成本费用利润率来表示，即成本—收益分析的通常表现形式如下。

第一，用净利润表达。也就是对比收入减去成本后的净利润进行分析，当净利润大于零时企业的活动得到收益，那么辨别项目、方案、产品是否继续进行就要看该收益值是否达到企业的预期目标。

第二，采取成本费用利润率的方式。看利润总额和成本费用的比值，最低也就是成本费用和收入是相等的，即没有利润，此时比值为零。当比值大于零时，才继续讨论经营活动是否继续展开，该成本费用率有没有达到预期目标。

1. 净利润

一个企业最终经营的成果主要表现在净利润上，净利润越多，企业的经营效益就越好，反之经营效益就越差。在市场竞争日益激烈的今天，追逐净利润的风险企业将会越来越多，而这些都将驱使着有利益关系的集体或个人更加看重其创收现金的能力，这也是衡量一个企业经营绩效的主要指标。

净利润的计算公式如下：

净利润=利润总额×（1−所得税税率）

2. 成本费用利润率

成本费用利润率是企业收入和支出的表现，反映了企业的投入和产出水平。如果成本费用利润率高，则意味着单位产品的销售利润越高，企业的利润就越高；单位产品的销售利润越低，企业的利润就越低。成本费用利润率可以全面反映企业的成本收益并反映其营利能力[97]。

成本费用利润率公式如下：

成本费用利润率=利润总额/成本费用总额×100%

5.2.2　安全生产收益的趋势分析

随着国家鼓励新能源的开发和发展，对传统资源型企业的影响日益明显，行业的发展推动力减少是显而易见的，因为市场需求低迷，企业的利润空间和决策空间进一步减小，大多数传统资源型企业的经济效益急剧下降[98]。2014~2018 年我国资源型企业的利润指标具体数据如表 5-4~表 5-6 所示。

表 5-4　利润总额　　单位：万元

年份	总量	煤炭开采	石油开采	水电生产	天然气开采
2014	23 621 385	7 510 751	15 676 800	202 644	231 190
2015	9 188 162	2 781 890	5 816 600	281 478	308 194
2016	10 219 728	5 041 649	4 519 200	337 697	321 182
2017	19 379 048	13 379 521	253 619	366 968	324 259
2018	24 424 388	12 272 453	11 520 000	311 902	320 032

表 5-5　净利润　　单位：万元

年份	总量	煤炭开采	石油开采	水电生产	天然气开采
2014	17 987 386	5 756 577	11 903 400	149 945	177 464
2015	6 894 266	2 193 665	4 236 400	226 676	237 526
2016	7 901 333	4 451 982	2 941 400	276 075	231 876
2017	14 333 320	10 076 378	207 593	306 651	271 491
2018	18 658 761	10 869 752	7 241 000	272 239	275 770

表 5-6　成本费用利润率均值

年份	总均值	煤炭开采	石油开采	水电生产	天然气开采
2014	10.84%	7.10%	7.34%	6.13%	11.58%
2015	5.53%	0.42%	3.49%	14.19%	4.79%
2016	15.72%	7.47%	2.85%	18.22%	17.00%
2017	24.11%	17.89%	2.73%	24.54%	13.88%
2018	19.53%	17.96%	5.25%	13.87%	7.46%

从表 5-4~表 5-6 看出，2014 年、2015 年整体数值呈现逐年下降的趋势，尤其是煤炭开采企业的经济下行趋势更加严峻，其企业数量多对整个资源型企业影响重大，资源型企业在 2015 年净利润总量较 2014 年下降了 62%，利润总额总量下降了 61%，成本费用利润率总均值下降了 49%。2016 年，各地资源型企业的努力不断加大，消除了整个资源型企业的产能过剩，努力有效地实施发展，有效地削减产能，非均衡市场的有效供应日益增加，合理平衡已经发展到一个阶段，价格偏差已经恢复平衡[99]，行业营利能力有少许提升，实现利润总额总量 10 219 728 万元，增长了 11%；净利润总量 7 901 333 万元，增长了 15%；成本费用利润率总均值达到了 15.72%，增长了 18.4%。

2017 年和 2018 年，我国继续推动供给侧结构性改革，国民经济积极发展和稳定。资源型企业供大于求的状况发生了变化，经营绩效不断提高。整个资源型企业的发展出现了一个小高峰，在安全生产投资取得了经济回报之后，行业的热度和资源价格的上涨明显，并且结构适应性逐渐得到体现。企业运营成本下降，行业利润增长显著提高，2017 年实现利润总额总量 19 379 048 万元，增长了 90%；净利润总量 14 333 320 万元，增长了 81%；成本费用利润率总均值达到了 24.11%，增长了 53%。加上当代经济新发展需求再次提示该行业的结构调整，资源型企业的利润增速大大变慢。随着宏观经济的逐步复苏和环境改善，资源型企业的收益也在稳态中逐步提高。

下文将对资源型企业的具体构成企业的净利润和成本费用利润率的变化进行趋势分析。从图 5-10 的趋势可以看出，整个资源型企业的净利润总量变化趋势大致分为三个阶段，2014~2015 年下降，2015~2016 年缓慢增长，2016~2018 年快速增长。煤炭开采企业净利润的变化趋势与整个行业的变化趋势基本一致，也分为三个阶段：2014~2015 年下降，2015 年较 2014 年下降了 3 562 912 万元，降幅 62%。2015~2017 年开始大幅度上升，2016 年较 2015 年增加了 2 258 317 万元，增幅 103%；2017 年增加了 5 624 396 万元，增幅为 126%。2017~2018 年基本平稳，2018 年较 2017 年略有增加，增加额为 793 374 万元，增幅为 8%。主要原因是 2016 年宏观经济发展整体较为稳定，开始去产能，煤炭的价格回归、市场回暖，利润开始增加，煤炭行业的营利能力也有提升。

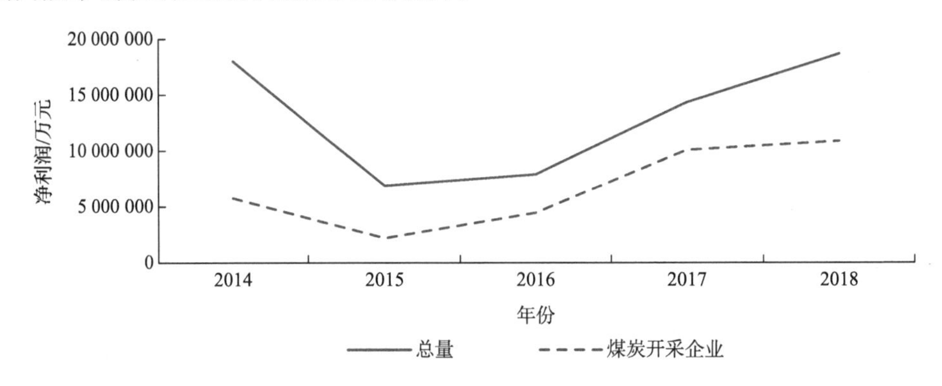

图 5-10　资源型企业净利润和煤炭开采企业净利润趋势

根据图 5-11，石油开采企业在 2014~2017 年迎来了“寒冬”，价格暴跌，利润减少，净利润在这 5 年间波动较大。2014~2017 年呈大幅度下降趋势，2015 年较 2014 年下降了 7 667 000 万元，降幅为 64%；2016 年下降了 1 295 000 万元，降幅为 31%；2017 年减少了 273 380 700 万元，降幅为 93%。直到 2018 年才开始好转，2018 年净利润增加了 7 033 407 万元，增幅为 3 388%，但仍未达到 2014 年的净利润，净利润的整体趋势还是减少的。根据图 5-12，水电生产企业整体趋势是上升的，可以分为两个阶段，2014~2017 年有较快增幅，2017~2018 年利润略微下降。

其中，2014~2015 年净利润增加了 76 731 万元，增幅为 51%；2016 年较 2015 年增加了 49 399 万元，增幅为 22%；2017 年变动幅度为 11%，2017 年为 2014~2018 年的最大值；2018 年略微减少，减幅为 11%。根据图 5-13，天然气开采企业 2014~2018 年的净利润呈阶梯状缓慢上升，2014~2015 年净利润上升，增加了 60 062 万元，增幅为 34%；2015~2016 年减少了 5 650 万元，变动幅度为 2%；2016~2017 年增加了 39 615 万元，增幅为 17%；2017~2018 年略微增加，增幅为 2%。

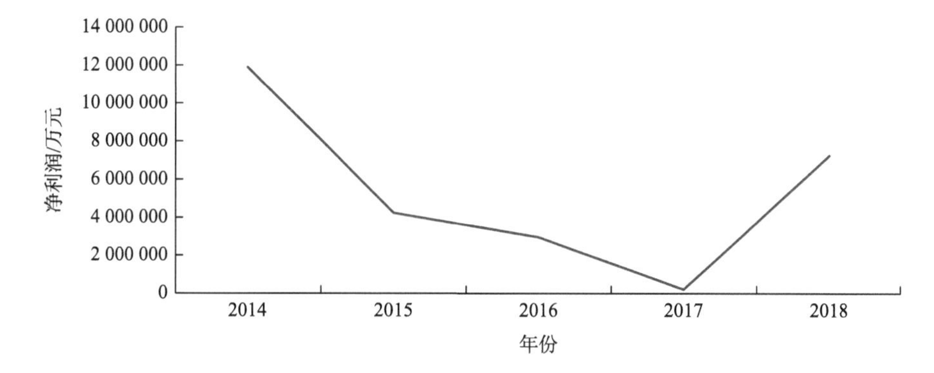

图 5-11　石油开采企业净利润趋势

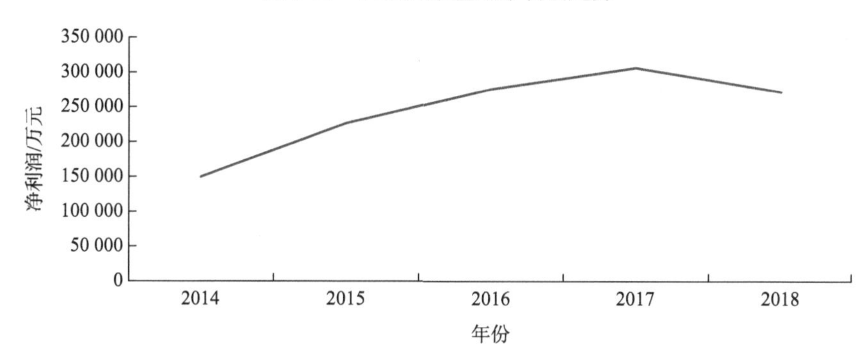

图 5-12　水电生产企业净利润趋势

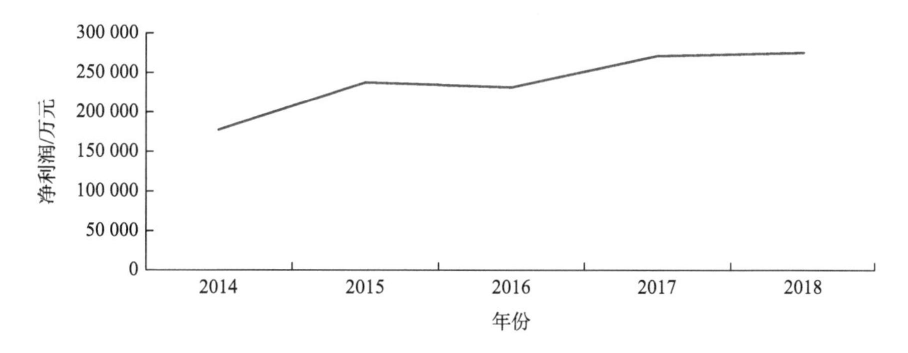

图 5-13　天然气开采企业净利润趋势

由图 5-14 可以看出，资源型企业成本费用利润率总均值波动较大，曲折上升，2014~2015 年下降，2015~2017 年大幅上升，2017~2018 年又开始下降。

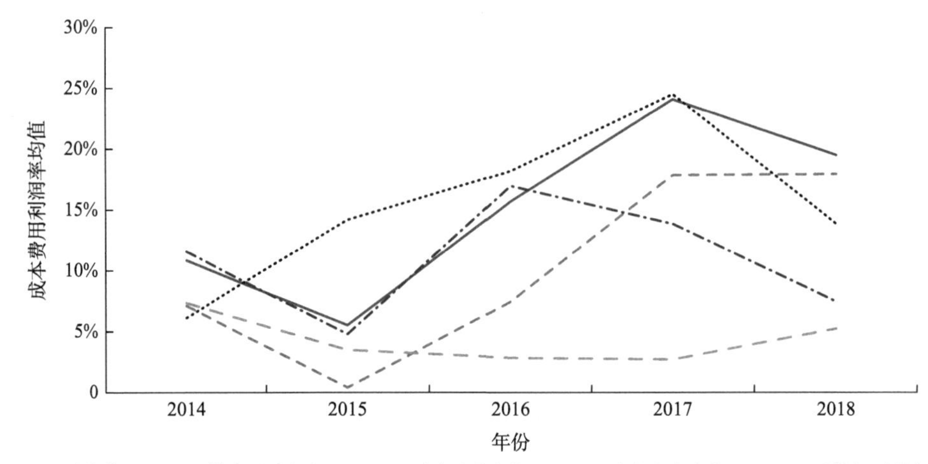

图 5-14 成本费用利润率均值趋势

煤炭开采企业在 2014~2018 年也呈现波动上升，主要分为三个阶段：受不景气的市场经济和低迷的需求状态的影响，2014~2015 年成本费用利润率均值大幅度下降，2015 年较 2014 年下降了 6.68%，降幅为 94%；2016~2017 年受国家宏观政策的影响，市场回暖，成本费用利润率上升，2016 年比 2015 年的均值增加了 7.05%，上升了 1 679%，2017 年增加了 10.42%，增幅为 139%；2017~2018 年的均值变化不大，基本持平，均值略微下降了 0.07%。

石油开采企业在 2014~2017 年处于“寒冬”，在成本费用利润率上也可以体现出来。2014~2017 年呈连续下降趋势，2015 年较 2014 年下降了 3.85%，降幅为 52%；2016 年下降了 0.64%，降幅为 18%；2017 年下降了 0.12%，降幅为 4%。2017 年降幅已经开始减小，直到 2018 年才开始回升，2018 年成本费用利润率均值增加了 2.52%，增幅为 92%，但与 2014 年的成本费用利润率相比还是较少，其整体趋势依然处于减少状态。

水电生产企业整体变化较为波动，其趋势可以分为两个阶段：2014~2017 年有较快增幅；2017~2018 年的成本费用收益率均值增长开始下降。其中，2014~2015 年成本费用收益率均值增加了 8.06%，增幅为 131%；2016 年较 2015 年增加了 4.03%，增幅为 28%；2017 年增加了 6.32%，增幅为 35%；2017 年为 2014~2018 年的最大值，从 2018 年趋势变为下降，减少了 10.67%，降幅为 43%。

天然气开采企业的成本费用利润率也呈折线波动：2014~2015 年的成本费用利润率下降，下降了 6.79%，降幅为 59%；2015~2016 年的成本费用利润率上升，增加了 12.21%，增幅为 255%，2016 年的成本费用利润率达到 2014~2018 年的最高值；从 2017 年开始下降，2017 年下降了 3.13%，降幅为 18%；2018 年持续下降，下降了 6.42%，降幅为 46%。

5.3　资源型企业安全生产的成本—收益实例分析

通过以上关于资源型企业及各个细分企业的功能性安全生产成本、损失性安全生产成本、净利润、成本费用利润率的趋势分析，我们发现煤炭开采企业的变动趋势与整个资源型企业的变动趋势基本保持一致，因此，我们从煤炭开采企业符合数据要求的 21 家上市公司中，通过比较选取了中国神华能源股份有限公司（简称中国神华）作为实例进行案例分析。中国神华各个指标在行业中具有突出代表性，并且其财务报表关于安全生产部分披露较为详尽。

随着现代社会的发展和人们需求的变化，新型能源和我们的日常生活越发地唇齿相依。我们从天然气开采企业上市公司中选取数据最为全面、上市期间表现良好、在 2009~2018 年 10 年间不存在特别处理的陕西省天然气股份有限公司（简称陕天然气）为实例进行分析。

当今社会发展的阶段依然是以第二产业为主的发展阶段，即处在以工业为重要支撑的发展水平，石油在工业发展中至关重要，有“工业的血液”一说，显示出石油的高价值。尤其是当前建成全面小康的决胜时期，由于市场上对石油的需求量很大，再加上石油是不可再生资源，物以稀为贵，就更加显示出它的价值。本章选取中国石油作为实例进行研究。

在这个不可再生资源匮乏的年代，人们已经将能源目光转向了水电资源，水电资源作为优秀的可再生资源，是作为能源的理想原料。水电资源的运用在对经济发展、社会进步起到促进作用的同时，也对生态环境具有积极作用。本章根据数据的完整性、上市时间的长短，选取四川广安爱众有限公司（简称广安爱众）作为水电生产企业的代表进行研究。

5.3.1　煤炭开采企业——以中国神华为例

1. 中国神华的基本情况

中国神华凭借快速的建设速度，先进的煤炭生产技术和设备，高劳动生产率和递增的煤炭产量，经济技术实力在国内乃至世界居于领先地位。就销售量而言，中国神华是全球最大的煤炭上市公司，2018 年该集团煤炭销售量 4.6 亿吨，商品煤产量为 2.97 亿吨。该公司拥有神东矿区、准格尔矿区、胜利矿区等优质煤炭资源。截至 2018 年底，中华人民共和国煤炭行业标准下该公司的煤炭保有资源量 303.0 亿吨、煤炭保有可采储量 149.5 亿吨，按照 JORC（Joint Ore Reserves Committee，矿产储量联合委员会）标准可用于煤炭销售的储量约为 83 亿吨①。

该公司积极进行机械化、自动化、信息化和智能化的建设，并促进减少用工人数和提高效率及安全发展；不断加强安全环保责任的履行，采取“双重防控”促进防控风险和整治隐患，有效促进了安全生产的标准化和操作标准作业程序的建立。2018 年，煤矿百万吨死亡率为 0.012 6，并继续保持该行业最高的安全生产水平；持续实现安全生产 1 052 天，其中有 18 个煤矿的安全生产周期超过 1 000 天，有 6 个煤矿和井下服务设施实现安全生产 10 周年②。

2. 数据整理与分析

通过中国神华对外披露的公示财务报表，本书收集、计算、整理该公司 2009~2018 年 10 年间各年的功能性安全生产成本、损失性安全生产成本、净利润和成本费用利润率等各项数据。将中国神华的成本、收益数据，以及历年的功能性安全生产成本、损失性安全生产成本的投入、净利润与成本费用利润率的状况做成趋势变化图（图 5-15~图 5-18）。

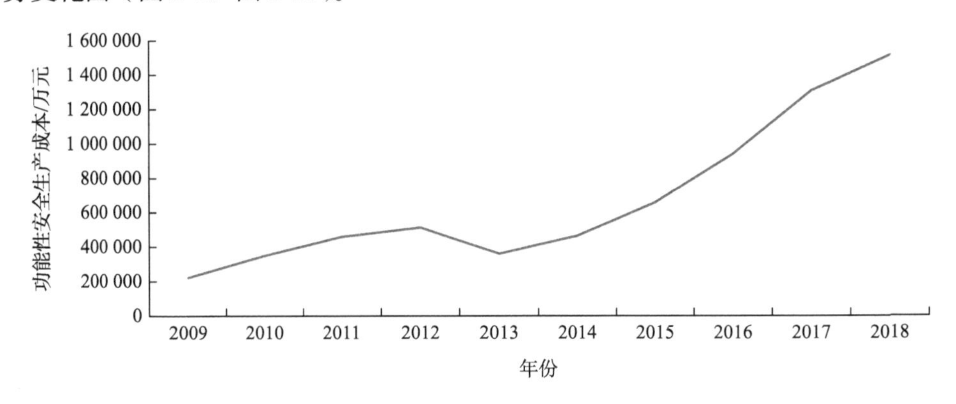

图 5-15 中国神华功能性安全生产成本趋势

从图 5-15 和图 5-16 中可以看出，2009~2013 年，中国神华对功能性安全生产成本和损失性安全生产成本的投入较小，两种安全生产成本的费用波动不大，功能性安全生产成本的涨幅均值为 17.54%，损失性安全生产成本的涨幅均值为 21.40%。该阶段公司的损失性安全生产成本偏高，安全保证程度不高，对功能

① 数据来源于中国神华官网。

② 数据来源于中国神华 2018 年年度报告。

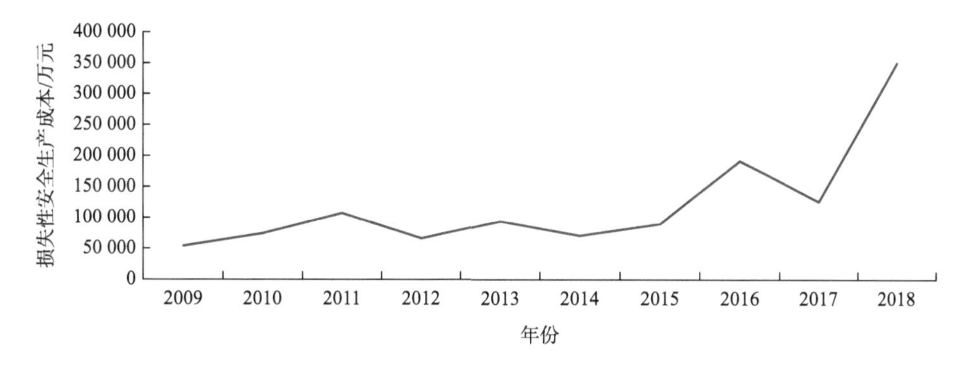

图 5-16　中国神华损失性安全生产成本趋势

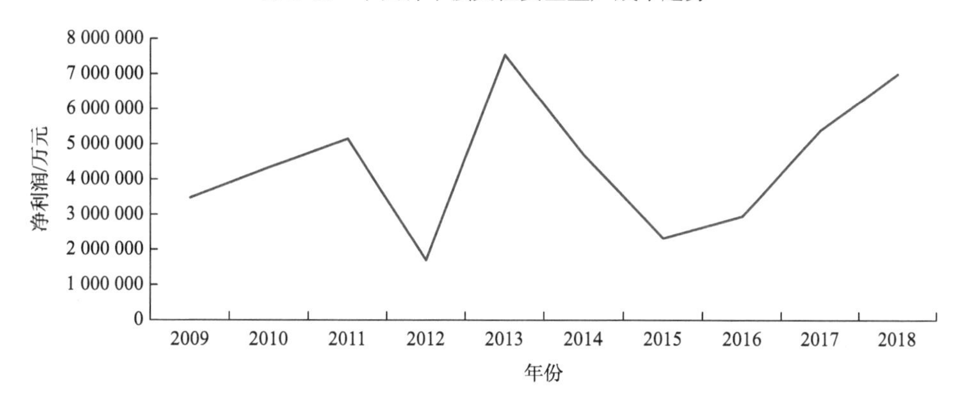

图 5-17　中国神华净利润趋势

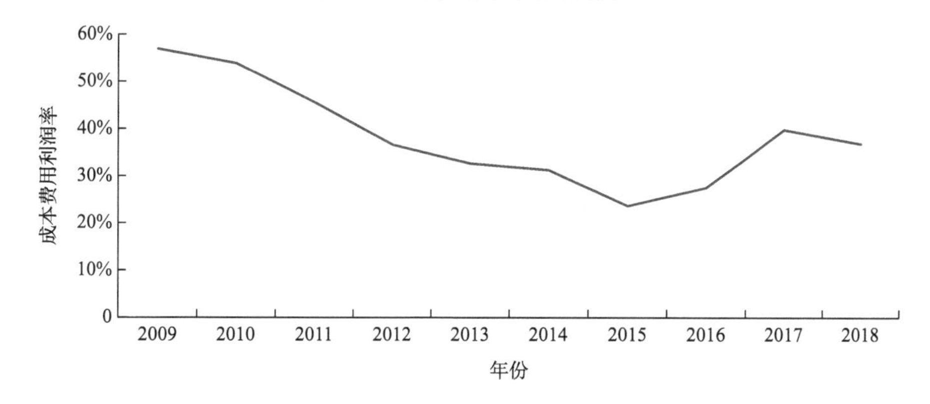

图 5-18　中国神华成本费用利润率趋势

性安全生产成本的投入还不够重视。从 2014 年开始，功能性安全生产成本的投入有明显的增加，涨幅均值为 33.65%，其中 2015~2016 年涨幅最大为 42.98%，说明煤矿开始重视安全生产的问题，侧重于对安全生产成本的投入。但损失性安全生产成本的支出呈起伏状态，波动较大，涨幅均值为 51.75%，其中增幅最为明显的是 2017~2018 年为 177.65%。由此可见，功能性安全生产成本的增加并没有完全遏制事故的发生，该公司安全生产的保障水平不够达标。在整个煤炭开采企业中，中国神华对损失性安全生产成本的投入力度较高，可想而知，煤炭开采企业内其他企业安全生产的窘境。

从图 5-17 中看出，中国神华的净利润 2009~2018 年虽然整体呈上升趋势，但上升幅度较小，且过程中呈现巨大的波动，收益不够稳定。2009~2011 年是缓慢增长阶段，净利润的增长率为 21.79%。究其原因，主要是金融危机对世界经济的影响还没有完全消退，市场不稳定，企业面临的经济波动较大，随着新建、改建和扩建，技术创新及资源整合，煤矿资源将拥有新的生产能力。中国的煤炭进口增长迅速。政府推动了资源税制度和环境保护成本的改革，增加了企业运营成本。因此，该时间段内中国神华的净利润增长较为缓慢，2011~2012 年急速下降，降幅为 67.13%，全球经济危机进一步深化，中国的煤炭经济又面临着短期内的能源需求量下降、社会库存量居高不下、进口煤量快速上升、煤炭价格大幅下跌的局面，企业由于复杂多变的经营环境，再加上企业的安全生产成本在此期间持续增长，净利润大幅度减少。2013 年净利润有一个涨幅为 345.89%的回弹，观察图 5-16 我们发现，2013 年中国神华投入的安全生产成本变少。之后一直到 2015 年净利润都为下降趋势，主要原因是该公司在内部调整煤矿区的产量结构，提高了设备和生产技术水平，加强了煤炭质量控制，增加了煤炭生产成本，降低了公司利润。自 2016 年起，该公司的净利润有较大幅度的提升，涨幅均值为 56.32%，主要在于该公司严格控制费用和成本的消耗，加强了对生产过程中全部产业链的成本管控，对责任体系和激励机制进行落实、调整和完善，加强了对生产的管控监督，强化排查安全隐患，促进了企业风险防控安全体系的建设。

观察图 5-18 可以发现，中国神华成本费用利润率趋势整体是下降的，经过之前的分析我们知道功能性安全生产成本、损失性安全生产成本趋势都是增加的，净利润虽然有较大的波动但整体趋势是缓慢上升的，尤其是 2015 年以后净利润和安全生产成本的上升幅度较大，成本费用利润率虽有提升但总体趋势依然是下降的，说明安全生产成本的投入结构不够合理，出现了安全生产成本投入资金运用效率低下的现象。2009~2011 年，国家对煤炭开采企业的安全生产提供补助，煤炭开采企业的安全生产投入发起主体持续变化，由国家主导补贴变化为地方政府财政支持进而逐步转化为企业直接负责，在转产过程中，企业承担了较大的安全生产成本负担，逐步形成了自我投资热情低下、资金来源不固定等问题，导致煤炭开采企业安全资金积累不足，相对数量和规模还有很大的提高空间。

由此可见，在研究样本期内，中国神华的净利润是在波动中增加的，安全生产成本的投入是逐年上升的，成本费用利润率呈现的是下降趋势。这说明 2009~2018 年企业对其安全生产的关注度不断提升，但是，伴随着增加的安全生产成本投入增多却没有十分有效地遏制事故的发生，收益不够稳定，安全生产成本对安全生产收益的保障力度较小，安全生产成本的利用效率较低。加上安全生产成本承担主体由国家到企业的转移，企业安全生产成本费用压力增加，安全生产投入的资金积累有待于进一步增加。

5.3.2　天然气开采企业——以陕天然气为例

1. 陕天然气的基本情况

陕天然气是一家国有企业，成立于 1995 年，并经陕西省国有资产监督管理委员会批准。业务范围包括天然气勘探、开发、储存、运输和销售，天然气传输网络，天然气化工，加油站，分布式能源和液化（压缩）天然气项目的建设、运营和管理。

陕天然气致力于加快陕西省天然气工业上游、中下游产业的建设和发展，通过产业资源整合平台将关键资源、产品、技术和资金联系起来。陕天然气的上市融资平台最大限度地发挥了产业优势，建设了具有核心竞争力的大型国有天然气产业集团，促进了陕西省天然气产业的快速发展。

该公司积极参与与安全生产有关的活动，确定机制配置，改善安全和环境责任制，改善和准备生产与运营联系机制、安全生产应急计划和生产进度应急计划；进行安全生产培训并增强安全生产意识；参加中国地方安全知识竞赛，进行安全认证和特殊文化培训。该公司曾获得“全国设备管理优秀单位”称号。其倡导的企业文化是“快乐的公司”，核心员工的幸福，组织的幸福和社会的幸福。该公司坚持以人为本，促进员工价值观、组织价值观和社会价值观的有机统一，以实现企业与员工的共同可持续发展。其企业文化可从侧面说明该公司关注员工的安全、公司对整个社会的影响，有较强的社会责任感。

2. 数据整理与分析

通过陕天然气对外披露的公示财务报表，本书收集、计算、整理该公司 2009~2018 年各年的功能性安全生产成本、损失性安全生产成本、净利润和成本费用利润率等各项数据。将陕天然气的成本、收益数据，以及历年的功能性安全生产成本、损失性安全生产成本的投入、产量和净利润的状况做成趋势变化图（图 5-19~图 5-21）。

从图 5-19 可以看出，10 年间该公司对安全生产成本的投入是增加的，但安全生产成本总量较其他资源型企业少。该公司安全生产成本费用总体表现在两个阶段：2009~2013 年安全生产成本费用额度整体较少并伴有波动减少；2013~2018 年总体大幅度增加。其中，功能性安全生产成本的波动幅度较大，在 2009~2011 年有

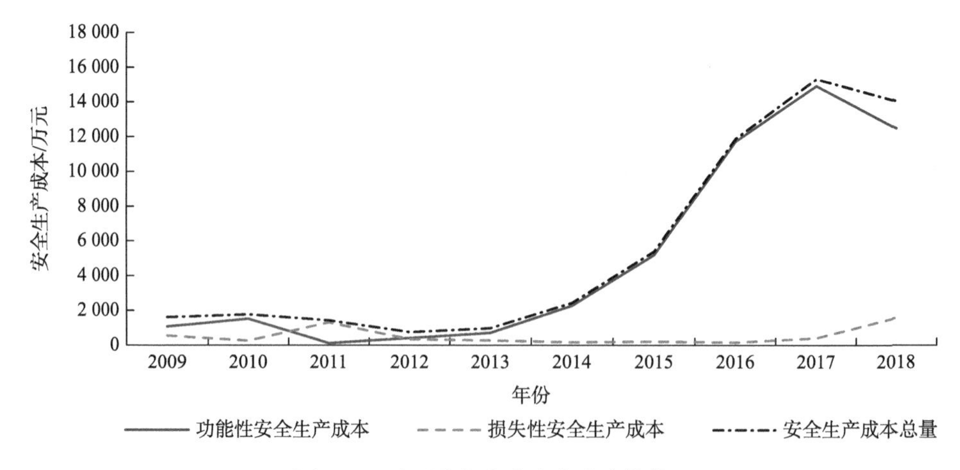

图 5-19　陕天然气安全生产成本趋势

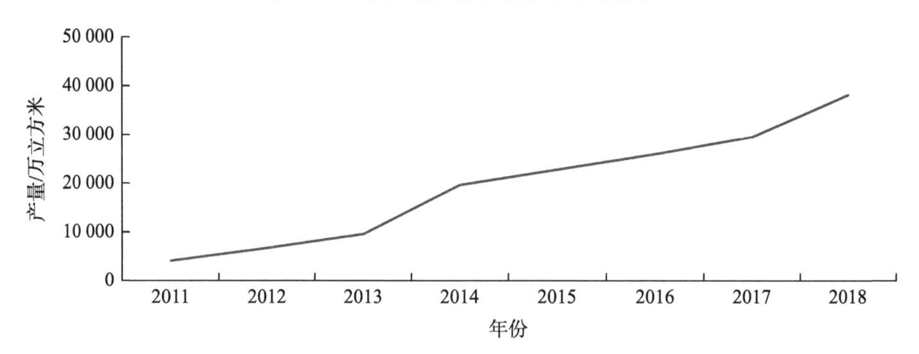

图 5-20　陕天然气产量趋势

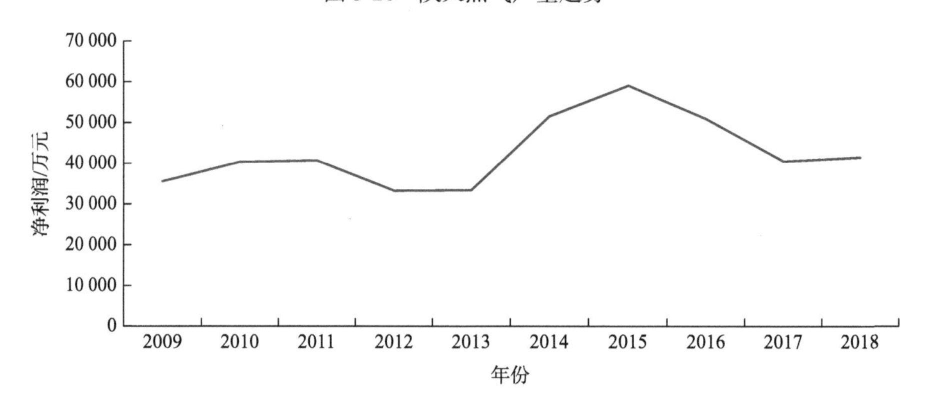

图 5-21　陕天然气净利润趋势

小幅度的减少，2011~2013 年基本保持平稳，但在 2013~2017 年大幅度上升，功能性安全生产成本的投入总体呈现上升趋势；损失性安全生产成本波动不明显，总体趋势平稳，对损失性安全生产成本的投入有略微增加。

2009~2013 年，该公司以“十一五”期间国家天然气产业快速发展和能源结构调整为契机，加快了对陕西省天然气长输管网的建设和扩能改造，并进一步在“十二五”期间拓展公司的发展方向、资源利用、重点工程、市场开发等内容，资金多用于公司在天然气领域的资源输出和业务扩展，对于生产过程中的安全生产问题考虑较少，投入资金未有较大变动。自 2013 年开始，该公司受青岛“11.22”东黄输油管道泄漏爆炸及西安、铜川燃气爆炸事故的影响，开始加大对于安全生产的关注，提升了安全工作的针对性和实效性，对于安全制度体系、安全生产投入及应急预案加大了管理力度，对员工加强安全生产培训、教育和文化的培养工作，甚至多次举办了与安全生产相关的主题演讲比赛，来营造浓厚的安全生产文化氛围。陕天然气的安全工作整体呈现积极向好的趋势。

并且，在这 10 年间，当公司投入的功能性安全生产成本增加时，损失性安全生产成本就会下降；当公司的功能性安全生产成本减少时，损失性安全生产成本就会增加。这说明当公司对安全设备措施、安全教育宣传、安全管理等防范措施做得越完善，对安全生产问题所导致的支出费用越少，损失性安全生产成本越低；在公司对安全生产不够重视，投入的设备、管理较少和员工意识不够强烈，即功能性安全生产成本减少的时候，公司对安全生产中的事故需要增加额外的费用支出，此时损失性安全生产成本的支出就会增加。

由图 5-20 可知，陕天然气的产量逐年上升，2011~2018 年平均年增长率为 22.49%，天然气产量的不断增加离不开整个公司以安全生产为基础的保障。对比图 5-19 我们可以看出，该公司对功能性安全生产成本和损失性安全生产成本的投入量越多，该公司生产过程中的安全保障程度越高，员工可以更加专注于生产，该公司也能够更多地关注自身的发展和收益，收获的天然气产量越高。

尤其是 2012 年、2013 年和 2014 年 3 年间，天然气产量增加极其迅速，这 3 年间的增速分别为 63.05%、42.68%和 104.78%。在 2012 年时，该公司通过春秋两季的安全隐患和设备缺陷治理活动，对安全生产工作进行了大检查和排查整治，共消除设备缺陷 256 项、安全隐患 176 项；在安全基础管理制度方面，该公司对安全管理制度不断完善，验收了安全标准化生产线；在安全生产文化方面，该公司开展了“学习规章制度、规范安全行为、落实安全责任”演讲比赛，切实发挥安全生产文化对安全生产工作的引领和推动作用，完成了对生产及消防设备、工作环境、管道、场站等的安全隐患的排查和全面检修，以此来保障冬季管网工作的安全正常运转。为了形成良好的安全生产文化氛围，该公司进行安全生产培训、组织与安全生产相关的演讲，宣传《安全生产法》，用文化促进安全生产。该公司获得了“全国文明单位”等荣誉，展现出良好的企业形象，维持了良性发展的局面。由此，我们也可以观察出，当企业安全生产成本的费用增加时，尤其是功能性安全生产成本增加时，其安全生产能够得到更好的保障，整体的获益量都会提升。

由图 5-21 可知，陕天然气 2009~2018 年的净利润在波动中基本呈上升趋势，但波动幅度较大，营利能力不够稳定。其中，2009~2011 年净利润小幅度上升，平均增长率为 7.17%；2011~2013 年净利润呈现小幅度的下降，平均降低了 8.44%；2013~2015 年净利润大幅度上升，平均增幅为 23.13%，在 2015 年达到利润的最高值；2016~2017 年有较大幅度的降低，2017 年降低了 20.38%；2017~2018 年有 2.36%的小幅度增长。

2009~2011 年，该公司在“十一五”期间借助天然气产业的快速发展，坚持“气化陕西三步走”的发展战略，采取了一系列扩大销售范围、扩张市场的方法——新建或兼并企业去开发下游的天然气业务，努力壮大成为集开发、运输、分销为一体的天然气综合供应商；在“十二五”期间，该公司主要侧重规划燃气输送管道、建设管网系统，加强整体的营运管理，对陕西省整体的管网进行科学规划，用压缩天然气市场去辐射周边的天然气供应链，致力于建成“七纵、两横、一环、两枢纽”的格局，覆盖陕西省并且能够兼顾到邻省天然气的使用。该公司在天然气进入城市的工程中注意提高天然气的使用效率，为陕西省的大气质量改善做出贡献，也推动了能源结构调整的步伐，促进该区域的环境、经济、社会协调发展。在这 3 年间，该公司的净利润增长，其安全生产成本的投入却在缓缓下降，说明该公司的扩张生产为公司带来了一定的收益，但收益增长幅度不大，还未形成较强的安全生产意识，没有意识到安全生产对收益的拉动作用。该公司有限的资金用于生产销售的扩张额度增加，那么其对功能性安全生产成本投入也就下降，生产过程中的安全没有得到很好的保障，导致 3 年间损失性安全生产成本的费用增加。

2011~2012 年的净利润下降，2013 年则较小幅度上升。恰逢 2012 年是该公司“气化陕西”一期工程建设的收官之年，再加上该公司受到错综复杂的国际经济环境和增大的国内经济下行压力的影响，还需要克服管材到货不足、作业面相对较小等各种不利条件，该公司的经营压力增大。该公司为保证“气化陕西”一期工程按期完成，二期工程顺利开展，将重心放在了市场的扩展方面，采取了一系列措施，加大资源和市场的开发力度，周密部署了开发工作，修订完善了《市场开发实施方案》《市场开发与管理激励暂行办法》，运用考核奖励办法，最大限度调动广大员工参与市场开发的热情。该公司却忽视了生产过程中的安全生产问题，对自身的安全生产成本投入也减少了。

2013~2015 年的净利润大幅度上升，该公司步入“气化陕西”二期工程建设，实现了关中环线储气调峰管道项目主干线及杨凌支线通气点火，形成了环关中城市群的天然气高压管网系统，打造了关中核心经济区燃气安全稳定供应的重要“绿色通道”，成为确保核心城市高峰期安全稳定足量供气的重要保障；提前 33 天实现了延安姚店至河庄坪输气管道项目的全线贯通；进一步完善了陕西省区域管网系统，扩大了辐射范围，提高了互联互通、灵活调配的能力。该公司在管网建设方面以进一步扩大和优化管网设施功能、增强输配效能为核心，以一套管网系统统一对接上游和下游，构建形成了统一规划、主体多元、互联互通的全省一张网体系，进一步完善了陕西省区域管网系统，扩大了辐射范围，提高了互联互通、灵活调配的能力。截至 2015 年底，该公司年输气能力提升至 135 亿立方米，资源供给保障能力显著增强。观察图 5-19 可以发现，2009~2018 年该公司生产过程中的安全生产意识提升，其安全生产成本投入总体呈增加趋势，净利润随着工程建设的日益完善和安全保障的提升也得到了改善。

2015~2018 年，该公司的净利润总体呈下降趋势。为使“十三五”期间取得良好开端，该公司改进了应急基础设施的部署，建立并运营了汉中容灾备份调控指挥中心，并投资了应急救援通信车，充分改善紧急情况的处理和调峰灵活性。该公司加快了管道设施建设，管网互联互通不断增强。该公司发展动能不断厚植，燃气储运能力进一步增强，城燃板块发展基础进一步巩固。该公司在巩固现有市场的同时促进新市场和新领域的发展，并进一步扩大市场份额。陕天然气为创造更好的发展机会、获得更广阔的市场而加大对设备技术更新、厂区的扩大、公司规模的壮大等的资金投入，对应的功能性安全生产成本也有所提高，但公司的净利润没有提高。该公司的安全生产成本使用效率较低，没有很好地保障公司的安全生产收益，对公司的保障程度较低。

5.3.3　石油开采企业——以中国石油为例

1. 中国石油的基本情况

中国石油是国有企业中销售收入最高的企业之一，在我国的油气行业中具有至关重要的地位，属于我国的百强企业之一；在世界范围内生产和销售石化产品，在全球同类企业中也首屈一指，逐渐发展成为竞争力较强的国际能源企业。该公司的一体化经营已经在上中下游环节基本成型，石油的勘探和开采在上游，中下游负责石油及其化工品的冶炼、制造和成品的管道运输及销售。完整的业务链降低了该公司运转过程中的经济成本，优化了经营效率，提高了该公司的竞争力和获利能力，同时也提升了整个业务运作的抗风险能力。

不断扩张的经营规模和市场给该公司带来更大的安全生产事故风险，其产品在勘探、开采、加工、储存、运输等各个过程中都可能发生人员伤亡、污染环境、作业受阻、财产损失等不可预料或者危险的情况。同时，近年来中国颁布实施的新法规对安全生产提出了更高要求。该公司已实行了严格的 HSE（health，safety and environment，健康、安全和环境）管理体系，努力规避各类事故的发生。

该公司建立了由业务人员日常自查、企事业单位自我测试、管理层测试及外部监督组成的“四位一体”检查机制，通过持续监督与独立评估相结合，确保内控体系有效执行；围绕重大风险领域，反复调查，追究违法责任事件，加强监督检查，狠抓问题的纠正和落实，促进了安全生产和规范经营，预防了重大风险的发生。

2. 数据整理与分析

利用中国石油对外披露的公示财务报表、可持续发展报告和社会责任报告，本书收集、计算、整理该公司2009~2018年各年的功能性安全生产成本、损失性安全生产成本、净利润和成本费用利润率等各项数据。将中国石油的成本、收益数据，历年的功能性安全生产成本、损失性安全生产成本的投入、净利润与成本费用利润率的状况做成趋势图（图5-22~图5-24）。

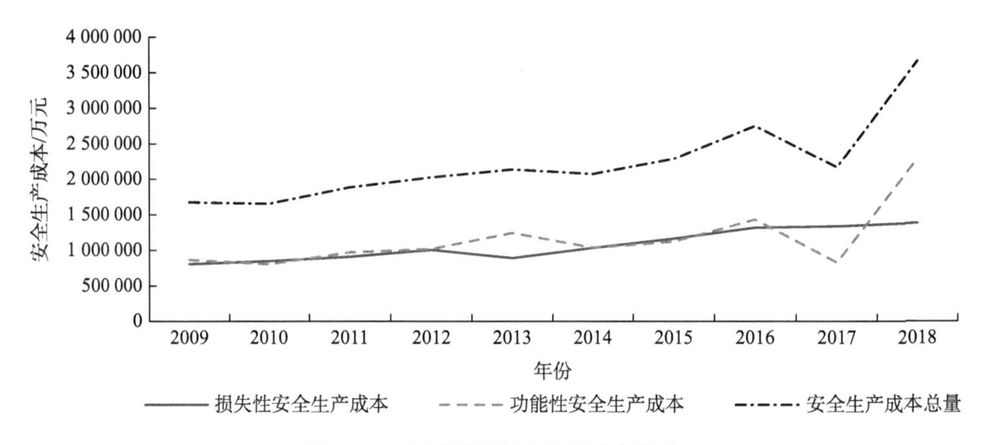

图5-22　中国石油安全生产成本趋势

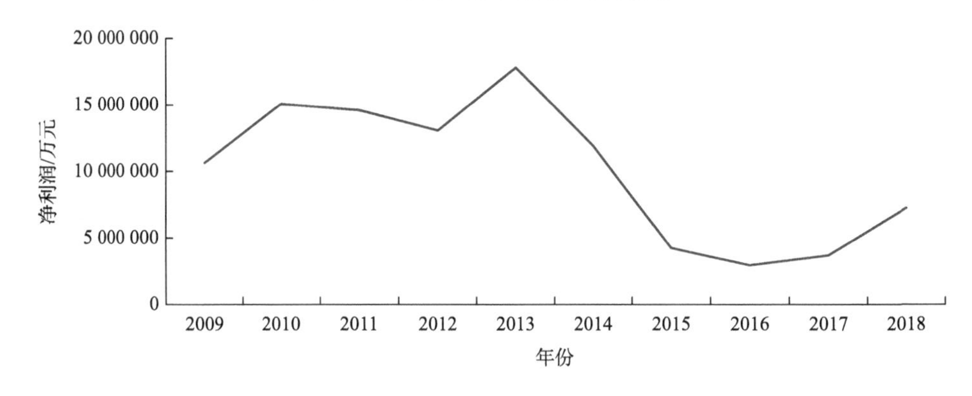

图5-23　中国石油净利润趋势

根据图5-22，中国石油2009~2018年的安全生产成本总量在波动中上升，2009~2013年平稳增加，2013~2016年增加速度变快，2016~2017年有所下降，2017~2018

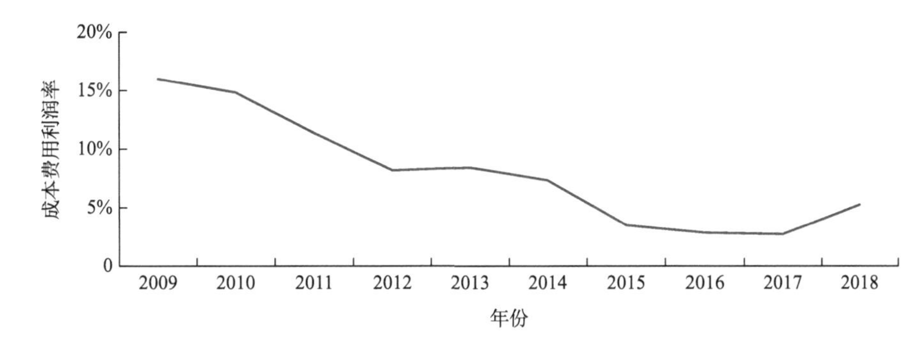

图 5-24　中国石油成本费用利润率趋势

年大幅度上升。其中，功能性安全生产成本与安全生产成本总量的变动趋势基本一致，该公司对其费用的投入在波动中不断增加；损失性安全生产成本平稳上升，只在 2013 年时有略微下降。

2009~2013 年，安全生产成本总量平均增长幅度为 6.39%，功能性安全生产成本平均增长 10.07%，损失性安全生产成本平均增长 2.89%。虽然在生产经营中面临一系列安全环保挑战，中国石油仍坚持完善制度、加强管理、加强培训等。为了正常开展安全工作，该公司继续推进 HSE 管理体系建设，整体安全形势持续稳定，运行良好。在不断将加强基本安全生产工作重点作为安全防范措施的过程中，该公司通过采用“两书一表”“四拥有一张卡”、工作许可证、危害和可操作性分析等，提醒各个部门清楚地识别在生产中的危害并防止其发生。该公司提高员工的自我保护意识和安全行为意识，发展具有中国石油特色的员工“自我管理”的安全生产文化，普遍树立“检查隐患，防止事故”的意识，调动各级员工参加调查，消除生产经营中存在的高事故风险隐患，监督管理者在管理活动中是否存在潜在的安全隐患。在工资分配上，该公司优化了企业年金和多层次保险制度，逐步提高基层、一线、高危、高风险岗位员工的工资待遇水平，提高员工的工作、生活水平，建立员工重大疾病和严重疾病救助机制。到 2013 年，该公司安全生产事故死亡率为 0.25 人/亿工时。功能性安全生产成本和损失性安全生产成本投资已见成效，公司安全生产成本投入稳步增长。

2013~2016 年，安全生产成本总量平均增长 9.23%，功能性安全生产成本平均增长 6.40%，损失性安全生产成本平均增长 13.92%。该公司为了把可能发生事故的重大隐患消除，建立了双重防控机制，一是风险防控，即把风险分级再实行相应的防控机制，对高危作业进行重点管控；二是隐患治理预防机制，即对隐患进行闭环管理。通过以上两个机制，再叠加专业的安全技术诊断和管理评估，确保重点项目、高风险操作领域的风险可以被控制。该公司对化学品的集装罐区进行了隐患排查，其罐区的重点治理整改率达到 98%；积极促进安全监管信息平台建设，对操作危险化学品的员工进行安全监管教育，集合专业人员成立危险化学品安全技术中心；对输送油气的管道进行安全隐患专项治理工作，管道隐患整改率达到 100%；在公司内全面推行“情景构建”，通过召集员工模拟紧急情况，示范标准科学合理的应急演练，完善相应的应急预案，在海上、陆地的基地对石油生产爆炸、原油溢出污染、人员受伤等紧急情况进行演练，确保海陆两处的石油生产整体运转均平稳有序。这 4 年中，该公司安全生产形势继续实现稳定好转，工业生产事故、死亡人数同比继续下降，杜绝了较大及以上安全生产事故，在 2016 年时该公司的安全生产事故死亡率为 0.2 人/亿工时。

2017 年，安全生产成本总量达到了研究的 10 年间的最低值 2 166 400 万元，较 2016 年降低了 21.24%；功能性安全生产成本为 829 800 万元，与 2016 年相比降低了 42.04%；损失性安全生产成本变动较小，增长了 1.35%。闭环管理机制在该公司出于防患于未然地排查治理整改的角度而建立起来了。2017 年，该公司全面实施危险化学品管理、输油管道安全管理和整治安全隐患专项行动，以应对安全生产中的风险。主要危险区域采用安全生产“四红线”，高风险作业和敏感时期的风险监控得到进一步加强。该公司对基建处合作的供应商和承包商也进行严格的选择、培训、使用、考核评价等，对其工作进行全过程的监管，减少和杜绝合作商安全生产事故的发生，防止公司由此受到的负面冲击。2017 年的安全生产成本下降主要是由于前几年的安全生产成本投入已经开始有一定的成果体现，油气长输管道安全隐患整改率、油气田集输管道安全隐患整改率和化学品区重点隐患整改率均已达到了 100%，并且在坚持“员工生命高于一切”的理念下海外项目也坚持深化安全管理体系运行，加强安全生产防控能力，提升处理应对突发事件的能力，在这期间海外未发生安全生产亡人事故。

2018 年，安全生产成本总量、功能性安全生产成本和损失性安全生产成本达到了研究的 10 年中的最高值。其中，安全生产成本总量大幅度提升，较 2017 年提高了 69.20%，投入总额达到了 3 665 600 万元；功能性安全生产成本为 2 282 500 万元，与 2017 年相比增加了 175.07%；损失性安全生产成本相对前两者来说，变动幅度较小，增长了 3.48%。虽然能源结构加快向清洁低碳、安全高效发展，非化石能源将迅速增长，但化石能源仍将是最主要能源，石油在一次能源消费中的占比保持基本稳定。

从长期来看，该公司中短期仍以油气业务为主，并加大业务结构调整。该公司以国家环保产业跨越式发展、国企混合所有制改革为契机，加强国际合作和市场化进程，构建低碳技术、环保产业、绿色金融等中国石油绿色发展新动能。随着业务扩大、油田开发力度加快，该公司需要更多的安全设备，员工需要更多专业的安全生产培训，相应地功能性安全生产成本和损失性安全生产成本也增加，公司全面加强生产过程的安全生产风险管控。2018 年，该公司针对陕京四线、中靖联络线等重点工程开展安全生产专项督查，持续排查管道隐患问题并加大治理力度。该公司制定和修订完成了《安全生产管理规定》《危险化学品安全监督管理办法》等 9 项制度，着力提升 HSE 管理体系考核质量，加强对审核中发现问题的整改；编制印发了安全生产风险企业分类标准，针对不同风险类别采取不同的对应管控措施，对相关企业实施全要素量化考核和专项审核，创新了安全监管方式；制定了地方政府和企业联合监管机制工作方案，修订了安全生产考核细则，强化了过程业绩考核和事故问责。该公司的健康和安全管理覆盖包括供应链在内的全体工作人员。该公司高度重视施工作业健康管理与保障，认真贯彻《中华人民共和国职业病防治法》，规范职业健康管理，100%的员工拥有独立的职业健康监护档案，对 99.97%的有职业病的员工进行健康体检，对于作业场所职业病危害因素检测率达到 99.99%。

如图 5-23 所示，该公司这 10 年的净利润波动幅度较大，2009~2013 年呈现的是在波动中上升，平均每年增长 16.07%；2013~2016 年急速下降，平均下降幅度为 42.70%；2016~2018 年开始反弹，呈现快速增长的趋势，平均年增长幅度为 60.95%。

2009~2013 年，该公司面对国际金融危机带来的严重冲击和影响，在销售经营方面一直科学组织运转，努力维持产、运、销、储的综合平衡，以市场为发展指南，通过优化投资结构，以效益为核心优化业务布局，努力加快工业发展，降低成本并提高效率。该公司坚持规模、效益、科学探索，统筹老油田二次开发，开发新油田，利用整体开发和规模经营，提高油田开发水平，优化新油田、稳定老油田。在炼油和化学工业方面，该公司充分利用炼油和化学合并及集约化经营的优势，坚持近场加工，使产品适应市场，平稳高效地组织炼油和化学生产，促进以市场为导向的资源分配和设备重组，努力提高油品质量，开发新的化工产品并提高产量、进口量和效率；密切跟踪市场变化，使得化学品销售的节奏合理化，并提高销售终端的效率；按计划推进重大炼化工程项目建设，合理把握新设备建设和调试的节奏，保持炼化功能持续增长。该公司在监督新业务、新部门和新模式的安全和环境保护方面做得非常出色，并致力于加强承包商管理。该公司还提高了建筑安全生产风险评估和应急响应能力，改善了应急救援系统和计划。通过上下的共同努力，成功应对各种危机，2009~2013 年，该公司的生产经营实现了稳定、快速的发展。

2013~2016 年，全球经济复苏由于不稳定和不确定性而放缓，对能源模式进行深度调整，对国内经济的下行压力增加，油气市场需求的增长率减缓。全球石油和天然气市场总体上供求关系松散，国际石油价格继续波动至较低水平。面对复杂、严峻的国内外形势，中国石油不断遵循质量、效益可持续发展的方针，协调国内外两个市场，着力发展油气主业，优化业务结构调整。该公司通过实施一系列改革措施来促进开源、减少支出、降低成本和提高效率，增强安全性和环境保护生产，提高产量、增加销量和提高效率，从而按照预期稳定地控制生产经营和运营绩效。在创新和市场效率，深入开发开源，降低成本和提高效率的驱动下，该公司努力保持稳定的生产和运营。在生产过程中，科学组织油气生产，重点建设重点产能项目，加强对整个生命周期项目的管理，继续注重产业化和成熟技术的推广，确保煤层气项目的安全。该公司不断提高生产效率，并优化工艺路线。在此期间该公司面临的宏观形势严峻，生存压力较大，而且投入了较多的资金用于工程建设、设备升级，导致该公司的净利润大幅度下滑。

2016~2018 年，全球经济逐步改善，中国经济增长的质量和效率逐步提高。全球油气市场的供求关系逐步平衡，中国国内的油气体系改革继续深化，市场活力不断增强。该公司积极应对外部环境的变化，遵守稳定的发展政策，深化改革和创新促进，专注于石油和天然气的主要业务发展，充分利用整个产业链的优势，并利用整个产业的优势，优化资源分配和生产运营，加深开源，降低成本，提高效率。2017 年同期，由于石油价格、天然气和炼油厂价格上涨等因素，净利润开始增加。油气体制改革和“一带一路”倡议的深化，进一步丰富了资源和油气合作，引入的成品油消费税管理法规为市场创造了更加公平的环境。该公司在重新焕发活力、持续向好的国内外市场上稳步发展，势头良好。

由图 5-24 可知，2009~2018 年的成本费用利润率总体呈下降趋势，下降了 67.21%。其中，2009~2012 年下降速度较为迅速；2012~2015 年在轻微波动中下降；2015~2017 年缓慢下降，基本保持稳定水平；2017~2018 年有明显上升趋势。

2009~2012 年，中国石油的成本费用利润率平均年降幅为 19.54%。结合图 5-22 和图 5-23，在此期间，整个宏观环境复杂、多变，严重的自然灾害使全球经济难以恢复。由于全球经济增长放缓，世界能源消耗增长有所下降，但新兴市场的能源消耗仍然相对较快。随着中国工业化和城市化的快速发展，有必要确保持续稳定的能源供应。因此，中国石油积极实施资源、市场和国际化战略，加强生产、运输、销售和仓储的综合平衡，加快重点项目和战略项目的建设，增强市场供应安全性和发展方式。该公司积极推动转型，稳定和改善整体生产经营状况，收益虽有所波动，但总体增长是可观的。

该公司规范和巩固安全与环境管理制度，完善 HSE 管理体系，对专业安全工作、指导方针和服务进行整合协调，实现对安全与环境保护的综合管理。该公司不断强化经理人的安全环保责任，进一步修改完善了安全环保责任制，对主要区域、关键零件和主要连接进行了特殊的安全换向。同时，该公司推出了《反违章六条禁令》，以加强员工安全的观念。但是，该公司在此期间的成本费用利润率下降，此时的安全生产成本投入并没有发挥其较强的作用，没有从根本上改变公司的安全设备、安全保障等，说明该公司对功能性安全生产成本和损失性安全生产成本的投入力度不够，没有足够的安全生产成本就不能很好地支撑其在动荡的宏观环境中获得良好的收益。

2012~2015 年，中国石油成本费用利润率仅仅在 2013 年有过一个幅度为 2.86%的增长，但总体数值下降较快，平均每年下降 20.83%。自 2013 年以来，该公司的发展变得异常艰巨，极为不寻常——世界经济进入了深刻调整时期，世界能源需求持续增长，石油和天然气市场更具竞争力，该公司国际化经营的风险和难度进一步加大。在此期间，国民经济处于经济增长时期、剧烈变动时期、结构调整关键时期和早期刺激政策的消化时期，伴随着根深蒂固的矛盾和结构性问题，如过度容量和环境限制已经出现，石油行业迫切需要加快发展模式。该公司发展中的速度规模与质量收益不同步的问题更加明显地显现出来：保持绩效的稳定增长在某些地区发生特大洪水等自然灾害的影响下更加困难。

安全生产成本的投入并没有因此止步不前，安全生产成本继续增加。该公司努力提高对环境保护和安全的风险管理和控制能力，并以责任、预防和风险控制为核心，促进建立综合安全管理框架，并以紧急保护作为重点。该公司落实了安全产品的“一岗两责”，分别发出了《总部安全生产与环境保护管理职责规定》和《安全生产与环境保护责任制管理办法》，落实第一责任人职责；对 8 种主要安全生产风险进行分类；完善井控、管道紧急救援中心、应急救援基地等的基础建设。对各级应急管理记录加大管理力度，确保应急计划的实用性和可操作性。加强公司与当地应急救援机构之间的联系，改善专职救援队的准备和管理，加大与当地联合消防系统的联系。损失性安全生产成本增加，净利润和成本费用利润率都大大下降，表明该公司的安全生产成本使用效率较低，没有很好地保障公司的稳定收益，除了市场的影响外还有安全生产问题导致的损失发生。

2015~2017 年的成本费用利润率基本稳定，变动幅度为−11.30%。在此期间，国际政治经济形势复杂，国际油气市场发生了深刻变化，国际油价大幅下跌，对石油公司的经营状况产生了很大影响；中国的经济发展进入新常态，对石油和天然气的需求增长放缓，市场竞争更加激烈。该公司积极应对低油价的挑战，提高开发质量和效率，突出油气勘探开发的核心业务，获得了优质的大型储量和有利可图的生产，创下了国内外油气生产的新高峰。该公司积极引进股本，有序开展合资合作项目。在创新带动下，重大科技攻关项目的实施和主要现场试验形成了一批重要成果。秉承着开源节流的理念，深入开展管理改进活动，该公司精细化的管理水平不断提高，在此期间的净利润总体走势和成本收益利润率趋势基本一致，基本保持平稳状态，变动幅度不大。

在安全生产方面，该公司与地方政府合作开展专项调查整改，共同促进对管道隐患的治理；开发油气管道隐患整改监测平台，实现对隐患整改的实时监测。天津滨海新区特别严重的火灾和爆炸事故也使该公司更加重视与安全生产有关的事故，对安全生产进行了大规模检查，并对危险化学品和易燃易爆物品进行特殊纠正，迅速解决各种问题和隐患。该公司制定了《安全生产应急管理办法》，审查和完善应急预案，启动基层应急预案全覆盖；开展区域应急联络机制建设，加快重点地区应急物资分配点存放，参与溢油抢险、海上搜救演习，事故预防和应急响应能力大幅提升。在此期间，该公司安全生产成本波动很大，2015~2016 年有明显增长，2016~2017 年下降，随着安全生产成本总量的增多，该公司的安全生产状况得到很大的改善，加上之前积累的功能性安全生产成本的滞后性和长期性的特点，即使在安全生产成本费用下降的时候，成本费用利润率也并没有较大的波动，而是呈现稳定的状态。

2017~2018 年，该公司的成本费用利润率有明显的提高，较 2017 年提高了 92.34%。尽管当时全球经济已开始温和复苏，但一些经济体的发展不平衡，国际政治和经济的动荡及不确定性增加；中国经济保持总体平稳发展态势，2018 年 GDP 与 2017 年相比增长 6.6%，结构调整和转型改善持续推进，质量效益不断提高。在发展方面，该公司继续改善；该公司推动“一带一路”深入发展，更加务实，更加有效地建立国际油气合作利益共同体，开辟“冰上丝绸之路”新航线，实现优于预期的效果，取得了好于预期的业绩，价值创造能力继续提升。2018 年中国石油的净利润随着积极的市场和良好的销售发展开始增加，其成本费用利润率也有较好的回升。

2017~2018 年，中国石油将安全生产作为生产经营中的核心价值，积极推进安全生产长效机制建设，不断完善安全生产机制，全面提高安全生产管理水平，继续执行一系列监管措施；促进安全责任的进一步履行，进一步巩固基层基础工作，在生产安全形势上保持稳定可控；建立风险管理和隐患管理双重防范机制，完善风险分类控制和防范机制，实行隐患闭环管理，严格避免风险演变和更新；加强对关键领域和关键环节（如高风险操作）的管理；对重点公司、重大项目和高风险地区进行安全和环保技术诊断和管理评估，以确保可以控制重大风险。随着经济形势的明朗、市场的好转，该公司对国内外的生产都需要进行扩张，故对安全生产成本投入也有大幅度的增长，尤其是功能性安全生产成本比损失性安全生产成本增幅更为明显，成本费用利润率在一年间涨幅 92.34%，也表明安全生产成本对该公司的收益保障作用日益凸显。

5.3.4　水电生产企业——以广安爱众为例

1. 广安爱众基本情况

广安爱众主要从事水电，电力供应，天然气供应，生活饮用水，水电设备的核查、安装、调试，新能源开发等，积极响应国家宏观政策。该公司转变发展方式，狠抓经营管理规范化，管理改革和资金筹措两个关键点，不断完善精细化管理、成本管理和外部扩张三个关键点，积极开展工作。该公司不断实现供销增长，增加收入，节省资金，降低成本，专注于提高效率，实施优质服务，创新业务管理，充分推动公司的科学发展，并创造更好的业务成果。

2. 数据整理与分析

利用广安爱众对外披露的公示财务报表和社会责任报告，本书收集、计算、整理该公司 2010~2018 年 9 年（2009 年财务报表中未披露功能性安全生产成本的数据）中各年的功能性安全生产成本、损失性安全生产成本、净利润和成本费用利润率等数据。将广安爱众的成本、收益数据，历年的功能性安全生产成本、损失性安全生产成本的投入、净利润与成本费用利润率的状况做成趋势变化（图 5-25~图 5-27）。

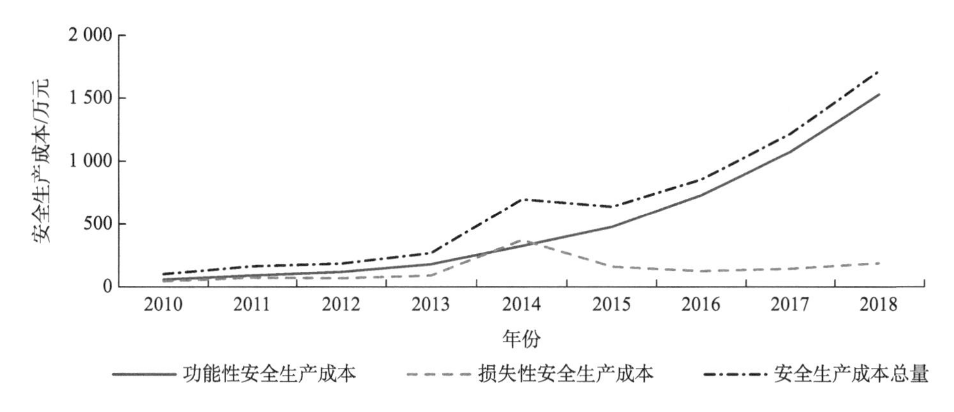

图 5-25　广安爱众安全生产成本趋势

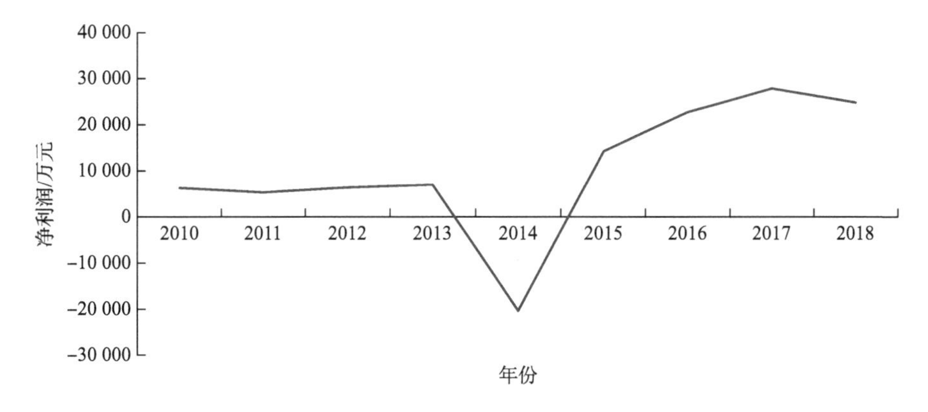

图 5-26　广安爱众净利润趋势

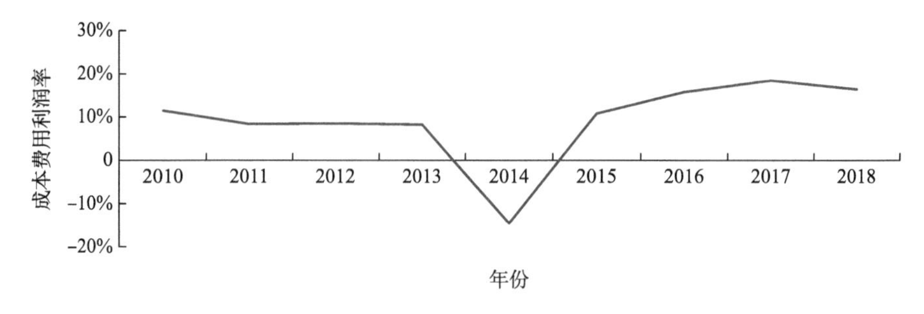

图 5-27　广安爱众成本费用利润率趋势

由图 5-25 可知，广安爱众 2010~2018 年的安全生产成本总量虽然偶有小幅度的下降，但是总体是不断攀升的。其中，功能性安全生产成本整体呈现稳步上升的趋势，2010~2015 年增长幅度较迅速，平均每年增长 53.09%；2015~2018 年增长幅度有所放缓，平均每年增长 47.38%。损失性安全生产成本整体变动不大，有略微增长，在 2013~2015 年有较大波动，2010~2013 年平均每年增长 30.03%，2013~2014 年增长了 318.32%，2014~2016 年下降了 39.33%，2016~2018 年有小幅度增加，年均增长幅度为 22.73%。该公司的安全生产成本投入在 2010~2018 年的变化还是较大的。

2010~2013 年，安全生产成本的支出小幅度平稳上升，平均每年涨幅为 40.68%。遵循科学发展的理念，该公司以“适当扩展，风险管理，科学发展，内部和外部协调”为总体目标，不断加强管控，完善安全生产管理，全面加强风险防范功能。在此期间，该公司首先加强安全生产责任制，完善考核体系，加强对现有问题的纠正；其次加强各单位系统性风险分析和防范控制，落实危险源、危险点的控制与管理，加大应急救援方案和预控措施的落实力度，消除严重事故的发生。该公司完善企业文化体系，坚持员工培训和生产需求相结合，改变各级员工的观念，在技术竞赛和其他形式方面进行多层次和多主题培训，提高了员工的专业知识和业务技能，创建了良好的人文环境。这 4 年里，该公司的功能性安全生产成本和损失性安全生产成本逐步增加，加上期间发生重大洪涝灾害时安全生产成本投入对营利能力的作用凸显，该公司有意识地逐步加大安全生产的资金投入来保障公司的良好运营和员工的身心健康，但是这部分支出的费用较少，水平较低，不能够很好地保障整个公司的生产运转安全。

2013~2014 年，安全生产成本总量有较大增长，增长幅度为 2010~2018 年最大值，增幅为 158.69%。2014 年是该公司抢抓国家全面深化改革机遇进行“发展方式转变和产业结构调整”的至关重要的时间段。该公司积极利用国家的各种战略政策和对西南地区的倾斜，正面地应对产业压力，构建了一个高效的系统。安全应急系统建成，关键项目得到系统识别，由此提高该公司安全生产的能力。该公司始终高度重视工业安全，严格预防安全生产事故，有效保障员工安全。在此期间，该公司以安全责任制为重点，建立安全生产风险管理体系，以安全生产标准化为重点，深入“安全生产年”，不断强化安全管理和基本生产安全管理职责和措施；开展重大安全检查、汛期安全生产检查、募捐项目安全检查等专项行动，重点整顿和改善影响安全生产的隐患。

这两年间，该公司受 8·3 鲁甸地震的影响，需要大幅度增加安全生产成本投入，功能性安全生产成本彼时增加了 47.10%，加大对其生产过程中安全设备、基础设施、职工培训等方面的支出；损失性安全生产成本增加了 318.32%，第一次与功能性安全生产成本持平甚至略微高于功能性安全生产成本。该公司在地震中需要支出较多的额外费用、赔偿金和抚恤支出等，这也说明安全生产成本投入对公司稳定收益的保障不够有效率，在危机发生时不能够很好地保证公司在事故中的发展水平。

2014~2015 年，安全生产成本总量下降了 8.47%，功能性安全生产成本依然是在稳定增加中，而损失性安全生产成本在下降。安全生产成本总量下降主要是受到了损失性安全生产成本变动的影响。行业面临的宏观环境变化不大，该公司的主要能源生产和供应业务，以及城市水和天然气是与国民经济和民生有关的第一产业，具有良好的发展前景。各部门的均衡发展最终确保了该公司的可持续、健康和长期发展。该公司一直强调安全运行，增强员工安全生产意识，并注重确保员工安全，严格避免安全生产事故发生。同时，该公司对安全生产进行了各种形式、内容丰富、合格的培训和教育，以提高安全管理团队及全体员工的素质和能力，尤其是加强了对一线操作人员的安全生产意识培训和操作技术培训，加强了技术设备的培育和建设，取得了良好的效果。由于该公司在此期间没有发生严重的安全生产事故，损失性安全生产成本基本回到了 2014 年之前的支出水平，该公司已经形成了不断对安全生产的保障水平进行提高的意识，功能性安全生产成本不断增加。

2015~2018 年，安全生产成本大幅度快速增长，增加明显，平均每年增长率为 56.35%。在此期间，受经济持续下行压力和全国电力体制改革的影响，发电业务的状况更为严峻。该公司按照新时期国民经济和能源发展的总体要求，提高产业协同效应，实现经营水平、质量效益和企业活力。随着行业的发展，该公司还实施了“安全第一，预防为主和全面治理”的政策。该公司制定了《安全生产责任制》《公司安全检查管理暂行办法》《公司安全生产责任制》等一系列规章制度，明确各级安全管理人员和职能部门的安全职责，做到各司其职、各行其责，密切配合，共同做好公司的安全生产工作。该公司领导层多次定期或者不定期到各基层现场进行检查或抽查、督促整改，扎实推进安全生产标准化，2018 年该公司安全隐患的整改率达到了 100%，有效实施危险源识别和事先风险控制，强调关键单位、关键领域和关键时期的安全管理，加强对隐患的研究和管理。该公司对安全生产成本的投入已经逐步常态化，尤其是功能性安全生产成本的投入更多，即更多地倾向通过购买设备、对员工进行培训、检修设备等方式来维持生产过程中的安全，保证收益。

从图 5-26 我们可以看出，广安爱众的净利润 9 年内呈现 5 个阶段的变化，收益水平有大幅度的增加，2018 年比 2010 年增长 296.64%。广安爱众的净利润在 2010~2013 年比较平稳，基本没有波动，有小幅度的上升；2013~2015 年波动较大，2013~2014 年净利润数额大幅度下降，达到 2010~2018 年的最低值，其中，2014~2015 年大幅度上升，回弹迅速，上升后的数值超过了 2014 年之前下降的数值；2015~2017 年净利润的上升速度变缓，在 2017 年达到 2010~2018 年的最大值；2017~2018 年，净利润有小幅度的下降。

2010~2013 年该公司的营利能力较为稳定，净利润的上升幅度为 4.90%，营利能力没有发生重大变化。全国水电特别是水资源丰富的西南地区的水电迎来新一轮的发展高潮。水资源短缺的严重性和水资源合理运用的重要性早已被社会认知，中央和地方政府都把水资源的保护和开发提到了关键位置。2011 年是“十二五”规划开展的第一年，也是该公司加快管理变革的关键一年。2011 年中央一号文件第一次把水利问题作为焦点问题进行关注，水务业也成为中国未来最具发展的潜力产业之一，该公司利用国家宏观政策的调整，借助广阔的水务市场前景，狠抓管理变革和资本融资两个关键，唱响“发展、管理变革、技术创新”三大主题，把发展重点转变为细化管理、成本控制、对外扩张，全面实现了管控水平、安全生产能力、队伍建设等的全面提升。广安爱众在一切向好的宏观条件下稳步发展，公司发展实力强劲，内部管理逐步完善、规范，安全生产管理水平提高、服务客户的质量提升，取得了良好的经营成果。安全生产成本的投入也随着公司的进步一同小幅度增加，保障了公司的收益水平平稳上升。

2013~2014 年，该公司的净利润下降了 390.04%，该公司的收益水平变化较大，面对灾难事故时营利能力不够稳定。整个外部的经济环境复杂多变，世界经济复苏迟缓，国内经济形势处于三期叠加的复杂时期，节能环保意识强化、消费结构和消费观念升级换代的新生压力，使该公司面临巨大的生存压力。水电是中国发展水平最高、技术相对成熟的最清洁的可再生能源，在能源行业的能源平衡和可持续发展方面具有突出的优势，发挥了不可估量的贡献，一直是中国电力发展的重中之重。同时，随着中国节能减排压力的加大，中国的“十二五”规划明确提出“在生态保护的前提下积极发展水电”，水电销售价格因此大幅上涨，新型工业化、新型城市化、西部大开发战略，以及在广安市建立的“6 + 3 +1”多点多极发展模式，为处于该有利地区的公司提供了机会。中国水电产业处于灿烂发展、合理发展、快速增长的时期，水电企业将越来越强大。在这个水电黄金阶段，水电行业和企业的战略运营和科学技术进步也将成为许多值得期待的亮点。但是，宏观经济环境复杂、形式多变、成本上升，加上发生的 5.6 级 8·3 鲁甸地震导致 2013~2014 年该公司的营利能力受到较为严重的损失，收益出现剧烈下降。

2014~2015 年，该公司的净利润上升了 170.20%，该公司的营利能力得到较大的提升。在电力体制改革和能源革命时代，中共中央、国务院于 2015 年正式发布了《关于进一步深化电力体制改革的若干意见》（中发〔2015〕9 号），以建立新的电力系统。该意见继续保持了 2002 年《国务院关于印发电力体制改革方案的通知》（国发〔2002〕5 号）的指示。最大的亮点是积极修改贸易机制，推进价格改革，形成竞争激烈的电力销售市场，逐步恢复电能产品的特性。面对国家政策带来的改革机遇，该公司提前做好准备，采取合理步骤，加强与大客户和固定用户的沟通，协调营销思路，并确保不失去原有的市场份额，要做到这种程度就意味着要加大力度开拓新市场。此外，自来水市场的规模不停扩大，城市形成用水需求增加水价上涨的趋势，随着需水量的激增，自来水市场规模的未来增长趋势将继续。作为传统的水力发电行业，该公司已经拥有超过 140 万用户的发电资源和电源网络，不仅与当地用户有着天然的关系，附近电源的优势也非常明显。对于该公司来说，这也是一个很好的发展机会。该公司的主营业务在我国的积极协调和持续市场化的范围内，主营业务受到政策的支持，重点都是水力发电、清洁能源发展，因此该公司业务蓬勃发展，在 2014~2015 年有很大的净利润提升，加上经营生产的安全性得到保障，因为安全生产事故而发生的额外支出减少，获利能力得到较强的恢复。

2015~2017 年，该公司的净利润增加了 40.88%，2017~2018 年净利润出现略微的减少，下降了 10.86%，但 2015~2018 年整体净利润是增加的，平均年增长率为 26.63%。公司收益增多，营利能力增强。在此期间，随着节能减排的推进，清洁能源发展越来越快；国家出台了能源“十三五”规划，该公司统筹东中西部地区的水电开发，积极促进大型水电站在这些地区的发展，计划优化剩余的水电开发，优先考虑转换的可能性，水电项目将充分发挥水电调节的作用。国家对水电行业不断进行调整改革，水电政策由“积极发展”逐渐转为“统筹优化”。《2018 年能源工作指导意见》提出坚持生态保护优先。该公司的水电是清洁能源，符合政策的要求，公司发展向好。但发展至 2018 年时，该公司受到水电装机规模较小、资产投入总量少的制约，在行业内竞争力不够，很难推动跨区域水电项目的开发。再加上 2018 年经济波动较大，生产过程中还出现安全生产事故问题，安全生产成本只是一味地增加了投入，使用效率方面没有过多的变化。收入减少，费用支出增多，使得该公司整体的净利润下滑。

从成本控制和收益利润方面看，广安爱众的成本费用利润率保持着较好的走势，如图 5-27 所示。对比图 5-26 和图 5-27，我们发现成本费用利润率的变化趋势与净利润的变化趋势基本一致，成本费用利润率整体有小幅度的上涨，2018 年较 2010 年增加了 43.31%。广安爱众的成本费用利润率的变化也大致分为 5 个阶段：2010~2013 年成本费用利润率基本平稳，但是有小幅度的下降；2013~2015 年成本费用利润率出现 2010~2018 年最大的波动，其中，2013~2014 年成本费用利润率出现大幅度下降，降低到 2010~2018 年的最低值，2014~2015 年大幅度反弹，成本费用利润率提高了很多；2015~2017 年成本费用利润率稳步上升，在 2017 年提高到的 18.45%是 2010~2018 年的最大值；2017~2018 年有所降低，但是降低的幅度不大。

2010~2013 年广安爱众的成本费用利润率有小幅度的下降，下降了 9.48%。水电行业是技术和资本密集型行业，也是安全要求高的行业。相关的技术和操作都有一定的标准，如发电、输配电、水电供应。特别是电力行业，电力的生产和使用在电网上是动态平衡的结果，由于电能不能储存，发电、供电和用电之间必须随时保持平衡，并保证电压、频率等供电质量指标符合规定的标准。该公司经营输配电、电力供应业务，并从外部导入生产过程中所需的应用技术。要及时配备先进的设备并在生产经营中充分利用先进的设备，因为设备的使用效率是影响该公司有效、安全运营从而获得收益的关键因素。2013~2014 年，该公司的成本费用利润率下降了 276.97%，下降速度较快，波动较大。主要原因是该公司面临着全球经济复苏缓慢，国内经济形势复杂多变，人们节能环保意识增强，消费观念转变，社会消费结构升级的新压力。此外，随着电力改革的深化，市场重点是促进竞争性电价的自由化，配电机构的自由化，多市场竞争模式的逐步培育，打破国家电网垄断，电价的自由化及配电业务的增加。通过开放发电和利用独立的交易平台及加强电网计划，我们可以看到，该公司可以利用城市电力和水电的有利方面并获得优质资产。该公司在机遇和挑战中不断发展进步，并且积极保障对安全生产成本的投入。

2013 年，该公司加强安全生产风险管理体系和安全生产标准化的建设，秉持加强安全生产基础管理的目标，共进行了 46 次综合安全检查，19 次不定期检查，13 次专项检查，纠正安全隐患 1 097 次，整改率达到 99.25%[①]，准确调查和发现突发事件隐患，进一步加强对安全技术管理的规范。为预防安全生产事故发生，该公司进行安全生产教育培训，提高全体员工、管理者的素质和能力，特别是对一线操作人员加大安全生产意识培训和操作技术培训的强度，深化技术人员的培训和建设，取得了良好效果。该公司还定期组织员工参加安全生产知识培训、竞赛和逃生培训，使用一系列管理任务来确保员工安全并使他们感到放心。由于 8 · 3 鲁甸地震的发生，虽然该公司已经加大了其自身安全生产成本的支出，但是还没

① 数据来源于广安爱众《2013 年度社会责任报告》。

有达到应有的保障能力，即安全生产成本的使用效率还没有足以支撑公司保持稳定的营利能力。

2014~2015 年，该公司的成本费用利润率迅速上升，增加了 147.05%。2015 年是国家“十二五”发展规划的收官之年，也是该公司推动“五三”战略规划的第一年。全公司上下按照年初制定的“规范、提升、创新、发展”四大主题，坚持走“产产互哺、产融结合”的新型发展道路，来应对经济进入新常态、增速放缓、市场竞争变强的紧张形势，努力取得产品与资本平衡发展，即质量、效率与效益的同步增长，实现了该公司“五三”战略开门红的目标。该公司规模持续扩大，以改革创新、技术升级为动力逐步平稳推进公司转型升级；面对国家政策变革，主动出击提出多种措施，积极应对电力体制改革，抢占新能源电力市场，策略改变价格市场放开的不利局面。

在高风险行业的生产和运营中，安全生产事故和生命财产受损很大概率是人员疏忽、违规操作，设备未及时检修造成的。因此，该公司强调安全操作，增强员工安全生产意识，加大安全管控。该公司重视安全生产，严格防治安全生产事故的发生，确保了员工的安全。该公司还进行了多次安全专项检查，通过纠正隐患、改善隐患去完善员工对安全生产的认识，并优化安全生产团队和安全管理团队；进行了各种各样的安全生产培训和教育，特别开展了针对一线的基础操作人员的安全生产意识和操作技术水平的培训，加强了技术人员队伍的培训和建设，取得了较为理想的成果。该公司的安全生产成本在 2014~2015 年出现了小幅度的下降，但营利能力的水平并没有下降，说明之前投入的累积安全生产成本费用开始对公司的安全生产收益起到了滞后性的促进作用，公司的经济收益离不开之前安全生产投入的保障。

2015~2017 年，该公司的成本费用利润率增加了 31.58%，2017~2018 年该公司的成本费用利润率出现了小幅的下降，下降幅度为 11.16%，但总体趋势依然是增加的。“十三五”时期是中国新能源大规模发展的重要时期。新能源在中国能源结构中的战略地位已经明确。该公司努力适应电力市场改革和供电侧结构性改革的趋势，积极开展“4 + 1”战略布局，促进新能源开发，增强产业协同效应，提高业务绩效、质量效率。然而，由于国内经济下行，以及四川、新疆等地电力消耗的减少，电力生产受到限制，电力消耗量减少，电力消耗面临压力，2018 年该公司出现轻微的净利润波动。该公司非常重视安全生产和安全管理，并已连续配置了多个安全系统，如建立紧急维修系统流程，修改和完善《防洪预案》及编写《应急预案手册》。同时，该公司及下属各子公司还建立了《安全责任清单》和《安全检查表》，并根据责任清单的内容修订和下发《安全生产考核标准》，实行安全工作责任目标管理。该公司积极开展职业健康工作，于 2017 年首次开展了全公司职业健康状况评价，积极开展职业健康监护管理，建立有关台账。虽然经济宏观环境利于该公司的发展，但其安全生产成本在持续增加的基础上没有提高使用效率，没有做到生产过程中的“零事故”，造成2018年成本费用利润率有小幅度的下降，没有很高效地保障公司的收益。

完整的安全生产是一项长期的、系统的项目，需要公司不断改进和改善。该公司严格依法树立经营理念，按照有关规定积极更新和完善相关制度，及时发现问题，及时解决问题，为安全生产打下坚实基础，减少安全生产事故。该公司不断提高监管意识和能力，并加强科学决策和内部机制，不断提高标准作业和安全生产水平，并使公司更加规范、完整，促进该公司的平稳健康发展。

广安爱众建立了预警机制和应急指挥机构，组织修订了应急安全生产、应急管理计划，明确了应急处理程序，加强了演练培训，取得了明显成效。例如，2010年和2011年，该公司所在地遭受了百年一遇的特大洪水袭击和洪涝灾害，该公司按照防洪预案，立即启动Ⅰ级防洪机制，组织抗洪救灾，迅速恢复了水、电、气的正常供应，最大限度降低洪水对公司水电站、供电、供水、燃气设施的损伤，减少了灾害损失，说明该公司的安全生产成本投入对收益是有一定的保障作用的。但水电行业的安全生产成本投入总额与其他行业相比数额较小，不利于其安全生产成本更好地发挥保障生产和稳定收益的作用。例如，2014年8月3日的鲁甸8·3地震就暴露出该公司的安全生产成本投入的总量较少，加上没有高效地利用安全生产成本费用，导致在较大的事故中不能够有效地保障公司的收益。

5.4　小　　结

安全生产关系到人们的身心健康，生命财产安全和社会稳定发展。从宏观环境的角度来看，我国已经开始高度重视企业的安全生产，与此有关的一系列关键措施也已经宣布和实施。例如，建立和完善专门的安全生产监督机构，制定法律法规，如《安全生产法》《中华人民共和国职业病防治法》《工伤保险条例》，深入发展主要行业和行业的安全生产专项整治，加强安全生产促进和培训，深究安全生产事故责任认定。

我国的整体大环境已经开始重视安全生产问题，人民群众受到社会环境的影响也开始树立保护个人身心健康的意识。但是，通过对资源型企业的功能性安全生产成本、损失性安全生产成本、净利润、利润总额和成本费用利润率的观察分析，以及对具体企业的分析，我们发现，我国资源型企业的安全生产形势与全面建成小康社会的目标还存在一定的差距，安全生产问题依然严峻，还有以下一些值得注意的问题。

5.4.1 安全生产成本费用波动较大

在以上分析中我们发现，企业的安全生产成本费用受宏观经济形势的影响，会产生较大幅度的波动。当经济发展势头较好时，企业为了扩大规模、增加产量、抢占市场，资金会倾斜于增产扩销的过程中，对安全生产问题的关注度就会下降，从而安全生产成本的支出会降低；当宏观的经济形势状况较差的时候，企业更多地关注到之前的安全生产方面的遗留问题，会侧重对安全生产成本的投入，此时的安全生产成本费用一般都会大幅度上升。直到近几年，在国家宏观层面越来越重视安全生产问题的情况下，企业也已经意识到安全生产成本的投入所带来的安全生产收益。

随着经济的持续发展，社会对于资源产品需求量不断增加，导致资源型企业规模持续扩大，为了增加产量，企业通常会升级生产设备，实现机械化作业。同时，生产规模的扩大也会造成行业内的企业遭受更大的生产威胁。多数企业在扩大生产的进程中不注重改进生产模式，依然采用传统模式，存在一定的安全隐患。

资源型企业在管理工作及安全生产中存在资金投入不足的问题，同时没有产生更加科学的资源优化机制，造成企业生产进程中资源配置不够健全和完善，经济效益难以得到保证，生产安全及规范也就无从谈起。多数企业对于一些高危职业没有设立专项资金，日常安全教育、培训工作无法落实到位，员工缺少安全生产保障，工作人员安全生产意识不强，也迫使企业面临安全威胁。

5.4.2 安全生产成本投入资金不够充足

大多数资源型企业安全生产的技术水平较低、投入设备落后、改造资金不足，导致自身安全保障能力差，安全水平不高等，没有给企业的安全生产提供足够的科技与信息化水平支撑，也没有对企业的资源产出提供良好可靠的安全研究支撑。大多数企业建立了自己的安全生产管理文件，运用基础性的设备维护生产安全，对于职工的安全生产意识教育仅仅停留在培训和岗前教育，缺少有效、积极促进安全生产的措施；资源型企业生产一线的工人文化素质低、安全技术人才严重短缺、员工整体专业素质较弱等多种问题导致企业安全生产管理队伍出现了结构严重不合理的状况，究其原因还是在安全生产教育方面投资不足。

企业需要投入资金加强科技创新平台建设，开展基础性、前瞻性研究，应当与时俱进综合利用电子标签、大数据、人工智能等高新技术，研究建立产品生命周期信息监控系统，科学信息化地管控生产、储存、运输、使用、操作、废物处理等各个环节；形成安全生产管理责任划分制度，确保在发生安全生产事故时明确责任，并灵活地将企业、监管部门、执法部门和紧急救援部门联系在一起；把政府对企业的处罚信息系统地集成到监督执法信息系统中，以实现信息共享，而不是在固定级别内进行归档；加大安全防控强度，加强危险化学品的使用技术开发，确保大型储罐安全，化工园区管理安全环保；促进工业园区安全生产信息化智能平台建设，实时监控园区企业、重点区域、重大风险和基础设施，有问题出现及时预警；加速部署远程监控系统，以将应急管理部门与辖区内的危险化学品企业联系起来；加强专业人才培养，强化岗位管理工作，构建完善的奖惩机制，对于情况落实不清、管理不到位的人员进行处罚，对于及时发现安全生产问题的员工，要给予一定的奖励，激励员工安全生产意识的提升。

5.4.3 安全生产成本的保障水平和利用效率较低

通过以上分析，我们发现企业的安全生产成本支出整体呈现上升趋势，净利润也呈上升趋势，但是，净利润的上升幅度远没有安全生产成本投入的增加幅度多，也就是企业的安全生产成本使用效率太低，没有对净利润起到较好的拉动作用，没有很好地保障企业不发生安全生产事故。一些企业质量发展落后，却忽视重点去比拼设备和人员的数量。一些企业不定期检修更新设备，伴随着故障进行生产，使得机器过度服务、超载操作和超载运输，这些错误做法没有及时改变，使得事故隐患持续时间长且无法改善。更有甚者，安全生产管理系统“瘸腿”：使用罚款管理生产，旧习惯蔓延，现场脏乱，安全生产管理失灵。上市公司还存在诸如效率低下和安全生产成本投资之类的问题，还有很多资源型企业是地区的乡镇企业、私营企业，由于制度上的缺陷及自觉性不高，许多没有规则和管理的企业生产陷入混乱。

企业安全生产中最重要的参与者是企业员工。在确保企业安全生产的基本要求中，必须有足够的安全专家或兼职员工，应根据现有的安全工作量将其考虑在内，并释放安全技术人员的热情和创造力。因此，在做出有关劳动力的安全支出的决定时，要进行严格的评估，发挥作业人员的潜力。此外，在确保实现安全生产条件的基础下，尽可能降低物化操作的消耗，并使用存储的物化操作或投资生产以实现其他安全生产条件，通过其他方面提高总体效益。这样，在有限制的安全生产成本中可以获得更好的安全输出效果，即提高了安全效率。

只有企业积极配合，着力解决安全生产内部出现的基础性、源头性、瓶颈性问题，使得安全生产水平提升，才可以保持安全生产形势稳定向好，稳定经济的健康良性发展，让人民群众有更多的安全感、幸福感。那么，如何分配有限的安全生产成本，获得更大的经济利润和安全保障是企业最应该关注的问题，也是关系安全生产总体效益的大问题，因此，关于功能性安全生产成本和损失性安全生产成本与企业利润的关系需要进行更为深入的探讨和研究。

第 6 章　资源型企业安全生产成本—收益的关联度分析

通过以上的趋势研究，我们发现，虽然目前我国的资源型企业的安全生产工作已经获得了不少成果，但安全生产形势仍十分严峻，存在以下问题：功能性安全生产成本投入力度不够，对企业的安全生产水平保障程度不够；损失性安全生产成本由于事故的频繁发生有较多的费用投入；安全生产费用资金利用效率较低。因此，对安全的合理投资是提高企业安全生产水平和经济效益的重要手段，可以通过对企业进行功能性安全生产成本与安全生产成本损失及企业收益的灰色关联度分析来帮助企业进行决策，并可以优化企业自身安全生产投资的方向。

6.1　灰色关联度分析法

社会经济系统、生态系统、农业系统、工业生产安全系统、环境系统和工程技术都包含许多已知、未知和不确定的信息。已知信息称为白色信息，而众所周知的信息系统称为白色系统。这样，未知或不确定的信息就是灰色信息，具有完全未知信息的系统称为黑色系统。灰色系统是包含已知和未知或不确定信息的系统。灰色系统理论是 1982 年提出的系统科学理论，用于解决一系列信息很少或根本没有信息的问题。通过准确的描述和有效的控制及系统的运行，可以从已知中猜出未知。灰色表示对象或系统的不确定性或行为之间的不确定性关系。严格地讲，灰色系统是相对的，而白色系统与黑色系统是绝对的[100]。

关联度表示发生过程中两个元素之间的关系。灰色分析的主要目标是分析和确定几个因素的影响程度，也可以用来分析因素的贡献。其基本思想是根据序列曲线判断因素之间的关系是否紧密。曲线越相似，相应序列之间的关联度越大，反之则反。使用相关分析时，在选择系统的运动矢量后，需要进一步消除系统的有效影响因素。在进行定量分析时，系统的行为特征和影响因素是由大小相似的无量纲数据构成的，必须妥善处理才能将负面因素转化为正面因素。相关程度越大，因子对结果的影响越大，并且关系越紧密。因此，关联度是两个因子之间相关性程度的度量[29]。系统行为序列如下：

$$X_i = \left[x_i(1), x_i(2), \cdots, x_i(n)\right],\ \ i = 1, 2, \cdots, n$$

计算步骤分解如下。

第 1 步，求出每个序列的原始反馈。

$$X_i' = \frac{X_i}{x_i(1)} = \left[x_i'(1), x_i'(2), \cdots, x_i'(n)\right]$$

第 2 步，找出较差的影响序列。

$$\Delta X_i(k) = X_0'(k) - X_i'(k)$$

第 3 步，找出双相较差的影响序列。

$$M = \max \Delta X_i(k)$$

$$M_0(i) = \min \Delta X_i(k)$$

第 4 步，求相关系数。

$$\gamma_{(i)} = \frac{M + \xi M_0}{X_i(k) + \xi M_0},\ \ \xi = 0.5$$

第 5 步，求灰色关联度。

$$\gamma_i' = \frac{\sum \gamma_i(n)}{n}$$

6.2　安全生产的成本—收益的灰色关联模型

6.2.1　指标分析

根据数据的可获得性，本章研究的企业均为资源型企业中的上市公司，其选取依据为中国证券监督管理委员会 2019 年 4 月发布的《2019 年 1 季度上市公司行业分类结果》，从中选取煤炭开采、石油和天然气开采、水电生产行业共 73 家在沪深主板 A 股上市的公司。本章所研究的样本与第 5 章样本一致，即选择煤炭开采、石油和天然气开采、水电生产企业作为研究对象，并选取其 2014~2018 年的年度报告为初始研究样本。由于新上市公司存在股票价格波动异常及上市后才开始进行年报披露的现象，故选择在 2018 年之前上市的公司，并且考虑到数据的完整性与一致性，剔除上市未满 5 年的公司、2014~2018 年被特别处理的公司及部分数据缺失的公司。

本书研究的安全生产成本分为功能性安全生产成本和损失性安全生产成本，指标与第 5 章的指标运用一致，均采用专项储备和营业外支出表示功能性安全生产成本和损失性安全生产成本。由于可获得数据的局限性，安全生产收益沿用企业的净利润表示。

6.2.2 确定系统指标序列

将资源型企业的净利润总量 X_0 作为参考序列，比较序列包括功能性安全生产成本（专项储备）总量 X_1、损失性安全生产成本（营业外支出）总量 X_2。选取 2014~2018 年的有效数据进行分析，2014~2018 年资源型企业的净利润总量及安全生产成本统计见表 6-1。

表 6-1 2014~2018 年资源型企业的净利润总量及安全生产成本统计

单位：万元

项目	2014 年	2015 年	2016 年	2017 年	2018 年
$X_0(t)$	17 987 386	6 894 266	7 901 333	14 333 320	18 658 761
$X_1(t)$	1 280 777	1 370 242	1 787 589	1 183 601	2 938 275
$X_2(t)$	2 742 804	2 715 663	3 428 866	4 151 989	4 695 315

6.2.3 模型计算结果及其分析

现进行安全生产收益与安全生产成本的灰色关联度分析。

（1）以 2014 年的数据为基准，对表 6-1 中各数据实现初始化变换，可消除量纲，结果如表 6-2 所示。

表 6-2 数据初始化

项目	2014 年	2015 年	2016 年	2017 年	2018 年
$X_0(t)$	1.00	0.38	0.44	0.80	1.04
$X_1(t)$	1.00	1.07	2.29	0.92	2.29
$X_2(t)$	1.00	0.99	1.25	1.51	1.71

（2）找出较差的影响序列 $\Delta X_i(k)$，结果见表 6-3。

表 6-3　$\Delta X_i(k)$ 值

项目	2014 年	2015 年	2016 年	2017 年	2018 年
$\Delta X_1(k)$	0	0.69	1.85	0.12	1.25
$\Delta X_2(k)$	0	0.61	0.81	0.71	0.67

（3）找出双相较差的影响序列。

$$M = \max \Delta X_i(k) = 1.85$$

$$M_0(1) = \min \Delta X_1(k) = 0$$

$$M_0(2) = \min \Delta X_2(k) = 0$$

（4）代入 $\gamma_{(i)} = \dfrac{M + \xi M_0}{X_i(k) + \xi M_0}$，$\xi = 0.5$ 求灰色相关系数。

$$\gamma_{(1)} = （1.000，0.573，0.333，0.885，0.425）$$

$$\gamma_{(2)} = （1.000，0.399，0.333，0.363，0.377）$$

（5）求灰色关联度。

$$\gamma_1' = （1.000+0.573+0.333+0.885+0.425）/5=0.643$$

$$\gamma_2' = （1.000+0.399+0.333+0.363+0.377）/5=0.494$$

（6）根据计算结果，对各序列关联度排序。

$$\gamma_1' > \gamma_2'$$

这说明 2014~2018 年，两个比较序列对资源型企业的安全生产收益的影响强度为功能性安全生产成本大于损失性安全生产成本。

该结果只是资源型企业投入安全生产成本的重要依据，而不是每次成本投资所占比例的依据。确定安全生产的方向是安全生产决策的重要组成部分，应用灰色系统理论并建立关联模型可以有效地确定影响企业安全生产投资效率的关键因素。它为找到正确的投资方向提供了科学、实用的方法。

从该结果我们得知，企业为了获得最大的安全生产收益应该将资金倾向投入功能性安全生产成本，即安全工程费用和安全预防费用的投入。企业采用较多购置安全设备、及时对设备进行维护检查、对员工进行安全教育培训、对从事安全生产专设环节的员工进行补贴等方式，都可以帮助企业获得更多的安全生产收益。损失性安全生产成本对净利润的影响虽然较功能性安全生产成本弱一些，但仍有一定的作用，在投入功能性安全生产成本时也要控制损失性安全生产成本的增加。

6.2.4 实例分析

1. 煤炭开采企业——以中国神华为例

本小节分析中，我们仍旧沿用第 5 章中国神华的例子，由于净利润受外界经济环境影响较大，本章在分析中加入了对煤炭产量的研究，更客观地衡量其安全生产的营利能力。

中国神华 2009~2018 年的煤炭产量在安全生产成本投入有保障的情况下在波动中呈上升趋势，如图 6-1 所示。结合其公司年度报告、《社会责任报告》和《环境、社会和治理报告》，我们发现，2009 年其煤炭产量增长率较 2008 年增长了 13.2%，但原煤生产百万吨死亡率为 0.017[①]，是 2009~2018 年最高值，功能性安全生产成本是 2009~2018 年的最低值，说明安全生产成本投入不够多，对安全生产事故的预防不到位。

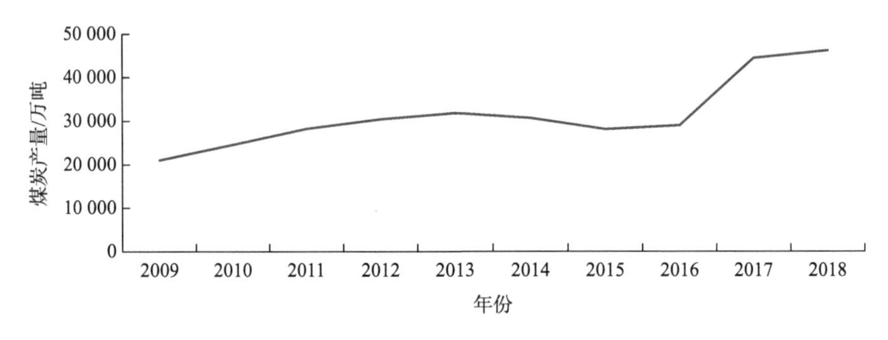

图 6-1 中国神华煤炭产量趋势

2010~2013 年，中国神华的煤炭产量逐年增长，增长率分别为 16.79%、14.80%、7.80%和 4.60%，净利润在波动中上升，这 4 年间原煤生产百万吨死亡率最低为 0.003（2012 年）。对应观察图 5-15 和图 5-16，发现中国神华的功能性安全生产成本在 2010~2012 年不断地加大投入，一直通过继续完善制度、强化对员工的培训、落实监督管理责任、加强现场安全检查等多项措施提升安全管理水平。到 2013 年功能性安全生产成本有一个下降趋势但产量仍在上升，主要是由于功能性安全生产成本的投入具有滞后性，2010~2012 年不断增加的成本投入在 2013 年即使投入份额减少的情况下也可以保障该公司的安全生产运行。此时的损失性安全生产成本在小幅度波动，对产量和收益的影响较小。

2014~2015 年，中国神华的煤炭产量呈下降趋势，分别下降了 3.62%和 8.38%，

① 数据来源于中国神华 2009 年年度报告。

净利润也在不断下滑。此时的收益下降是由外部大环境和公司内部资金投入共同作用的结果。此时功能性安全生产成本的投入大幅度提升，公司强化和贯彻安全发展观，不断完善安全管理体系，主动加强对安全隐患排查控制体系的建设；但损失性安全生产成本并没有过多的变化，对安全生产收益和原煤产量影响不强烈，原因主要在于功能性安全生产成本投入成效的体现，该公司原煤生产百万吨死亡率两年均值为 0.004。

2016~2018 年，中国神华的煤炭产量大幅度上升，尤其是 2016~2017 年上升了 53.14%，净利润自 2016 年开始也呈直线上升，与功能性安全生产成本的趋势基本一致。但此时损失性安全生产成本在 2016~2017 年呈现下降趋势、2017~2018 年呈现上升趋势。由此，我们可以看到，在样本区间内，中国神华的功能性安全生产成本的投入量带给安全生产收益的影响要大于损失性安全生产成本耗费量对其带来的影响。

中国神华在安全生产方面的核心依然是安全生产责任制，在推进安全生产风险预控管理方案完善过程中给员工强化安全生产意识，构建了安全生产防线；在管理体系建设中取得了显著效果，通过对隐患问题的排查和管控，降低了安全生产风险。尤其是 2016 年，该公司煤矿百万吨死亡率为零，3 年间的死亡率均值为 0.008。安全生产状况随着功能性安全生产成本的投入不断维持良好的状态，其行业安全生产位于国际领先水平。

中国神华的安全生产收益能力在整个行业中较为突出，通过第 5 章和本章的分析，我们认为该公司的安全生产收益能力表现良好的关键在于该公司长期坚持安全发展理念，增加安全生产投入、推动科技安保开展，对矿井安全监控系统升级改造，积极开展相关的安全生产培训，加强对煤炭隐患的排查整治。并且，该公司在安全生产过程中加强安全生产意识和技能培训，注重对员工的安全生产意识培养，配合严格的上下层、同层人员的安全监督管理机制，扼制安全生产问题的发生。

2. 天然气开采企业——以陕天然气为例

本小节分析中，我们仍旧沿用第 5 章陕天然气的例子，同样地，由于净利润受到外界经济环境影响较大，本章对天然气的产量和该公司的功能性安全生产成本、损失性安全生产成本进行研究分析，更客观地衡量其安全生产的营利能力。由于该公司披露的财务报表的格式变动，本小节的天然气产量数据从 2011 年开始，收集至 2018 年，即研究在此期间安全生产成本和天然气产量的关系。本小节所有数据均来自该公司 2011~2018 年的年度财务报表。

从图 5-20 中，我们可以看出，陕天然气的产量在逐年增加，并且有很大程度的提升，整体分为 3 个上升阶段：2011~2013 年的缓慢上升，2013~2017 年产量较快增长，2017~2018 年产量进一步快速增加。陕天然气的安全生产成本总量快速地增加，其中功能性安全生产成本所占比例较大，其趋势与安全生产成本总量趋势基本一致，在2011~2013年有小幅度的上升，在2013~2017年大幅度上升，2017~2018年出现下降；损失性安全生产成本变动幅度较小，但整体趋势也是增加的。

2011~2013年，安全生产成本平均下降了8.67%，损失性安全生产成本平均下降了47.12%，功能性安全生产成本平均上升了158.74%，主要是由于2012~2013年该公司的功能性安全生产成本增长幅度较大拉动了平均值的增长；天然气产量3年平均上升了52.87%。在损失性安全生产成本下降，功能性安全生产成本上升时，产量和收益都上升了，这说明功能性安全生产成本对于安全生产收益的作用更为明显。另外，这也说明该公司在2012年之前还未较强地意识到安全生产成本投入对安全生产收益的保障效果，为保证该公司的“气化陕西”一期工程能够按期完成，其更加侧重于增加生产，扩张市场，对于安全生产成本的投入不够到位，在此期间关于安全生产采取的措施大多仅仅是对安全隐患进行检查、排查和整治，对有缺陷的设备进行治理，完善修订安全管理制度并完成安全标准化验收的工作，举行演讲比赛等，并没有实质性的设备升级或产业安全性能提升，未能完全发挥安全生产文化对整个公司安全生产工作的引领和推动作用，没有对在岗员工进行更加深入具体的安全生产培训，即此时虽有一定的安全生产成本投入，但利用效率不高。

2013~2017年，该公司天然气的产量持续大幅度提升，在2014年提升幅度最大为104.78%；该时间段投入的安全生产成本总量增加，平均增长幅度为89.40%，其中功能性安全生产成本上升，损失性安全生产成本较为稳定且变动幅度不大。首先，青岛“11.22”东黄输油管道泄漏爆炸事故给陕天然气敲响了警钟，暴露出系统实施不当、安全生产意识差、缺乏安全措施、隐患纠正不当等问题不同程度地存在。该公司在追求增加产量和保护公司利益的同时，不忽视扩张的质量，全面加强安全生产，确保本质安全，以促进公司收入和生产增长。通过开展各种形式的安全生产文化促进活动，如培训教育、事故应急培训、全体员工技术比武、安全主题演讲及其他活动，有效地提高总体安全生产意识、业务技能和紧急处理能力，从而创建了确保受到员工欢迎的生产安全概念，并且为了更好地履行安全职责，各级执行了在《安全责任书》上签署的“36524”值班制度。由此看出，随着该公司对功能性安全生产成本的投入，该公司的生产活动更加高质量，更为安全，收益也更多，生产运营得到更安全的保障，所需要付出的损失性安全生产成本也一直持续平稳，没有过度波动。

2017~2018年，虽然天然气的产量上升了29.23%，但是安全生产成本整体上下降了8.29%，其中功能性安全生产成本下降了16.35%。安全生产各项工作平稳推进，年度目标也都完成，使安全管理网络体系得到初步的建设。该公司设置了更为完善的安全管理系统，明确每个人的任务责任，推行安全生产岗位责任制。

全年对隐患进行排查和纠正，并实现无新的违规行为出现；紧抓对消防安全的管理，完善防火安全管理体系，对相关职员进行培训和应急演习，并进一步提高自我防护能力；执行“三化”（记录规范化、填写整洁化、安排工作细致化），加强对工作现场的监督，提升工艺流程，成功通过了安全生产标准化审查；完善管道管理，不断提高生产安全管理的智能性，被国家能源局推荐为国家油气管道完整性管理的先进企业。该公司未发生过重大安全生产责任事故。在此期间，虽然安全生产成本投入下降，但天然气产量增长飞速，说明 2017 年之前不断增加投入的功能性安全生产成本的滞后性和长效性开始显现出来，虽然损失性安全生产成本有所上升，但并不影响公司的营利能力。

天然气作为我国当前鼓励发展的新能源之一，燃气的需求量攀升，燃气行业在获得收益的同时进行安全生产对资源型企业的发展、整个社会的进步都至关重要。从关于陕天然气的分析中我们发现，天然气开采企业的安全生产成本投入力度较煤炭开采企业的投入力度小，而天然气由于其资源的特殊性更需要大量的安全生产成本倾斜，尤其是应加大功能性安全生产成本的投入来从源头杜绝安全生产事故的发生。通过该案例可以发现，在功能性安全生产成本合理增加投入时，即使在损失性安全生产成本投入变动不大的情况下，公司的安全生产成本费用虽然上升，但是其收益和产量也随之上升，并且由于功能性性安全生产成本投入的滞后性，在日后将会为公司的营利能力带来更加强有力的保障。

3. 石油开采企业——以中国石油为例

本小节分析中，我们仍旧沿用第 5 章中国石油的例子，由于净利润受外界经济环境影响较大，为了客观地衡量其安全生产的营利能力，对原油的产量和该公司的功能性安全生产成本、损失性安全生产成本进行研究分析。本小节所有数据均来自该公司 2009~2018 年的年度财务报表，社会责任报告，环境、社会和治理报告及可持续发展报告。

由图 6-2，我们可以发现，2009~2018 年中国石油的原油产量总体呈上升趋势，2009~2015 年产量平稳缓慢增加，2015~2016 年出现小幅度下降，2016~2018 年有较大幅度的上升。该公司的原油产量整体发展较好，2018 年的产量较 2009 年上升了 33.03%，石油产量整体较为平稳。

2009~2015 年，全球经济环境和中国石油市场变化莫测。一方面，世界各地的石油和天然气勘探与采矿行业逐步过渡到低渗透性、重油和深海地区。随着勘探和开采的困难，发现和采矿的成本不断增加，化石能源的使用对全球环境和气候的负面影响日益凸显，石油工业面临环境保护和气候变化，这是一部分压力。另一部分压力来自经济发展，中国正处于工业化和城市化进程的加速时期，能源供应和环境保护及可持续发展问题是社会共同面对的挑战。由于这些压力远

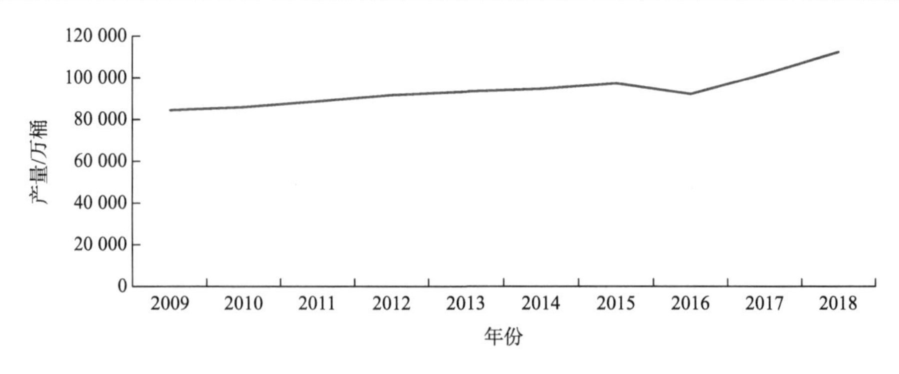

图 6-2　中国石油原油产量趋势

大于发达国家，在机会和风险共存的时间内，建设一个全面的国际能源公司非常重要。

在复杂多变的环境中，中国石油始终在安全第一、质量第一的前提下增加对安全生产的投资，加强安全管理，努力成为安全生产型企业。该公司在快速的业务扩展和生产规模扩展过程中努力提高操作安全性，提高员工安全生产意识，树立安全生产文化，加强 HSE 管理体系培训，开展安全生产月活动，组织安全、环保和节能知识竞赛，调查安全隐患，做好治理工作；加强控制，积极推进 HAZOP（hazard and operability，危险与可操作性）分析。分析和处理重大安全生产事件的能力提升，用“两书一表”、操作许可证和其他风险管理工具降低行为风险，保障过程安全。在实施《中华人民共和国突发事件应对法》过程中，预防、处理和修复生产区安全生产事故的能力得到提高。参考图 5-22，在此期间，该公司改进了其安全性和安全性级别，并且通过其对外公告发现，该公司的零事故运营获得收益、员工安全生产意识提升都是由功能安全生产成本的持续投入增加所带来的积极结果，从而使产量保持稳定增长，并稳定了公司的安全生产收益。

2015~2016 年，该公司的原油产量有轻微的下降，下降幅度为 5.27%。在此期间，世界经济艰难复苏，国际原油价格仍在低位波动运行，国际油价跌破 30 美元/桶，油气市场恢复平衡的路程非常曲折且波动反复，世界市场中能源转型是全球油气行业关注的焦点，而且国际安全环保形势不确定性增加；国内市场结构性、季节性矛盾依然突出，中国也进入经济转型期，这些大环境都给中国石油业绩稳定增长带来较大压力。在石油行业经历寒冬之时，中国石油受到市场供给的影响，产量下降，整个行业萧条，但该公司仍通过实施先进的基准管理提高管理水平，对基层所在地采用先进的 HSE 管理体系的概念和方法来提高基层操作技术和环境的生产安全水平。中国石油不断提高保护水平。在总公司层面，应急计划体系得到修订和完善，开展了“情景建设”应急培训试点活动，加强了应急业务培训。子公司全面实施了现场处置计划和应急处理卡，当地应急联络和应急物资分配工作取得了重大进展。该公司管理管道隐患，开发油气管道隐患并整改跟踪平台，实现对隐患的实时跟踪；制定《安全生产应急管理办法》，修改并完成应急计划，并在基层试行全面覆盖应急卡；开展地方应急联络机制建设，加快重点地区应急物资分配点的存放，参加溢油抢险演习和海上搜救，使预防事故的能力有了显著提升。由图 5-22 可以看出，该公司的功能性安全生产成本大幅度上升，损失性安全生产成本也在平稳上升，但幅度没有功能性安全生产成本大。

2016~2018 年，中国石油的原油产量大幅增长，与 2016 年相比，2018 年增长了 21.95%。在世界石油市场的基本面恢复平衡，然后再次失衡之后，全球经济增长前景减弱，全球石油需求增长率下降，2018 年，年均石油价格已大幅上涨。中国的工业生产、运输、快递物流均在增加，中国的石油消耗也在逐步增加。中国石油抓住能源革命的机遇，在兼顾安全生产和经济效益的基础上，继续追求发展。该公司在过去几年中继续其安全生产运营，不断完善其安全保障功能，并严格执行 HSE 管理体系的系统审核，以及安全管理和应急处理培训。对承包商和供应商审核安全资格，并记录安全设置；履行安全监督职责，重大项目专项检查，建立安全绩效考核体系，进行安全职能考核、日常安全工作考核、安全绩效综合考核。

在此期间，中国石油更加重视生产人员的安全，突出工作价值、工作绩效和创新绩效，建立健全了满足员工各种业务特点的收入和福利制度，确保利润和劳动生产率相适应。该公司会向科研人员、生产一线和关键岗位员工倾注更多的资源和给予他们更好的待遇，并认真贯彻实施《中华人民共和国职业病防治法》，规范职业卫生保健，重视职业病风险的预防和控制，从防病毒、除尘、降噪、降温等方面认真落实职业病风险防范措施。健康保险制度改善了一线工人的生产和生活条件，工人的利益也因此得到保障。2017~2018 年安全生产成本增加，尤其是增加了功能性安全生产成本的投入，此时该公司的产量明显上升，安全生产成本对营运的拉动初见成效。

在我们观察的 10 年中，该公司的百万工时死亡率在 2009~2018 年分别为 0.36、1.02、0.70、0.20、0.25、0.47、0.26、0.20、0.12、0.14，总体降低了 61.11%；原油产量整体上升了 33.03%；安全生产成本总量上升了 118.79%，功能性安全生产成本投入增加了 162.99%，损失性安全生产成本投入增加了 71.28%。该公司已经逐步认识到安全生产的重要意义，资金不断向安全生产成本的投入倾斜。我们由此可以看出，中国石油的功能性安全生产成本对其安全生产收益影响较大，但是带动力度还不够，如在 2016~2018 年，功能性安全生产成本的投入增加幅度为 59.43%，石油产量增加了 21.95%，拉动的经营效益与投入的成本规模相差较大，需要优化安全生产成本的使用效率，尤其是影响较大的功能性安全生产成本。

4. 小结

综合以上具有代表性的企业数据的分析，我们发现，在资源型企业所属的整个大行业中，整体的安全生产成本投入力度都不够，尤其是功能性安全生产成本，它对企业的营利能力起到了较大的促进作用，却没有很好地被企业高效地利用起来，并且投入的数额虽然整体都在增加，但对于整个企业的成本费用配比来看还是倾斜得较小。损失性安全生产成本虽然对企业安全生产收益的影响没有功能性安全生产成本的影响大，但也需要企业加以关注，利用其增加安全生产收益。

第7章　资源型企业安全生产的成本控制与收益企稳的优化设计

通过第5章和第6章的实证分析，我们发现，资源型企业对其功能性安全生产成本投入资金量不足，对企业生产的安全性保障力度不够；损失性安全生产成本未有显著减少，影响企业的安全生产收益；企业对安全生产成本费用的利用率较低，需要进行调整；企业对安全生产成本投入的资金量不稳定；功能性安全生产成本对企业安全生产收益的影响程度大于损失性安全生产成本的影响程度。因此，本章立足于这几个方面，从影响安全生产成本投入的宏观主体和微观主体入手，就如何确保企业生产的安全性和增加从中得到的安全生产收益提出以下建议。

7.1　宏观层面

通过对本书前几章的分析，从宏观层面来看，经济发展水平、政治制度、市场环境和科技发展水平等因素都制约着企业愿意为安全生产成本付出多少投资、该投资能为企业带来多少收益，以下的建议将会在实证结论的基础上，加上影响因素就如何进行安全生产成本投入提出相应的建议。

7.1.1　出台相应的政策，合理增加政府投入

企业的安全生产投资很大程度受到现有政策对安全的重视程度影响，政府对安全生产有较高的重视，企业就会自觉加大投入力度。因此，在制定政策时，政府应考虑到安全生产投资效果反馈延迟，企业获得的利润在短时间里不能够直观地体现出来。在追求利润的同时要考虑安全生产成本与安全生产收益之间的长期平衡，政府应尽量避免采取影响较大的政策，从而导致行业利润明显波动。

在第 4 章的分析中，我们发现经济波动对资源型企业的收入有较大的影响。在经济发展高速运行的时期，煤炭行业的经济地位将获得整个经济带动的经济优势，需要制定相关政策确保煤炭行业有一定的安全资金投入。在经济发展不佳的情况下，资源型企业的经济状况也将受到很大影响，企业将遭受损失，经济利润将急剧下降，此时，需要建立适当的补贴和优先事项以加强政府对企业安全生产的监督，政府增加其对企业安全生产成本的投入，以确保安全生产投资资金的稳定性，可以避免企业不设置安全生产费用的现象，从而确保功能性安全生产成本稳定。

政府还可以借鉴发达国家关于安全生产的经验，完善可以有效约束、保障资源型企业安全生产的法律法规，如现行的《中华人民共和国矿山安全法》(简称《矿山安全法》)、《中华人民共和国煤炭法》、《中华人民共和国劳动法》、《煤矿安全监察条例》、《国务院关于预防煤矿生产安全事故的特别规定》和《煤矿安全规程》等，明确企业安全生产投入的主体地位，并保证专门投入安全生产的资金能够落实在日常的生产经营和管理活动中，做到专款专用，用宏观手段控制企业的损失性安全生产成本的投入来保障企业的收益水平。

7.1.2 增加技术投入，强化安全预防意识

企业经常发生的安全事件与所采用的安全技术落后有关。国家必须提供安全技术支持。加强安全技术产品市场的开发，引导科研方向，发明安全生产技术，用高科技产品、中间技术产品和主要产品以技术支持形成劳动保护产业体系，实施、监测和测试安全保护装置可以建立安全生产技术专项资金装备及设备的序列化、标准化、自动化和智能化。

从技术的更新推动安全生产的发展和进步，促进资源型企业的安全设备更新。尽管对设备进行机械化和自动化升级需要投入相对较多的资金，会增加企业运营中的成本消耗，但设备升级为企业带来了安全保障水平的增加，减少了从事高风险岗位职工的操作危险性和劳动强度，提高了企业的运转效率，与这些益处相比，增加的成本可以被接受。

7.1.3 加大外部监督，保障企业安全生产成本投入

利用安全生产成本投入的外部监管方式，加大外部监管执行力度，有利于保证资源型企业功能性安全生产成本的投入，促进企业资金向安全生产成本倾斜。

为了优化对企业安全生产成本投入的外部监督，需要从政府机构入手，加强对法律法规的执行力度，建设对作业企业生产全过程的监督体系，在无形中增加

资源型企业安全生产管理的压力，进而有助于企业自觉规范管理，积极投资于功能性安全生产成本，自觉地使管理标准化，确保安全生产成本投入保持在合理的数量和质量水平，从而最终降低事故发生的可能性，改善项目的安全状态，并进一步优化安全生产成本的投入产出比。

从监督的角度出发，政府可以通过建立完整的过程监督系统来真正利用外部监督，包括其他方面的监督，如安全软投资、安全硬件设施投资及建筑企业现场监督、指导等。对项目安全水平的监督和管理主要通过采用定期检查和不定期检查相结合的方式进行，加强外部监督对于改善企业的安全生产意识并确保每项固定成本投资具有积极作用。政府对于有监督问题的企业可以受到不同程度的惩罚，对于有严重问题的企业可以扣留安全生产许可证并采取行动严厉惩罚[7]。

对于在监督中发现的安全生产成本投入少、事故风险高的企业，政府有关部门可以在一定范围内增加工伤（死亡）赔偿额，加强经济处罚，提高安全生产事故预期，加大损失性安全生产成本的赔偿力度，让企业知道投入少或在安全生产上没有投入的经济风险，从而使其增加安全生产成本投入。另外，企业应积极建立企业内部安全生产管理体系，用系统的方式高效排除内部隐患，降低风险。

7.2 微观层面

相应的微观主体主要是资源型企业自身及其员工，影响这两个主体的主要因素有企业的营利能力、安全管理和投入理念、安全制度及安全生产文化氛围，以下将结合这几点因素对优化企业安全的投入提出相应的建议。尤其是对功能性安全生产成本的侧重主要通过企业对员工的管理、对设备的更新来体现其投入力度。

7.2.1 强化内部监督管理，保障安全生产管理

企业能稳定地进行安全生产成本投入与企业制定的安全规章制度和安全准则密切相关，因为安全规章制度对企业自身和整个行业生产的健康长久运行、持续生存发展起到至关重要的作用。安全准则对员工来说一定要具备可操作性，如果它仅仅存在于制度层面没有发挥在实践中的约束作用，很大程度上会使得企业安全生产投资的反馈效果大打折扣，不能对经济效益的提升起到良好的促进作用。因此，涉及企业安全生产和安全生产管理的人员的工作状况都要受到监督，企业需要在安全生产和管理准则之外再制定符合企业生产情况的安全监督制度，去确保安全生产成本发挥有效的作用。

由于功能性安全生产成本与安全生产收益关系较大，功能性安全生产成本应该在投资中被企业适当地多加投入。安全生产成本费用向功能性安全生产成本倾斜可以显著地改善企业的生产安全，减少安全生产问题并控制企业的总成本。因此，资源型企业应通过改善安全生产设施，加强员工安全生产培训，改善安全生产环境及加强功能性投资工作等措施来减少安全生产事故，必须按照国家有关标准设立安全费用准备金，为企业安全生产提供足够的资金保障。

除此之外，企业的安全生产成本需要一个以会计成本核算为基础的平台去完善管理系统中对安全生产成本的治理，安全生产成本的投入数据、消耗数据、支付流向、结余数据等都应该同步共享到企业内部需要该数据的各个部门，实时计算、定期制作并公开安全生产成本报告，企业由此也可以对安全生产成本的管理更加明确清晰。我国资源型企业的安全生产事故多为责任事故，事故原因多是因为企业或者员工对于安全生产的不重视，因此，建立安全生产分析制度非常有必要。督促资源性企业生产的各个流程严格按照规定开展，确保员工在其岗位上的操作符合标准，从根本上减少损失性安全生产成本的投入。

7.2.2　降低企业的各项成本，提高企业的利润收入

通过对资源型企业的安全生产成本和安全生产收益的分析，我们还发现，由于企业利润的局限性，安全生产成本并没有投入太多，在安全生产成本方面有所支出相对而言效率低下。因此，通过合理的管理和规划，可以提高安全生产成本的有效性和实际价值，从而实现资源挖掘的安全性，使得投入的安全生产成本能够得到回报。在实施安全生产项目之前，进行科学合理的安全生产成本预算工作，并且监督安全资金在实际运行中的使用，如购买相关防护设施、生产设备及人员培训费用等，在批准申请后提供详细预算。如果费用高于预算，就需要深究原因，尽可能地降低实际花费，提高安全生产成本的消耗效率。因此，可以通过以下方式对企业的各项安全生产成本进行规划，提高营利能力。

（1）完善基建成本管控措施，对资源的开采成本多加管理：进一步深化地质勘探评估，最大限度地降低外在环境条件对生产工作的负面影响；节约资本付出量，在保障人员安全的前提下明确基建成本的支出处于最低价格水平，同时在该水平下工程质量可以得到保证，对项目投资加强监管；严格管制工程竣工后的资金结算，先检查厂区的建设和项目的完成效果再进行支出。

（2）促进资源有偿开采制度的完善，将企业的资源成本降低并努力提高其回收率，缩小在煤炭开采上的投入；完善矿业权市场，降低其交易费用。

（3）完善资源开采基地的隐患查找机制，可以通过发展新技术，在发掘中积

极应对不稳定因素争取转换为可利用资料，多研究发现并采用最低的成本开采或加工与本资源产品共生、伴生资源或产品等方式降低在资源开采方面需要的安全生产成本。同时，也要提升生产效率，发展低碳经济，实现节能减排，完成最高效率利用资本的目标。

（4）加强整个资源过程的成本管理，确保资源生产成本的稳定性：优化开拓巷道设计并加强掘进成本管理；实现工作面高产、高效，降低资源开采成本；改善水、电等成本控制措施，减少燃料和电力消耗，加强总工资控制并降低人力资源成本。

7.2.3　建立企业安全生产文化

良好的安全生产文化氛围对企业是否进行安全生产投资、投入量多少、在哪些方面投资等一些具体决策有很大的影响，安全生产文化在安全生产中非常重要，那么，一个企业该如何建立自己的安全生产文化呢？一方面，企业的生产经营运转可以在发挥安全价值主导作用和遵守安全操作守则的前提下越来越健康、良性。建立文明生产，营造健康的安全生产文化氛围，员工的行为在此约束下会逐步规范，从而成为一支现代化员工队伍。另一方面，结合对企业员工的安全生产培训投入，安全生产培训最基础的任务就是要加强对员工职业能力的建设，建立和完善与资源安全科技发展相适应的人才教育与培养体系。企业可以采取技术交流、技能培训、评估教育、表彰奖励等手段持续激励员工，不断提高员工的专业素养，调动员工成为高技能人才的积极性。

为了继续加强高危岗位员工对安全生产的重视，“人人都是安全员”的理念需要被每个相关的企业提倡，这种想法是将每个在生产中受管理和监督的员工转变为“经理”和“主管”。为所有员工实施单独的检查点和安全管理模式，以处理和管理各地的安全任务。每个人都应受到他人的监督，每个人也是他人的“安全经理”和“主管”，从而降低安全生产风险。

由此，利用已经形成的良好的企业文化氛围，提高员工的素质，降低事故发生率，减少企业对损失性安全生产成本的赔付资金，转而进行功能性安全生产成本的投入，那么安全生产成本投入的经济效益必定是事半功倍的。

7.2.4　加强安全生产培训，强化员工安全生产意识

鉴于许多生产事故发生的根本原因是员工意识薄弱，也就是员工有一种侥幸心理认为不会导致事故发生的思维方式，却没有意识到要遵守安全生产的规则，

也没有考虑自己的预防措施是否到位。企业还要提高日常安全管理能力，提高管理人员的效率，最终达到减少损失性安全生产成本的目的，优先安排安全生产管理人员在关键岗位进行安全生产施工及相关安全生产成本的投入[101]。在实施过程中，企业在满足基本工程人力投入的同时，还应重视安全管理素质的投入。也就是说，对员工工作完成能力培训的重点是相关的技术培训成本、安全技术问题分析、隐藏的风险检查能力及组织安全生产监管活动的能力，去改善和降低项目消耗的安全生产成本，获得较高的安全保障水平。

因此，资源型企业必须建立严格而完整的安全教育和培训系统：①安全生产管理人员必须通过特殊的安全生产培训、考试后取得资格证书，才能从事该资格证书所对应的工作；②只有先经过“三级安全”培训，然后在基础水平和安全操作考试获得合格水平，按级别设置个人档案之后员工才可以有资格进入生产基地并开始正式工作；③因合理原因停止或者调动工作岗位超过三个月的员工需要再次进行二次安全生产培训和三次安全生产培训，培训合格后方可恢复工作内容；④在企业获得新的生产技术、制作工艺使用资格、更换新设备和生产新产品之前，需要对即将接触这些新事物的岗位职工进行相关的使用方式、操作方法及加工方法的培训，使其了解进行的程序，并且获得相应的安全生产培训；⑤首次参加生产劳动的职工，或者由于特殊原因需要到基础资源区访问和实习的人员必须先进行厂区基础生产培训和操作安全生产培训，并在进入厂区后进行任何操作都必须受到专业人员的指导。

企业还可以采取一次性大额奖励的方式，用金钱来提高员工的安全生产意识，增加他们参与安全生产行为的积极性，从而可以减少高风险行为的发生，减少损失性安全生产成本的支出。在发放奖励金的次数和数额方面，企业可以把奖励金发放频率和工资频率设置得一样，每月发放小额的奖励以改善员工的安全生产意识与参与安全生产行为的积极性，对高危作业员工参与安全生产保持持续性刺激作用。每年都以员工安全生产行为的全年表现为参考依据，在年终使其直接以此获得数额较大的安全生产奖励[102]。调查中发现，由于经济不够稳定，员工的工作偏好容易发生变化，人员在社会中的流动性高，一次性大额奖励更加受到员工的欢迎，同时，员工变动幅度小也有助于企业员工操作水平的稳定，更容易保障安全生产。此外，企业还可以使用物质奖励而不是精神奖励去鼓励员工遵守安全规章制度、选择更加安全的作业方式，减少事故的发生。

7.2.5 落实安全生产责任制和考核制

安全生产责任制是根据《安全生产法》等有关法律法规，结合资源型企业具体的安全生产工作实际，为资源型企业开发的一种方法。安全生产责任制是安全生产责任制的整合，该体制是对职能部门、各级经理、专业技术人员和基层员工等岗位的运作流转进行监督，对以上岗位人员是否尽责进行判断，再确定每位员工的绩效水平。

在各个级别，企业都可以制定安全生产职责，确定各个管理经理、职能部门和基层生产基地的安全职责，并分别制定是否完成安全职责的评定方法，对所有员工实行“一个双重责任”制度。高级管理人员积极组织企业的安全生产委员会会议、总经理的安全办公室会议和安全生产工作会议，以分析高级管理人员和分支机构的安全生产状况，研究存在的问题，并分发安全生产关键任务。

企业在生产、建设和经营的各个部门都设置分级考核的制度，由主管部门对下属分管部门进行审查和考核，各分管部门对其分管范围内的从事劳动的员工进行月度检查、考核。具体的生产管理人员、技术研发人员、实地劳作人员等岗位的考察方式，可以根据企业的实际情况灵活制定。但是，要做到每一级都有相关的负责人对该部门人员负责，并签订安全生产责任书，在进行安全生产的考察中要将日常的考察结果作为最终考核的依据，而考核结果又要关系到日常薪资福利的发放。对所有从业人员安全生产责任制进行考核，考核满分为 100 分，按照所处分数段的不同将其分为称职、基本称职、不称职 3 个档次，被考核人员的工资也将与考核档次紧密联系起来。

第8章　中国资源型企业安全生产管制的状况及问题分析

一个国家的宏观经济运行和社会的稳定发展需要安全生产的保证，自20世纪70年代以来安全生产问题引起各国的重视，一系列法规和政策被制定出来确保企业进行有序的安全生产。正是在这样的管制体制下，各国在安全生产上的不足逐渐得以完善。基于第7章的分析，本章探讨我国资源型企业安全生产管制的状况，为完善我国资源型企业安全生产管制的研究提供理论基础。

8.1　中国资源型企业安全生产管制的状况和主要方式

8.1.1　中国资源型企业安全生产管制的状况

安全生产及国家宏观经济的运行与社会稳定发展息息相关。面对严峻的生产形势，相关议案急需调整，尤其是在隐患排除法方面，有效的前期准备工作对安全生产至关重要。有关数据显示，每年有职工因工作原因负伤或致死，给企业和社会带来许多负面影响。为改善事态的衍生局势，各领导层更要及时采取行动来对安全生产管制系统进行调整。

1. 安全生产管制法律法规设立的状况

1）安全生产管制的法律法规

自改革开放以来，我国在安全生产法治建设方面有了明显的改善，其中，1979年发布的《中华人民共和国刑法》（简称《刑法》）对重大事故责任者的惩处办法有了明确规定。为了确保矿山生产安全，从根本上保障职工的人身安全，我国于1993年5月施行了《矿山安全法》，1996年12月实施了《中华人民共和国煤炭法》，促进和保障了煤炭行业的发展。我国安全生产正式步入法治轨道的起点是 2002 年 11 月实施的《安全生产法》。自此，以《安全生产法》为核心的法律法规，明确了各级政府和相关部门的安全监管责任、从业人员权利义务等，保障了我国生产经营单位的安全。

2）安全生产管制的保险制度

我国安全生产管制方面涉及的保险制度一直在不断完善，为确保其顺利开展，我国于 1951 年颁布了《中华人民共和国劳动保险条例》，逐渐在一些地区开展工伤保险改革的相关工作；取得一定的成效后，为了进一步扩大实施对象和范围，1996 年劳动和社会保障部发布了《企业职工工伤保险试行办法》；制度的实施需要有力的依据，因此，为确保劳动者安全及顺利开展健康伤害救济的法定保险工作，2003 年，国务院颁布了《工伤保险条例》。但是，我国工伤保险覆盖率低仍然是我国工伤保险制度方面有待解决的难点。因此，原国家安全生产监督管理总局推出了一项“安全生产责任险”制度，经过多年的实施，最终于 2017 年联合中国保险监督管理委员会[①]、财政部印发了《安全生产责任保险实施办法》，开始在高危行业强制推行。

3）安全生产管制的行政执法

我国安全生产行政执法机构不断进行改革。中华人民共和国成立后，为进行安全生产工作，我国在原劳动部[②]的内部组织三个司局级建制单位专门负责；1998 年安全生产行政执法的效力随着安全、卫生的分离开始减弱；为加强该项工作，1999 年组建了单独的副部级的国家煤矿安全监察局[③]，经历 5 年的不断改革后其扩充升格为正部级总局；国家卫生健康委员会执行职业卫生监管职能，因此属于国务院组成部门的应急管理部门，主要负责安全生产。由此可见，党和政府对广大劳动人民群众安全健康权益非常重视。

2. 安全生产管制的相关执法机构

自 2000 年我国逐步形成安全生产管理监督执法体制以来，主要依靠“条块结合、以块为主”的管理思路对体制内的有关机构进行管理和约束。“条块结合”是指以安全生产监督为主要职责的管理部门（现应急管理部门）和其他负有安全生产监管职责的管理部门对安全生产工作进行监督管理，同样也要对危险化学品、非煤矿山、烟花爆竹、8 个工商贸行业和工矿商贸行业中央企业等的安全生产工作进行监管；“以块为主”是指国家—省—市—县—乡各级人民政府。根据《安全生产法》，

---

① 现中国银行保险监督管理委员会。

② 现人力资源和社会保障部。

③ 2018 年 3 月，国家煤矿安全监察局划由应急管理部管理，2020 年 10 月更名为国家矿山安全监察局。

各级负有安全监管职责的部门的法定职责为安全生产行政执法，部门中主要履行相关职责的是负责安全监管和执法的机构或者为安全生产而下设的执法队伍。

从我国安全生产管制的机构设置情况不难看出我国管制体制的有关变化。体制是一个综合概念，指的是组织系统的结构组成、管理权限的划分等组织制度，从国家到单位，有组织系统便有其自身体制，当然，组织系统的类型与功能有所不同，其体制也有根本性的区别。由此得知，安全生产管理体制指的是安全生产管理组织系统中相关方（政府、企业、员工）的制约关系、权责划分及管理运行机制等主要内容。早在 1983 年，我国便已提出要在安全生产工作中实行国家劳动安全检查、行政管理及群众监督的“三结合”安全生产管理体制，明确了国家监察、行政监管、群众监督三者的权责与关系。随着社会的发展进步，为了让安全生产管理体制与现实情况更为符合,国务院在 1993 年正式提出了实行国家监察、行业管理、企业负责、群众监督的“四结合”安全生产管理体制。从本质上来看，该体制是我国安全生产管理方面的宏观体制，与我国的安全监察体制、企业安全管理体制等相关具体体制有所区分。

20 世纪 80 年代，我国开始逐渐建立起具有规模、颇具系统的安全管理体制，形成了以国家监管为主、行政监管为辅、群众积极参与的管理模式，该模式在早期的安全生产管理过程中也发挥着十分重要的作用。到了后期，特别是在 20 世纪末期，我国煤炭安全管制体系开始逐渐出现行业管理、行业自制的现象，国家层面的监管更多指的是有关强制性的法律法规，而更为细节的要求和规定则由行业进行自制，通过行业管理、企业负责、员工积极参与的形式，在很大程度上改善了企业一味依靠政府进行监管的被动局面，将行业要求融入企业日常的生产、生活中去，能在各个资源型企业中形成良好的模范效应，促使不合规、违法生产的企业退出市场，从而改进行业整体的安全生产收益。

以煤矿行业为例，煤矿是我国国民经济的传统支柱性产业，近年来，由于国内能源消费结构、经济增长方式及结构调整、节能减排指标大幅上升等，我国煤矿行业进入了冰冻期。另外，煤矿企业生产事故也时常出现在媒体报道中，煤矿企业安全生产管理及其安全体制构建等问题不断显现。在此错综复杂的煤矿新形势下，企业如何突破困境，打破常规生产及管理模式，构建新型安全生产管理新体制，成为管理人员及行业学者研究的重要方向。在行情日益下滑的趋势下，安全高效生产为企业的第一要务，而在安全生产管理措施、技术应用、制度及其体制构建方面却处于一个相对薄弱环节。尤其在行业发展形势严峻的环境下，企业应在安全高效生产管理方面投入大量精力，来适应自动化、少人化、集约化生产的模式。如表 8-1 所示，中华人民共和国成立之后，我国煤矿安全生产管理体制始终呈现不断变化的状态，一直以来并未形成较为系统、稳定的安全生产管理体制与机制，安全生产管理体制与机制之间也存在不协调的局面。为进一步做好煤矿安全管理工作，必须要协调安全生产管理体制与机制。随着经济的发展，结合表 8-1 中管理体制的变化可以看出，具体的改变应主要体现在以下方面。

表 8-1　我国煤矿安全生产管理体制变化

时间	我国煤矿安全管理体制	不足之处
20 世纪 80 年代初	国家监察、行政监管、群众监督	政府一直进行一元直接管理，容易造成利益共同体形成，损害集体利益
20 世纪 80 年代末	国家监察、行业管理、群众监督	工会组织形成有效力量，执法权仍掌握在政府职能部门，职责不清、协调性差
20 世纪 90 年代	国家监察、行业管理、企业负责、群众监督	由于信息不对称，群众监督并无实际效果，但工会力量日益壮大，并具有一定行政权
21 世纪初期以来	国家监察、行业管理、企业负责、群众监督、劳动者依法生产	利益主体庞大，政府管制压力较大，很难实现权责平衡
至今	国家监察、行业管理、企业负责、第三方监督、群众监督、劳动者依法生产	职责交叉，特别是政府行政部门与工会组织之间职权不清，造成多头管理、分而治之的局面

（1）将煤矿管理权赋予特定部门，打破多个部门对同一煤矿进行管理的格局。除此之外，还应赋予该管理部门足够的权力，便于该部门对煤矿安全进行更加有效的管理。

（2）建立监察部门，对煤矿安全生产管理进行定期抽查和长期监督，一旦发现煤矿安全生产管理存在问题，必须要对煤矿及相关管理部门追责。这样的做法对于促进煤矿安全生产管理质量的提高来说是非常重要的，它有利于煤矿安全生产管理体制与机制的进一步协调。

面对当前社会经济发展的形势及资源型企业的发展路径，对管理机制或者运行机制进行修订和完善的目标是推动我国安全生产方面的工作。最新的安全生产运行机制对各个相关方面的作用与关系进行了整合，因此，大力推行安全生产运营机制，为开展科学合理的安全生产管理工作保驾护航。

受行政编制的制约，以往各级安全生产监管部门中，监管执法的人员需求得不到满足，因此，各地对于安全生产执法队伍的组建重点以事业编制为主，具体是指以安全生产监管部门为主，根据安全生产监管部门的委托，主要行使执法监察和行政处罚，由安全生产监管部门的一名副职领导兼任执法队伍的主要负责人，在省、市、县分别设总队、支队和大队，如"安全生产执法""安全生产监察""安全生产监察执法""安全生产执法监察"等。

针对资源型企业，负有安全生产监管职责的部门在承担安全生产监管执法机构的设置上有所不同：大多数行业领域通常是内设的安全生产监管机构（如负责特种设备安全监管的市场监督管理局特种设备安全监察科）负责安全执法，并没有专门设立安全生产执法队伍。应急管理部的调查统计结果，截至 2019 年 6 月底，自机构改革以来全国应急管理系统省、市、县三级及新疆生产建设兵团安全生产执法机构总数为 2 877 个，其中属于人员编制的有 37 654 名，实有人数为 35 649 名。人员多以事业编制为主，有 31 157 名单独设置的执法机构人员编制，实有人数为 29 023 名；6 497 名内设机构或加挂牌子的执法机构人员编制，实有人数为 6 626 名。执法队伍机构人员的编制总数与 2017 年底相比减少了 278 名，实有人数与 2017 年相比减少了 267 名。总体降幅均只有 0.7%，基本保持稳定，其中仍有个别地区有大幅度的减少和增加。

3. 相关行业的安全生产管制状况

管理制度是资源型企业职工在资源型企业生产经营活动中必须遵守的规章制度的总称，它是实现资源型企业目标的有力措施和手段。其要求员工在日常工作行为中，按照与资源型企业经营、生产、管理相关的规范和规则，统一行动和工作，最终实现资源型企业的发展战略。在经济危机之后，许多资源型企业意识到对企业进行管制的重要性，尤其是安全生产方面。目前，我国仍然面临严峻的安全生产形势，重大事故、特别重大事故多发及死亡事故多是资源型企业造成的安全生产事故的特点。在发展过程中，资源型企业需要不断注重自身管理工作的应用水平，目前，每个资源型企业在发展过程中都面临不同的发展情况，因此，为了保证资源型企业各项工作的顺利进行，资源型企业一定要强化安全生产管理工作，建立科学的运行体系，合理确定前期经济投入与安全生产成本，定期对员工进行安全生产培训工作。

1）煤矿化工行业的监管状况

安全生产风险较高的行业主要有煤矿、非煤矿山、危险化学品等，因此，在进行安全生产监管时往往将其视为重点，相关数据表明，标准总数的 43%多为该 3 个行业的标准。这表明标准作为高度集成化的手段，覆盖面正逐渐扩大，对行业管控具有指导意义，是当前我国安全生产风险控制和事故预防最重要的技术措施。我国出台的“安全生产方针”，将“安全第一，预防为主，综合治理”作为我国资源型企业安全生产的基本方针，也就是要在做足了预防安全生产事故发生的准备工作，力求保障安全的前提之下，对资源型企业进行全方面治理。同时，党的十六届五中全会也提出，要“坚持节约发展、清洁发展、安全发展、实现可持续发展”的四个发展方向。因此，要严格落实安全生产责任制，建立健全安全生产管理制度，加快、加强风险分级管控体系和隐患排查体系建设，保障员工的生命和财产安全。

2）电力行业的监管状况

就目前的电力安全监管领域而言，承担主要职责的是国家能源局，其及其派出机构依据《中华人民共和国电力法》《安全生产法》《电力监管条例》等法律法规和规章及有关规范性文件依法履行电力安全监管职责，采用国家能源局及其派出机构的两级垂直监管模式。根据法律法规的规定，各地方省（区、市）党委和人民政府监管辖区内电力安全生产的有关工作。其中市、县辖区内数目庞杂的电力企业在实际生产中需要行政检查确保其安全生产，但是，国家能源局派出机构没有在这些地方设置下属机构，同时，人员力量和技术装备方面的欠缺，导致繁重的安全监管任务不能顺利开展。

以国家能源局华中监管局为例，其主要负责监管湖北、重庆、江西、西藏辖区内数千家电力企业及电力建设工程项目，截至 2018 年，其在编人员仅有 6 人；根据《浙江能源监管办 2018 年度政府信息公开年度报告》，有超过 3 000 家发电企业被列入电力安全监管范围，但是国家能源局浙江监管办公室只有 3 人具体从事电力安全监管工作。江西丰城“11・24”冷却塔筒壁倒塌特别重大事故，引起国家的重视，尤其是监管任务过重不能满足目前电力安全生产形势需要的问题。另外，相应的法律中没有明确地方能源监管机构的职责，地方政府在履行电力安全监管职责方面比较混乱。由于电力安全属地监管职责不明确，电力行业安全监管的工作职责没有得到有效的界定，在监管方面仍存在疏漏。

8.1.2　中国资源型企业安全生产管制的主要方式

1. 法律方式

政府管制是指通过对市场机制直接进行干预或间接改变企业和消费者的供需决策，由行政制定并执行的一般规则或特殊行为。目前，相关的安全监管直接影响我国政府管制的社会性，因此，在相关制度改革中往往将其作为重点部分来开展。安全生产管制要借助立法和执法来进行。由立法明确安全生产中各方的权利和责任，使得双方在事故预防和处理中有法可依。在我国，法律法规可分为国家的基本法律、地方性的章程与行政法规、部门安全生产规章等，如《安全生产法》《中华人民共和国劳动法》《矿山安全法》《中华人民共和国煤炭法》《煤矿安全监察行政处罚办法》等。我国在进行政府管制时要紧抓问题的源头，结合处罚措施进行调节，同时还要注重培养安全生产文化，进行长期治理。严格执法可以提高企业事故成本，从而引起企业对安全生产的重视。法律方式所具备的权威性和规范性会提高政府执法的强制性，任何违法的个人或单位都必须无条件地服从和配合，接受法律的制裁。

2. 行政方式

安全生产管制的主要方式是设立标准，而行政手段不仅具有权威性，其作用效果也十分明显。通过提高高危行业企业进入市场的门槛，以有效控制高危行业企业数量的增加。根据法律规定，为了更好地约束被管制者的营业活动和特定行为，安全生产管制机构通过制定和实施各种行政命令、处罚、规定等一系列措施以达到管制目的。其中，具体的行政手段有国家垄断、许可（如采矿许可证）、申报、特许、核准、注册、批准、审核、检查、备案、检定等。作为制造业大国，我国现有的企业安全生产标准化形势严峻，近年来，我国重点推进企业安全生产标准化达标监管工程，并将其视为政府实施安全生产标准化监管的主力。合理构建安全生产责任体系，通过政府和企业的混合管制，要求企业在生产方面与政府进行密切沟通与联系，及时上报问题。企业负责人也应当按照国家制定的相关安全生产法进行严格实施，拟订企业规章制度，组织制定并实施本单位的安全生产事故应急救援预案。

3. 经济方式

经济方式也是安全生产管制中最常采用的手段，主要是指企业计提预防性安全费用、赔偿伤亡人员的损失、处罚事故企业等经济政策。实践证明，经济方式主要是将外部损失内部化，因此会直接损害企业的利润，但是其控制效果明显。现实中管制机构通常采用多种经济方式的组合。例如，显著提高相关人员的赔偿抚恤金，提高对伤亡事故发生频率较高的企业现有的处罚标准。由于行业的危险程度存在一定的差异，同时事故发生的频率及员工工种的危险性方面也有所不同，因此，应该实施差别费率和浮动费率制度，以加大保险费率的浮动范围。

同时，重视经济激励政策，突出市场决定安全生产资源配置的作用，利用诚信体系建设、联合惩戒、联合激励的方式，在财政、金融、税收等方面，采用经济处罚与奖励、保险、税收优惠及补贴援助等一系列安全生产经济激励政策措施，引导、调节各方主体投入的资源，使其主动追求良好的安全生产业绩，增强企业生产的安全性和自觉性。另外，还要扎实提升行业安全生产基础水平，安全发展离不开行业的挤出水平；继续提升企业的管理能力、技术能力，加快转型升级，深度融合资源型企业的信息化建设。

4. 舆论方式

作为新闻舆论的主体，如报纸、杂志、广播、电视、网络等，其以能够快速传递信息的优势引起社会各方的关注。舆论方式的作用具体表现为两个方面：受不同个体决策偏好的影响，面对舆论机构所传递的信息会产生不同的反应，直接影响企业的利益，最终改变企业的安全决策；另外，舆论会间接提高社会整体的安全生产意识，有效减少企业和政府管制部门的合谋，不断提升管制效果。

总体来看，安全生产管制涉及的方面较为广泛，因此，具体的管制方式具有差异性。实际中，结合具体的生产情况，为达到管制效用的最大化，政府会选择其中的一种或者几种方式的组合来进行管制。上述的方式中效果最为显著的方式有法律方式、行政方式和经济方式，其方式具有较强的直接性。舆论方式多产生间接影响。无论如何，在面对企业的安全生产时，这些措施都能推动安全生产管制的有效进行。

8.2　中国资源型企业安全生产管制存在的问题

8.2.1　安全生产标准化的管理有待改进

资源型企业安全生产标准化管理涉及的方面比较广泛，包括人、机、物、环等，因此，在进行管理时需要收集和管理大量数据信息，需要企业中各个部门人员相互协调。但是，在实际的安全生产标准化管理工作中，开展相关工作的部门主要还是企业的安全生产管理部门，其利用企业的综合办公系统，手动完成数据的生成、收集、统计，再通过人工来搜集分散在各个部门的台账数据，各部门间不能实现数据的自动流转和资源共享，造成工作效率低下。因此，在之后的发展中，企业要充分利用新的科学技术，提高企业的信息化管理程度。目前，资源型企业在安全生产标准化评审过程的相关方面，如安全生产相关法律法规信息标准的对照、评审分数计算处理等多采用手工处理的方法，容易出现重复和遗漏的现象，难以保证信息的准确度。另外，标准化评审的重要环节是作业现场评审，评审过程中专家主要根据自身具备的相关知识和工作经验进行评审，很难及时获得最新和全面的标准及技术规范的支持，难以保证评审结果的准确性。

8.2.2　安全生产管制机构体系不完善

目前，我国的安全生产管制机构具体情况为，各省（区、市）的安全生产监督管理部门主要负责各个省（区、市）的安全生产综合管制，同时安全监察部门、劳动和社会保障部门、质量技术监督部门根据部门要求进行分工；各行业主管部门和安全生产综合管制部门对各自监管行业的安全生产管制负责，因此会出现安全生产管制职能混乱，安全生产执法主体不明确，无法形成统一高效的安全管制机构体系的现象。目前，大多数企业工作环境艰苦，安全监察工作必需的检测仪器和个体保护装备不能得到支持，无法适应安全监管工作的要求，同时监管人员业务水平间的差异导致真正有效的监管无法实现，从而难以及时对企业实施有效的指导。

在我国，地方政府安全生产管制机构习惯采用行政手段，而不是法律手段来管制安全生产，一般采取下达整改指令、停产整顿、经济罚款、警示告诫等手段，缺乏与公安部门相比的强制性力度，不少生产经营单位对安全生产管制机构的安全监察结果采取应付的做法，安全监察结果难以得到有效落实。此外，安全生产管制部门很难对同级别的人民政府或者政府部门形成有效监督，对工作不认真、事故多发的部门只是问责或警示，缺乏其他有效的处罚手段，对于推动政府监管责任的落实存在一定难度。

制度的生命力在于落实。对工作不认真、事故多发的部门，安全生产管制机构通常只是进行问责或警示，没有强有力的处罚手段，在政府监管责任的落实上仍存在问题，因此，完善的监督、考核和调查机制，对制度的落实十分重要。

8.2.3　对安全生产管制的认知较差

安全生产管制对专业技术的要求很高，监管人员不仅要有相应的专业安全知识储备，更要精通各种法律法规知识。目前，监管人员整体职业素质与安全生产监管要求之间仍有差距，难以保证社会在安全生产方面的稳定发展。同时，安全生产监管涉及安全生产监督检查、安全生产宣传教育培训、各行业安全专项整治、安全资格颁发与认证等方面，内容繁多。各项安全生产监管工作的有序进行，离不开先进、高效的执法监管工具，地区间的不平衡发展对安全生产监管的效能产生影响。这主要是因为地区和政府部门对安全生产重视程度不高，没有深入落实安全生产措施。

监管体系缺失的企业面临的问题极为复杂，尤其是领导者和员工盲目地相信先进的生产设备能够充分确保生产制造的安全性，能够降低危害发生的概率，结果各类事故频频发生。尽管生产过程中也会面临无法解决的工作隐患问题，归根结底还是因为部分指定条例仅仅停留于书面形式，无法及时准确地落实相应措施，造成问题层面扩大。尤其是有些企业只关注书面部分的管制内容，忽视安全生产事项的各项内容，最终引发安全生产问题。

8.3　中国资源型企业安全生产管制存在问题的原因分析

8.3.1　个别领域标准数量少，关键技术标准缺失

统计数据显示，资源型行业公布了 24 项国家标准和行业标准。在实际生产过程中，资源型企业生产力水平参差不齐，总数和从业人员规模较大，所需的设备

和门类种类繁多，因此，关键设备的安全技术及检测检验指标对其非常重要。然而，2018 年的数据表明，300 多项在研标准当中，没有按照计划规定的时间执行的标准超过一半，主要原因如下：①能力方面的不足致使相应的标准缺乏技术指标，各方难以形成一致的意见；②研究经费不足导致起草单位无法投入更多的精力；③标准修订程序模糊不清，审批时间过长。

安全技术标准和规范的滞后性，导致相关体系的建立停滞不前，各资源型企业的发展不能通过严格的安全技术标准。因此，企业在建设安全设施前，必须进行科学的安全评价。

8.3.2　安全生产管制体制的非合理性

1. 企业层面

企业的主要负责人自身安全生产意识薄弱会对企业的发展造成严重的影响，尤其是在制定安全生产规章制度、各岗位的安全生产责任制时会出现制度不完善的问题，更有企业缺乏主体责任意识，忽视一线人员的安全生产培训，导致生产隐患层出不穷。目前，一些资源型企业自身存在手续不健全的问题，施工质量难以保证，严重违反安全标准，同时缺少相应的安全监管，增加了事故产生的概率。例如，在生产过程中，在建项目“三同时”（同时设计、同时施工、同时使用）和施工许可手续不全，施工图纸未经审查批准即擅自开工建设，试生产方案违反安全生产标准，施工质量把关不严，第三方监理及检测检验不合格，相应的安全监管滞后，多层转包、发包后又疏于管理，忽视安全生产；建筑、危险化学品等高危行业管理人员不具备基本的安全知识，职工全员安全生产培训制度推行难度大、落实情况差。还有一些高危行业对职工安全生产培训的开展进度缓慢、落实情况差。尤其是一些行业基层工作人员甚至没有进行培训就直接操作，给企业安全生产造成负面效应。

2. 政府层面

在社会经济发展中，各地政府在思想认识上仍有待提高，尤其是过去片面追求经济而忽视安全生产监管的情况急需改善。一些领导层对安全生产工作的认识仅仅停留在会议和文件上，缺少事故预防的自觉性和主动性，加之某些一线的安全生产监管人员滥用安全生产监管权力，导致监管工作不能有效开展。政府在制定当地的社会经济发展规划时并没有把安全生产工作提上日程，往往忽略当地生产的真实情况，从而缺乏有效的监督和惩处，加剧政策落实的难度，人们一贯主张的“安全第一、预防为主、综合治理”方针并没有真正体现在实际行动中。

3. 国家层面

当前我国安全生产管制体制最突出的问题是权力分散及重复监管，尤其是安全生产管制机构复杂、管制职能交叉、管制主体不明确等，对不同地区安全生产管制出现的问题进行分析后发现，虽然体制完善的工作在有序进行，但始终无法形成比较稳定的体制与机制。具体而言，与水利相关的道路交通安全管制中职能划分不清的问题时常发生；针对煤矿的安全生产管制，往往由于重复执法阻碍经济的发展；有关职业卫生安全管制仍存在一定的盲区，尤其是职业病防治方面。具体表现为以下几个方面：一是在煤矿安全生产管制方面，既有国家煤矿安全监管部门的安全监察，也有地方政府的煤矿行业安全监管，还有安全综合管制部门的综合监管，职能交叉、重复执法现象突出，对地方经济发展产生了负面影响。二是在道路交通安全管制方面，公安部门与交通部门的职能划分仍然不清，推诿扯皮现象时有发生。例如，水上交通的安全管制，更是涉及交通、旅游、建设、水利、国防科工、农业等多个部门。三是在特种设备安全管制方面，安全监管部门与质量监督部门的管制职能交叉重叠，对于一些特种设备的安全管理，设备检测在质量监督部门，操作证的发放却在安全监管部门，造成了重复监督管理。四是在职业卫生安全管制方面，国务院已经对职业卫生安全监督管理的职能进行了划分，卫生部门负责职业卫生评价及化学品毒性鉴定工作，安全监管部门负责作业场所职业卫生的监督检查工作。此外，我国各地区发展水平的差异导致各地安全生产状况有所不同，全国上下很难形成统一协调的安全生产管制运行机制。

8.3.3 安全生产管制外部环境差，缺乏社会制约机制

安全生产管制效用最大化的基础是良好的外部环境。现阶段多元化的社会监督力量不断涌现，如各团体组织、新闻媒体、人民群众等，然而，这些力量在监管过程中仍存在一些问题。各方组织团体更多的关注点仍集中在安全生产的宣传及事故调查结果等方面，与工会组织对相关部门和企业安全生产的监督要求还有一定差距。此外，面对众多企业尤其是一些伤亡事故、重大隐患甚至事故背后隐藏的问题，社会公众对真实信息的了解途径受到限制，这就需要媒体、社会公众对安全生产事故隐患、安全生产违法行为进行监督举报。但现实情况有所不同，新闻媒体在进行真实报道时往往存在相当大的难度。社会公众对于安全生产监督的积极性也不是很高，相比政府推出的奖励政策，社会公众更加关注的是自身的安全生产问题，尤其是一些在私营煤矿工作的基层工人，

其处于不利的地位，不愿意参与其中。

8.4　资源型企业安全生产事故案例分析

“12. 23”井喷事故的惨痛教训令人难忘。因此，本书以该案例作为资源型企业安全管理的典型研究对象，通过对安全生产状况的分析，找出管理工作中存在的安全生产问题，并提出加强安全管理、增加安全生产投资，建立安全保障体系等安全对策，通过安全教育等手段实施作业区安全标准化。

8.4.1　事故描述①

2003 年 12 月 23 日 21 时 55 分，在重庆市开县②高桥镇罗家寨发生了一起特大井喷事故，事发后事故现场的空气中弥漫着像臭鸡蛋一样的硫化氢气体，富含硫化氢的天然气猛烈喷射 30 多米高，距离气井较近的重庆市开县 4 个乡镇 6 万多灾民急需进行紧急疏散转移。该次事故是重庆历史上死亡人数最多、损失最惨重的一次特大安全生产事故，相关数据显示，事故造成 243 人死亡，直接经济损失 9 262.71 万元[103]。图 8-1 为当时的场景。

图 8-1　事故发生时拍摄

图片来源：http://news.cri.cn/gb/41/2003/12/27/106%4030936.htm

① 12·23 重庆开县特大井喷事故. http://www.cneb.gov.cn/2019/11/06/VIDE1572996483710889.shtml，2019-11-05.

② 今重庆市开州区。

8.4.2 原因分析

1. 管理原因

（1）工程审查工作的失误。发生事故的隶属于中国石油集团四川石油管理局的川东北气矿罗家 16 号天然气井项目在工程设计中对井场周围的重点项目并没有根据有关的安全标准进行标注，也没有对其进行安全评价、审查。

（2）事故应急预案不完善。在生产之前相关部门没有提前制订“事故应急预案”，和所在地政府也没有达成有效的沟通，未建立“事故应急联动体系”；进行生产工作时，当地政府无法及时获知事故的发生情况，无法及时通知和组织群众进行疏散及采取避险措施，因此，在进行事故应急处置工作时当地政府十分被动，不能有效降低事故损失。

（3）安全生产责任制未落实。事后对该井场进行调查后发现，现场管理工作中存在漏洞，出现了严重的违规作业问题。

（4）安全教育不足。高危作业企业没有及时对员工进行安全生产指导和教育。

2. 设备原因

在实际工作中有关负责人员进行违规操作，违章指挥卸下回压阀，造成发生井喷时钻杆失去控制，最终引发严重的安全生产事故。

3. 人员原因

1）工作人员安全生产意识不足

调查过程中发现，企业对员工的三级教育培训仍然停留在表面，由于现场工作的特殊性，对人员的需求较大，为了能够尽早地完成生产，企业匆忙安排员工上岗工作，大部分员工并没有熟练掌握安全生产知识和安全技能。加之一些员工受自身文化素质的限制，自我学习和理解能力较弱，经常出现“三违”（违章指挥、违章操作、违反劳动纪律）情况，最终导致其成为安全生产事故的直接引发者和受害者。

2）工作人员的操作不规范

第一，起钻前泥浆循环时间没有严格按照规定来控制，导致井下气体和岩石钻屑未能全部排出，直接损坏了泥浆液柱的密度及密封效果。第二，长时间停机检修后起钻过快，气侵泥浆没有及时排除。第三，在起钻灌注泥浆时操作不规范，而泥浆不足导致钻具提升后的空间不能及时填补，降低了泥浆液柱的密封效果，不能消减提升钻具时产生的拉活塞作用。

8.4.3 事故经验

该事故造成的原因总结成三段：事前，工作人员没有制定预防安全生产事故发生的办法规定，没有对场地周围的居民进行安全教育等，从而使事故发生的风险性更大、可能性更强；事中，操作人员疏忽大意，没有按照规定对操作进行规范，甚至有违规、违章操作的现象，同时，检测人员疏忽大意，没有及时注意到安全隐患，从而导致安全生产事故的发生；事后，没有及时联系当地政府进行及时的预防，没有提醒周围居民疏散和注意安全，导致扩散范围更大，造成更多居民的伤亡。因此，针对这一系列的不妥当措施，本书吸取其中的教训，提出一些合理的建议。

第一，完善事故应急救援体制。企业在进行生产前要确保事故应急预案的有效性，提前准备好急救装备器材，通过组织演练活动，对应急预案进行完善。

第二，针对相关安全生产的国家和行业标准，要及时根据实际生产情况进行修订完善并严格执行。

第三，及时开展社会性的宣传教育，及时发现潜在危险，将相应的应急防护知识和避险措施告知当地人民群众，阐明事故引发的严重后果，保证人民群众对应急防护常识和避险措施熟练掌握。

8.4.4 总结对策措施

1. 形成严格的制度体系

1）建立制度执行的检测制度

制度的生命力在于贯彻执行，因此，必须加强对制度执行监督等机制的完善工作，如通过公平公正的考核及奖惩政策，对人员进行相应的处理，通过教育与处罚相结合的方式来提高工作效率，此外，还可以采取逐级负责制，确保每一步工作都能得到落实。

2）建立制度化的奖励机制

为确保各项任务的安全完成，可以建立有效的激励和约束机制，对《作业区综合业绩考核管理办法》《作业区生产经营量化考核标准》等考核细则认真进行完善，细化相关的考核内容并严格执行。员工的绩效奖金发放和月底班组评比时参考相应的考核结果。

3）推行规范化、标准化的管理机制

在工作过程中也要注重外部环境的优化，同时加强员工的日常行为规范，进行标准化管理。尤其是全面统筹、协调分工中要加入考核检查，形成全面高效的标准化管理氛围，让人人参与其中。

2. 安全生产文化建设

资源型企业安全生产文化可以概括为：资源型企业及其经营者和从业人员在安全理念、安全生产意识、安全态度、安全技能（素质）上的综合表现及为此采取的一切对策。

1）树立安全生产文化理念

资源型企业在建设过程中应坚持“以人为本，安全第一，全员参与，持续改进”；把员工的安全健康放在生产活动的首位；把对员工的关心、理解、爱护作为安全生产文化建设的基本出发点，着眼于增强广大员工的安全生产意识，倡导员工树立安全生产文化理念，以实现“零事故、零污染、零伤害”的目标。

2）通过安全生产文化活动规范人的行为

安全生产文化活动的多样性不仅增加了员工的安全生产知识，还有助于员工安全防范意识的提升，员工对于安全生产的参与度会越来越高，增强员工的工作责任心和责任感。

8.4.5 案例总结

“12. 23”井喷事故表明，安全不仅是个人的事，也是维护社会稳定的重要体现。无论是管理者还是一线操作人员，都要严格按程序操作，不得超过安全红线。作业区通过多元化的途径来提高人们的安全生产意识和安全生产行为，确保安全生产的顺利进行。灾害事故对社会造成负面影响的原因一部分是监管体制的不完善带来的，另一部分则来源于员工本身对安全工作的懈怠，导致灾害事故频发，最终严重影响员工身心健康。因此，企业高层应树立公正、合理的楷模姿态，对内部安全生产管制机制进行完善，以此来激励社会上依旧以生产为中心，缺乏系统性管制机制的濒危企业。

安全生产事关社会发展理念、管理体制、监管主体和执法手段等诸多具体问题，其发展过程漫长且任务艰巨，需要政府、企业和社会相互配合。无论何时都要坚持“生命至上、安全发展”的原则，严守安全生产红线底线，提高安全生产意识，严格落实安全生产责任，切实加强安全监管，减少安全生产事故，提升安全水平。

第9章　国外资源型企业安全生产管制体系的经验借鉴

通过前面章节对我国资源型企业的安全生产管制状况进行研究后发现，规范立法和严格执行是保证生产主体单位进行安全生产管制的基础，而来自中央、地方政府及企业员工的监督是安全生产管制体系进行后续改进不可或缺的一环。基于第 8 章的分析，本章为了探讨我国资源型企业安全生产管制体系的优化路径，特针对美国、英国、日本等发达国家的安全生产管制体系状况进行分析，以国外先进的安全生产管制经验为借鉴，进而为完善我国资源型企业安全生产管制体系提出一定的建议。

9.1　国外发达国家资源型企业安全生产管制的状况

9.1.1　美国资源型企业安全生产管制的状况

1. 美国安全生产发展历程

美国作为最早开始向工业化转变的西方国家之一，其工业化水平发展数十年以来达到世界顶尖的高度，且美国企业安全生产管理也颇具标准化和规模化。但回顾自 19 世纪末期开始工业化到如今的发展历程，也不难看到其高频的事故发生率和人员伤亡率。根据美国 100 多年以来的统计数据，在重大事故中因瓦斯爆炸引起的伤亡达到 8 起之多，伤亡人数超过 250 人的有 3 起，且都发生于 1913 年之前，在 1940~1968 年就发生了 5 起死亡人数超 100 人次的瓦斯爆炸事故[104]。1907 年 12 月 6 日，美国联合煤炭公司属下的两个矿井在西弗吉尼亚莫农加地区开展煤炭开采作业，当天 15 时突然发生爆炸事故，造成矿井全面坍塌，据媒体报道，当日下井的 362 名当值工人和未登记造册的大批临时工人全部遇难。这是美国有报道以来，矿难等级最高、死亡人数最多、影响最为恶劣的生产事故。同年 12 月 19 日，位于宾夕法尼亚州的达尔煤矿矿井温度骤升，粉尘遇热引起爆炸，导致 239 名矿井作业人员死亡[105]。当时美国劳工部发表声明，仅 1907 年 12 月，美国因安全生产事故造成的死亡人数就高达 3 242 人。

美国政府为了减少事故发生率和死亡率，在 1910 年成立矿业局，管理但不限于煤炭、天然气、石油等矿产资源企业的生产，主要负责为大中型企业提供开采技术支持和协助制定矿类事故防治措施，并不具备实际的监管权。直到 1941 年，美国国会才将监管权赋予政府相关的职能机构，允许检查员进入企业进行实时监管。1970~1996 年，美国因煤矿事故死亡人数从 270 人降低到 39 人，百万吨死亡率也从 0.47% 降低到 0.04%；1980~1996 年，百万吨死亡率每年平均降低 76.5%，基本上消除了重大事故的发生；1996~1998 年，因煤矿事故死亡人数连续 3 年没有超过 40 人，尤其是 1998 年其死亡人数已经降低到 29 人，百万吨死亡率仅为 0.03%[106]。1900~2004 年，美国的煤炭年产量从 4 亿吨增长到 12 亿吨，死亡人数却从 1 489 人下降到 28 人（并不是死于瓦斯爆炸等事故，而是其他工伤意外死亡）；2004 年美国的煤矿矿工总数大约为 10.3 万人（百万吨死亡率为 0.23 人）[107]。

表 9-1 为 21 世纪以来，中美两国 2000~2014 年煤炭安全生产情况对比，其中主要以煤炭产量、事故死亡人数、百万吨死亡率为主要对比指标[104]。从表 9-1 可以看到，除煤炭产量高于美国外，中国在事故死亡人数和百万吨死亡率上均高于美国。从两国各自的情况来看，中国虽然自然资源丰富，但人均占有量低，也不是煤炭探明储量最丰富的国家，中国人均煤炭占有量为 234.4 吨，低于世界人均占有量的 312.7 吨，美国人均煤炭占有量为 1 045 吨。据不完全统计，2018 年全球共探明矿产资源（以煤炭为主）的可开采量为 9 842.11 亿吨，而美国作为全球已探明煤炭储量最多的国家，其煤炭储量约占全球的 25%，但其开采量仅占全球煤炭开采量的万分之七。但从两国的煤炭产量看，中国煤炭年产量高于美国，这从侧面说明了美国在煤炭资源储量丰富的基础上，对本国煤炭开采进行了较为严格的约束，其国内正常的煤炭消费较大部分通过进口获得；中国的煤炭产量自 2000 年起开始基本上呈上升趋势，截至 2014 年，中国煤炭年产量达到 387 400 万吨，居全球首位，占比高达 45.7%，但从煤炭储量来看，中国煤炭产量比和储量比不均衡，若不加以控制和改善，中国煤炭可开采时间会大幅缩短。

表 9-1　中美两国 2000~2014 年煤炭安全生产情况对比

年份	煤炭产量/万吨		事故死亡人数		百万吨死亡率/人	
	中国	美国	中国	美国	中国	美国
2000	129 900	97 400	5 798	38	5.770	0.039
2001	138 200	102 300	5 670	42	5.200	0.043
2002	145 500	99 300	6 995	40	4.640	0.041
2003	166 000	97 200	6 683	30	3.710	0.038
2004	199 200	100 900	6 027	28	3.080	0.027
2005	220 500	102 600	5 986	23	2.810	0.021
2006	243 300	105 500	5 770	47	2.040	0.046
2007	252 500	104 000	3 786	34	1.490	0.031
2008	278 100	106 300	3 215	52	1.180	0.05
2009	205 000	97 300	2 631	34	0.890	0.03
2010	324 000	98 500	2 433	30	0.750	0.03
2011	352 000	99 400	1 973	21	0.560	0.019
2012	365 000	92 200	1 384	20	0.370	0.017
2013	370 000	89 300	1 067	20	0.290	0.017
2014	387 400	90 700	989	16	0.260	0.015

从事故死亡人数来看，2000~2014 年中国因煤炭事故造成的死亡人数高于美国。近年来，虽然中国对煤炭安全生产进行十分严格的管制，也取得了初步成效，但相比美国来说，仍然有较大差距。美国煤炭开采历史并不长久，但得益于较为先进和严格的生产管理，在安全生产事故方面取得了瞩目的成绩。中国的煤炭开采条件较为复杂，大小矿场参差不齐，部分企业内部对安全生产的管理颇为落后，缺乏先进的技术和监督管理，单纯依靠政府进行强制性管制取得的成效微乎其微。同样地，从两国的百万吨死亡率也可以看到，2000~2014 年美国的百万吨死亡率平均为 0.031，中国的煤炭百万吨死亡率平均为 2.203。自 2008 年以来，虽然中国通过对有关煤炭安全生产的法律法规进行了修改和完善，在事故死亡人数和百万吨死亡率上已经有了明显下降，但相比西方发达国家依然有较大的差距。因此，在未来较长一段时期内，中国仍需要在资源型行业的安全生产管理方面进行体系的建立和完善，通过借鉴西方国家先进的管理经验，结合本国的实际情况进行本土化改良，进而能适应中国资源型企业的实际情况，进一步改善国内的安全生产状况。

可以看到，随着美国对于安全生产的高度重视，美国的事故发生率和人员死亡率都在逐年下降，在一系列数字背后不难发现，美国资源型企业安全生产事故的减少与管制体系有着密切的关系，而美国安全生产管制体系的完善又离不开其严格的法律法规和有效的政府职能机构和管制办法。

2. 美国安全生产管制的相关法律法规

20 世纪 40 年代以来，美国开始逐渐重视安全生产管理，在几十年的时间里，共发布了十几部有关安全生产的法律法规，且对安全生产管理的标准要求也越来越高。涉及安全生产的有关法律法规也从最初的产量、伤亡率、生产环境、工资福利等，开始朝多元化、多领域的各个生产环节发展，如对矿井通风标准的规定、对生产安全标准的提高、对监察程序的规范和严格、对安全知识普及教育方面等都做了十分细致、严谨的规定。美国通过建立完善的法律体系在很大程度上保障了生产各方的基本权益，使得各方在安全生产过程中有法可依、有规可循，进而促使美国的煤矿安全工作更快地走上了法制的道路，同时也得到了世界的各国的学习和借鉴，具体如表 9-2 所示。

表 9-2　美国安全生产管制的相关法律法规

时间	相关法律法规	主要内容
1891 年	《联邦矿山安全管理条例》	美国历史上第一部专门的安全法规，自此对国内矿山生产进行了法律规范
1966 年	《联邦金属和非金属矿山安全法》	对各州的矿场制定专门的安全生产标准，设立矿业局，专门负责对矿山事务进行管理，并拥有调查权和停业权
1969 年	《联邦煤矿安全卫生法》	强化矿业局的职权范围，明确具体的矿井监察权
1977 年	《联邦矿山安全与健康法》	明确联邦监察人员的职责，强调安全健康检查
1980 年	《职业安全健康法》	要求将所有从事矿业生产的职工全部纳入工伤保险体系，安全执法人员每年必须进行不少于两次的安全健康检查
2006 年	《矿山改善和新应急反应法》	地下矿井必须设立救援队伍，企业受政府监督要定期举行安全演习
2013 年	《煤矿安全保护法》	煤矿企业要依法为矿工配备专业的安全设备，并定期举行安全教育培训

1891 年，美国颁布了《联邦矿山安全管理条例》，作为美国历史上第一部具体规范矿山安全的法规，其主要内容是对生产标准进行法律规定，要求各州必须严格遵守相关规定。该管理条例延续了 70 余年后，1966 年，美国颁布了《联邦金属和非金属矿山安全法》。该法在《联邦矿山安全管理条例》的基础上，进一步对矿山开采和职工管理进行规范，属于补充性法规。

1969 年，美国政府根据国内安全监管需要，制定了《联邦煤矿安全卫生法》，接着在 1977 年，美国对《联邦煤矿安全卫生法》进行了补充性说明，制定了《联邦矿山安全与健康法》，特别针对金属类矿产的开采添加了大量补充法规说明。同时，《联邦矿山安全与健康法》对生产过程中的职工健康与安全也以增设矿山安全和卫生署的方式，进行了行政管制。矿山安全和卫生署作为独立的安全监察机构，与联邦政府、州政府之间没有直接从属关系，独立运行，只对国会负责，在一定程度上有效地防止了监察机构与生产主体单位、地方政府相互勾结的现象出现。

《联邦矿山安全与健康法》规定，在政府职能部门任职的安全监察人员与从事安全生产的一线职工不得有隶属关系，负责安全监察的专业人员要具备由政府统一颁发的资格证书，持证上岗。同时，美国对安全生产事故的尽职调查处理也有十分明确的规定，如任何煤矿发生 3 人以上的死亡事故，事故发生地所在的州政府无权指派当地的安全监察人员进行事故调查和处理，必须上报联邦监察机构，由联邦政府指派专员进行事故的调查，且州政府有义务给安全检察人员提供必要的协助。此外，政府部门对涉嫌重大安全生产事故责任的单位和个人进行严格管理，交由相关执法检察机关审理处置。

随着美国新兴技术的发展和推广，新技术应用于煤炭安全生产的经验已经越来越普遍。美国矿业协会指出，新技术的快速发展改变了传统采矿业的生产模式，由互联网、物联网建立起的信息化网络，增强了煤炭开采生产的计划性，避免了盲目开采带来的资源浪费问题。同时，计算机、AR（augmented reality，增强现实）虚拟技术的运用，有效降低了开采过程中意外险情的发生，通过大数据模拟可以帮助企业了解和掌握风险高发频次和时间，提高开采效率，减少下井人数，大幅度降低安全生产的事故伤亡率。此外，新技术的发展在一定程度上也加速了老旧设备的更新换代，通过推广新型通风、开采、电器等设备，提高了安全生产健康指标，并经由联邦政府进行质量检查，极大地保障了一线生产职工的安全健康权益。

1980 年，美国针对国内矿工的待遇问题研究颁布了《职业安全健康法》，旨在保障厂矿工人的基本权益，明确要求将所有从事矿业生产的职工全部纳入工伤保险体系，且安全执法人员每年必须进行不少于两次的安全健康检查。

在 2006 年和 2013 年，美国又相继颁布了《矿山改善和新应急反应法》和《煤矿安全保护法》，分别对生产主体单位和一线工人的生产行为进行强制性规定，表示生产主体单位要根据矿井规模、危险等级及企业自身的发展状况，设立不同级别的安全救援队伍，救援队伍的建设、培训及现场作业受政府有关部门的监督，并对政府负责。对从事一线作业的矿工，法规中表示企业要为矿工配备专业的采掘设备和防护设备，并对其操作进行专业化培训和定期检查，加强矿工作业的安全性和自救能力。

3. 美国安全生产管制机构的设置状况

在美国的安全生产管制体系中，政府职能部门发挥了极其重要的作用，特别是在引导企业制定安全防治条例、事故救治措施及监督安全生产等方面，凸显了美国相关政府部门先进的管理思维和管理模式。与世界上其他国家类似，美国政府作为安全生产管理制度的主要政策制定者和引导者，通过国会批准设置劳工部，主要负责职业安全卫生，劳工部内设职业安全与健康管理局（Occupational Safety and Health Administration，OSHA）和矿山安全与健康管理局（Mine Safety and Health Administration，MSHA）。

根据美国国会在1980年通过的《职业安全健康法》，美国劳工部经国会批准下设职业安全与健康管理局，承担全国职业安全与健康的管制职责。职业安全与健康管理局内设各职能办公处，分别对业务调整、职业健康备案、就业与失业等涉及安全生产的内容进行专职处理。职业安全与健康管理局的主要宗旨是完善职业安全健康事业，降低职业安全生产风险，提高职业生产效率。此外，除了加强职业安全的健康监管之外，职业安全与健康管理局还建立起系统的职业疾病预防报道和归档体系。

矿山安全与健康管理局成立于1973年，主管美国的矿山事务，下设煤矿局、金属与非金属矿山局、罚款估价室、技术支援局等部门。矿山安全与健康管理局还在美国境内设立了16个地区矿山监察室，其中，煤矿监察室包括10个地区办公室、16个分区办公室及61个现场办公室，金属与非金属矿山监察室包括6个地区办公室、12个分区办公室及18个现场办公室。保障全国矿工的安全健康，有效防止采矿过程中的伤亡与疾病是矿山安全与健康管理局的工作宗旨。矿山安全与健康管理局设有批准认证中心、普林斯顿安全卫生技术中心、丹佛安全卫生技术中心、匹兹堡卫生技术中心，四个中心是矿山安全与健康管理局的技术支援系统，是政府授权的技术服务组织，为煤矿和金属与非金属矿山企业的安全与健康问题提供技术帮助和支持[108]。

9.1.2　英国资源型企业安全生产管制的状况

1. 英国安全生产发展历程

作为最早开始工业革命的国家，英国不仅能源储备丰富，而且资源型企业发展历史悠久。以煤炭生产为例，19世纪英国煤炭产量高居世界第一位，但在第一次世界大战之后，英国以煤炭为主的工业开始衰落，从而煤炭产量迅速下降。就英国的能源生产结构来看，截至2017年，英国初级石油（包括原油和天然气液体）占能源总产量的40%，天然气占32%，初级电力（包括核能、风能、太阳能和水力发电）占17%，生物能源及废弃物占10%，煤炭占1%，如图9-1所示。

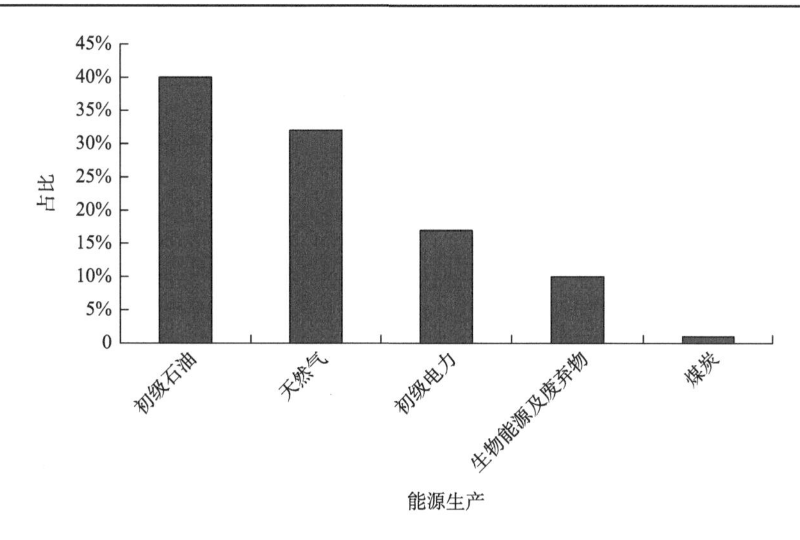

图 9-1　2017 年英国的能源生产结构

纵观英国资源类企业安全生产的历程，早期以第一次世界大战为分界线，在第一次世界大战之前，伴随着工业革命，英国以煤炭高产闻名全球；第一次世界大战之后，英国煤炭工业衰败，煤炭产量迅速下降，但在 1974 年英国开始实施能源国有化后，石油、天然气、煤炭等资源产量开始回升。1952 年 12 月发生的“大雾霾”事件，使得伦敦每立方米的污染微粒高达 1 000 毫克，直接导致了约 15 万人因呼吸问题被送至医院，并最终导致 4 000 人死亡。1988 年发生的北海油田大爆炸事件，导致 167 人死亡，2 000 余人受伤。一系列的生产事故直接使得英国的能源消费结构发生重要调整，英国本土资源产量开始急剧下降，大量进口资源成为英国资源消费的重要来源。20 世纪 90 年代初期，英国政府不堪忍受高昂的资源生产补贴，开始逐渐关闭产量小、效益少的矿场，直至 1993~1994 年，英国实施了煤炭工业的私有化过程。近些年来，英国煤炭工业状况开始出现转机，全国煤炭的年产量已经达到 3 500 万吨，井工矿约有 46 个，产煤量达 2 000 万吨，露天煤矿产煤 1 500 万吨；从事煤炭职业的人员也从 1910 年的 100 万人，降到了 1999 年的 1 万人左右，矿难死亡人数也从 1 775 人降到了零死亡，其发展令世人赞叹不已[109]。

2. 英国安全生产管制的相关法律法规

在早期，英国的开采基础设施相对落后，再加上当地政府对矿产资源的安全生产管制不够严格，造成了在一段时期内英国国内安全生产事故高发、矿工短缺。因此，英国政府为了满足国内资源需求，减少事故发生率和伤亡率，于 1850 年颁布了英国国内第一部涉及矿类生产的法律法规——《煤矿安全监察法》。《煤矿安全监察法》创造性地提出要在政府职能部门和生产主体单位内部设立安全检查员的职位，同时也对生产主体单位的水电设备、救护设备、安全设备等内容进行了十分详细和规范的约定[110]。此后数年，英国又对其进行了更加详细、具体的补充和修改，为英国安全生产法律法规的完善奠定了坚实的基础。

1945 年，英国开始对国内的资源型企业进行集中管理。为了加强政府对能源生产的监管，1946 年，英国国会颁布了《煤炭工业国有化法》，法律明确了矿产资源的开采、销售、盈亏由中央负责，同时设立国家煤矿局，专职负责境内煤炭的生产活动。《煤炭工业国有化法》开始逐渐增强工会在煤炭安全生产过程中的作用，该法明确规定，国家煤矿局如果有涉及职业安全健康的相关问题，必须与工会组织进行协商，而工会组织须经国家有关部门认可批准，才能从事安全健康规则的探讨与制定[31]。自此，英国的矿类生产有了专业化的部门监管，英国的安全生产事故开始逐渐下降。

为进一步加强对矿山的安全工作监管，1953 年英国出台了《矿山与采石场法》。该法对生产主体单位、企业内部员工及安全监管人员的安全职责进行更为严格的规定。主要完善的地方包括但不限于开采过程的粉尘、水、煤尘涌出，瓦斯突出等安全危险等级较高生产环节的安全规定，同时也对抢救、事故演练等内容进行了严格规范，特别是对生产主体单位的操作运输进一步明确。

1972 年，英国国内工人发起职业健康保护游行，呼吁政府对从事危险系数高的工种提高工资、增加社会福利等。英国国会通过相关研究，于 1974 年制定了《职业健康与安全法》。该项法律明确规定了在安全生产中各方负有的相关责任，推动了英国安全生产立法的步伐。《职业健康与安全法》旨在保护工人及其他从事安全生产人员的人身安全和财产安全，对发生事故责任的认定和后续赔偿等事项进行了强制性规定。由此，英国安全生产管制体系开始形成网络，具有一定的完整性。

20 世纪 70 年代，北海油田的大规模开采，为当时经济疲软的英国带来了巨额的利润，使得英国在西欧国家脱颖而出，但随着油田的出油量逐渐减少和 1988 年北海油田发生大爆炸事件之后，由英国政府集中管理矿产资源的方式出现了财政赤字和严重的环境污染。

20 世纪 80 年代末，英国北海油田的大规模开采活动在为英国提供丰富能源的同时，也使煤炭开采的成本越来越高，逐渐失去了竞争力。电力工业的私有化，方便了选择天然气或进口便宜的煤炭资源，这无疑更加重了英国煤炭工业的压力。随着人们对环保越来越重视及经营煤矿企业对国家造成的很大的财政压力，政府决定将煤炭工业私有化。1993 年，英国议会批准了将煤炭工业逐步私有化的提议，并于 1994 年正式颁布了《煤炭工业法》。该法主要由四部分组成：对煤炭工业进行重组，并且成立国家煤炭管理局对其进行监督和管理；对煤炭开采业实行许可证的管理制度；对煤炭开采业对应的权利和义务进行详尽的规定；一般性的条款及补充条款[111]。

3. 英国安全生产管制机构的设置状况

英国在 1974 年根据《作业场所健康与安全法》等相关法案设立了独立于其他监管机构的部门——健康与安全执行局。健康与安全执行局主要针对英国国内高危行业的职业安全工作进行监管，通过在各州设立地方执行局的方式进行垂直、集中管理。健康与安全执行局内设矿山监察处、机电安全处、辐射与噪声处、强碱与洁净空气处等，其安全监察领域涉及矿山、工厂、核设施、铁路、海洋石油工程等高危设施。健康与安全执行局下设现场咨询组织，该组织是专业性科学技术组织，配备了机械工程、化学工程、土木工程和职业卫生等各类技术专家，监察支撑体系较为完善，技术手段十分完备。

9.1.3　日本资源型企业安全生产管制的状况

1. 日本安全生产发展历程

日本的安全生产管制体系一直伴随着日本经济的发展而不断完善，有关数据记载，截至 2014 年，日本矿山开采数共计 504 处，其中金属与非金属矿山共 199 处，石灰石矿山 245 处，石油井 60 处。从业人数共计 11 167 人，其中井下开采人员 369 人，地面开采人员 10 798 人，如表 9-3 所示。从表 9-3 中可以看到，在日本国内的各类矿山中，石灰石矿山的数量占比最大，高达 48.61%，非金属矿山次之，占比为 29.76%。就从业人数的分布情况看，石灰石矿山的从业人数占比最多，为 55.37%，金属矿山次之，为 17.11%。从实际工作人次和工作时间来看，2014 年日本矿山开采共计 2 670 960 人次，其中，井下共计 83 658 人次，地面共计 2 587 302 人次；工作时间共计 21 053 367 小时，其中井下共计 655 203 小时，地面共计 20 398 164 小时，如表 9-4 所示。

表 9-3　2014 年日本矿产资源开采与从业人员概况

矿产资源	矿山开采数/处	从业人数/人		
		井下	地面	总计
金属与非金属矿山	199	200	3 162	3 362
金属矿山	49	168	1 743	1 911
非金属矿山	150	32	1 419	1 451
石灰石矿山	245	169	6 014	6 183
石油	60	0	1 622	1 622

表 9-4　2014 年日本矿产资源实际工作人次和工作时间概况

矿产资源	实际工作人次/人次			工作时间/小时		
	井下	地面	总计	井下	地面	总计
金属与非金属矿山	42 565	736 870	779 435	336 343	5 729 693	6 066 036
金属矿山	36 030	407 029	443 059	286 597	3 158 196	3 444 793
非金属矿山	6 535	329 841	336 376	49 746	2 571 497	2 621 243
石灰石矿山	41 093	1 474 048	1 515 141	318 860	11 643 780	11 962 640
石油	0	376 384	376 384	0	3 024 691	3 024 691

20 世纪 50 年代以来，由于日本境内煤炭产量增加，安全生产投入及管理未能及时跟上，矿井特大事故接连不断发生。1961 年，日本在生产过程中因事故死亡人数高达 6 712 人；1963 年三井三池煤矿发生的煤尘爆炸事故，造成 458 名矿工死亡；1965 年山野煤矿瓦斯爆炸，造成 273 名矿工死亡。截至 2014 年，日本矿山百万人次事故发生率为 14.51%，百万人次死亡率为 0.37%，百万人次重伤率为 8.19%，百万人次轻伤率为 1.12%。其中，非金属矿山的百万人次事故发生率最高，为 36.38%，远远超过日本矿业部门的平均水平，石灰石矿山次之，为 12.89%，如表 9-5 所示。

表 9-5　2014 年日本矿产资源百万人次事故伤亡概况

矿产资源	百万人次事故率			
	发生率	死亡率	重伤率	轻伤率
整个矿业部门	14.51%	0.37%	8.19%	1.12%
金属矿山	12.28%	—	2.46%	2.47%
非金属矿山	36.38%	3.03%	24.25%	—
石灰石矿山	12.89%	—	8.14%	1.36%
石油	5.31%	—	2.66%	—

注：“—”表示该项数据不详

2. 日本安全生产管制的相关法律法规

日本一向重视安全生产，并一度将安全生产的法律法规作为职工健康和国内经济发展的重要强制性要求。20 世纪五六十年代，日本国会相继颁布了《劳动安全卫生法》《矿山安全法》《劳动灾难防止团体法》等一系列法律法规，通过严格、不可侵犯的法规约束，日本国内的安全生产状况得到了基本改善。截至 21 世纪初，日本国内矿类生产事故的死亡人数不足 300 人。

《劳动安全卫生法》对安全生产体制的建设给予了明确要求。该法规定对于国内从事安全生产的单位和个人，都必须建立起独立、各具特色的安全生产体制，特别是具有一定规模的资源型企业。作为监管者，政府会在各个区域指派多名安全生产卫生负责人，专职负责处理该区域的安全生产问题。同时，《劳动安全卫生法》还对职工就业和职业健康进行了特别说明，要求凡是 50 人以上的资源型企业必须配备专业医护人员，按上级要求定期对职工健康进行统计并上报，切实维护员工的健康权益。

《矿山安全法》主要针对各类生产主体单位的生产活动而颁布，涉及较多具体的专业操作和防护要求，如对矿井的塌方、透水、粉尘爆炸等事故的应急处置、事后调查、伤亡救治等方面都进行了具体严格的规范。时至今日，该法经过了多次修订和补充，已经成为日本国内矿业安全生产管理的重要法律参考。

3. 日本安全生产管制机构的设置状况

《矿山安全法》除了规范和约束生产主体单位的生产行为外，还依法设置诸多职能机构。中央劳动安全卫生委员会是日本国内负责资源型企业安全生产的主要职能机构，除了基本的安全监察外，中央劳动安全卫生委员会还负有指导、督促行业协会加强对生产单位管理的责任和义务。与其他国家安全监察机构不同的是，中央劳动安全卫生委员会尤其重视安全生产的超前管理和过程管理，不采用事后调查、事后处理的一般处置方式，而是在安全生产之前和生产过程中就给予严格的规范，一旦发现问题就会立即处理，将各种风险和隐患提前消灭，防止问题扩大，以免造成不必要的经济损失和人员伤亡。

除此之外，日本政府还根据《劳动灾难防止团体法》设立了中央劳动灾难防止协会。该协会是集灾害防治、事故处置、健康防护、教育培训于一体的综合职能部门，是日本政府处理安全生产综合事务的主要负责机构。与中央劳动安全卫生委员会不同，中央劳动灾难防止协会采用政府协助、行业管理、自律负责的处事方式，对境内不同行业的生产主体单位分类、分策管理。

9.2　国外先进的安全生产管制经验借鉴

9.2.1　完善的监督体制和法律制度

1. 完善的监督体制

从美国近年来煤矿事故发生率来看，其安全监察机构发挥了十分重要的作用。美国的安全监管体制享有高度的独立性，通过实行轮岗式的管理制度，再加上强硬的执法力度，在操作机制上有效防止了检查员与当地煤矿主和地方政府互相勾结形成利益联盟[112]。煤矿安全与卫生监察局下设煤矿安全与卫生办公室，在地方设立了 11 个地区级的办公室和 65 个矿厂办公室，它们都是独立的监督机构，与煤矿主和各个州、县政府之间没有任何利益关系和从属关系，独立自主地行使监察权。这就很大程度上形成了各个生产主体之间的有效制约机制，通过明确彼此之间的权力范围，使得各自在履行职责过程中更加谨慎小心，基本上不再存在行贿、收贿现象，从而保证了安全监察机制的公平、公正和透明。

此外，第二次世界大战之后，日本在安全监管方面也表现出色。为尽快恢复国民经济，在大力开发矿产资源的同时，日本政府实行了中央垂直管理的安全生产监管体制。《矿山安全法》明确规定了矿山安全监督体制的机构设置、人员构成、职权范围等内容，通过设立中央原子能安全院，开设关于生产安全的课程，在矿藏丰度不同的地区设立矿山监督部，专门负责对该地区的矿山数量、业务量等进行监管。日本依靠这种科学的管理模式，在 1970 年后就极少发生大型的安全生产事故，此外，这种分工明确、职责清晰、中央垂直管理、地方分权监管的体制在最大限度上也避免了中央、地方与企业之间的利益冲突，提高了管制的有效性。

英国经过近年的生产实践探索，也逐渐建立起从中央到地方的安全生产监督体制。与美国的监督体制类似，英国也实行了中央集权管理、地方分权的一整套监督管理体制，但区别于美国的监督体系，英国的机构设置在权力和职责方面更具有统一性，中央机构和地方机构只存在权力分配的差异。英国的监督管理体制一般由国会授权并组建，国会设置健康与安全执行局，地方设置相同的分支机构，负责地方的职业安全和健康的法律法规执行及落实。中央有集中管理、随时抽查监督的权力，并保留对地方重大事故调查处理权，地方对一般性事故负有调查、处理、上报等权利和义务。

同时，英国国会也对重点生产领域，如矿山、油田，甚至交通领域设置专门的监察机构，监察范围基本涵盖安全生产行业的方方面面，且与中央和地方相互协调，共同负责国内的生产安全。在职责岗位方面，中央与地方定期召开监察组织联合会议，及时对生产主体单位的安全生产状况进行更新和汇报，在重大生产事故事件中，由地方上报初始处理意见，交由中央机构进行事故等级认定和事故处理。中央和地方会定期召开监察组织联合会议，专门对体制的相关规则进行讨论和修改，监察员职责的变更也由监察组织联合会议进行决议，且在上下级沟通过程中，英国的监督管理体制一直保留了地方监察员和中央机构的直接交流机制，监察员遍布生产行业的整个领域，且主要在工会、农业生产、化工、矿山与采石场、管道及石油工程等行业负责主要的监督管理。建立的监督管理员上下级直接沟通体制，在很大程度上保障了监督监察管理体制的专业性和独立性，也极大地防止了监察员与生产企业联合舞弊，无视安全生产漏洞，隐瞒、漏报、迟报、推诿扯皮等现象，提高了安全监察管理机构在安全生产领域的权威性。英国的健康安全监督管理体制模式如图 9-2 所示。

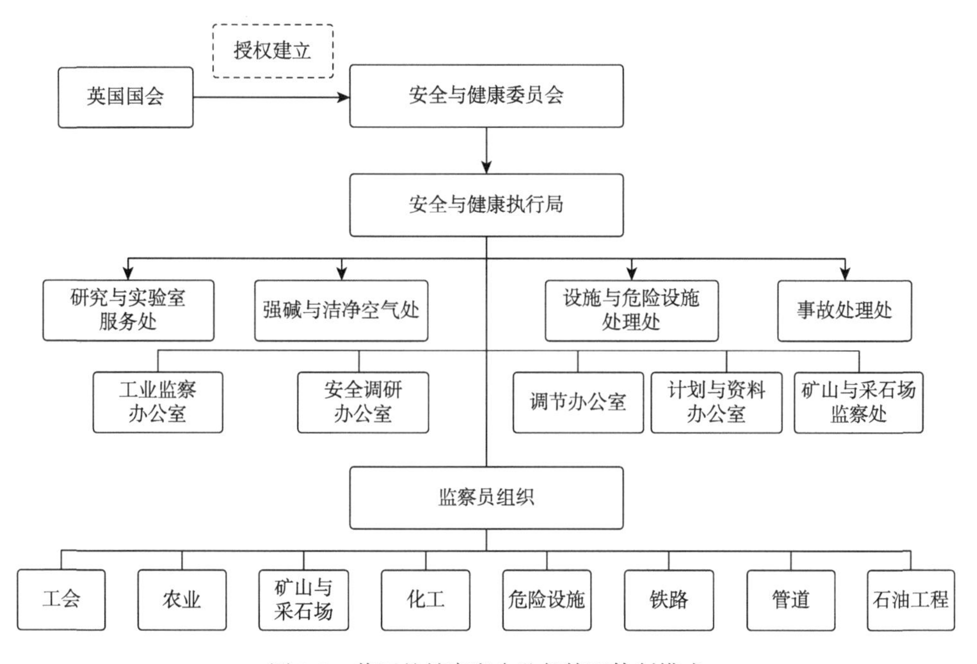

图 9-2 英国的健康安全监督管理体制模式

2. 完善的法律制度

美国、南非、韩国等对矿山安全的立法非常重视，相关立法都由国会审议通过，并由总统颁布，其立法层次之高、权威性之强深刻影响着世界其他国家的安全生产管制法律法规的形成。例如，美国从 1891 年颁布第一个有关管理矿山安全生产的法律到现在已经先后制定了十余部法律，依托这些法律，美国逐渐形成了比较完善的矿山安全生产法律体制。以煤矿生产为例，美国国会颁布的《联邦煤矿健康与安全法》是美国政府针对煤炭安全生产进行管理的最高法律依据，具有极高的权威性。此外，美国安全生产法律对事故的处罚也进行了非常严格的规定，违规生产带来的事故成本也远高于其他国家。因此，一般当法院认定事故责任之后，安全生产主体单位往往面临着高昂的罚单，根据事故等级，除了要追究煤矿和经营者、管理人员的刑事责任，处以 1 万~5 万美元不等的罚款外，还要对企业后续的生产申请进行限制。

从英国的安全生产法规法律建设和实施情况看，英国通过建立层层补充性法规逐渐对生产领域的安全生产问题进行补漏，经过一百多年的发展，已经建立起相当完善且具有借鉴意义的安全生产法律法规体系。从 1850 年意识到国内煤矿安全生产管理不够严格，进而颁布最早的《煤矿安全监察法》开始，此后数十年来，英国对其安全生产法规进行了十多次大型的补充和修订。例如，1946 年为了解决矿山经营权归属问题，英国颁布了《煤炭工业国有化法》；1953 年颁布了《矿山与采石场法》，对矿山和采石场进行了更加详细和具体的规定，主要是对矿山生产主体、管理人员及安全监察人员的安全职责进行严格的要求；1974 年英国国内接连爆发大型的矿山工人罢工维权游行运动，国内舆论一片哗然，使得国会和地方政府开始关注工人的健康和安全权益，经过多轮谈判，最终于 1974 年 9 月颁布了《职业健康与安全法》，切实保障了一线工人安全生产的财产权益和健康权益；随着英国国内矿产资源紧缩，有限的矿山所花费的成本和费用远高于矿产交易所产生的收益，国会赤字日益庞大，矿山经营权国有化的管理模式开始受到政府管理人员的质疑，因此，1994 年，英国国会颁布了《煤炭工业法》，将矿山经营权等相关权力转移给私有企业，由私有企业进行自我管理。具体如图 9-3 所示。

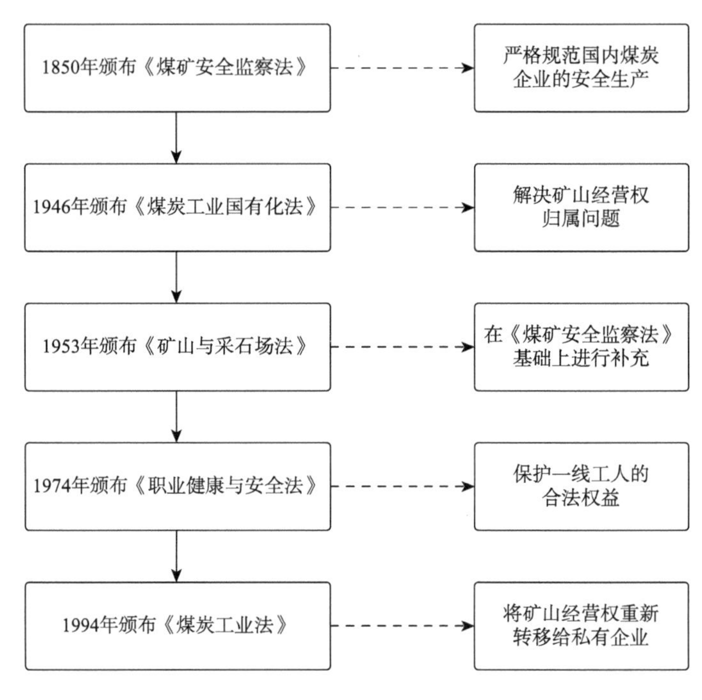

图 9-3　英国安全生产的法律法规体系

严密且完整性强的法律体系，也是西方国家安全生产管制体系受到各国广泛称赞和学习的原因之一。以美国为例，矿山安全与健康管理局制定的矿山安全与健康标准，包括了煤矿和非煤矿的详细标准，从设计到施工，从开工到报废，从地面到地下，以及地质测量、采煤、掘进、通风、瓦斯、煤尘、防火、治水、环保、复田、提升、运输、机电设备、仪表器具、检验程序、取样方法、授权单位、收费标准、人员资格、培训考试、事故登记、调查处理、起诉、奖惩赔偿等无所不包。此外，各州政府还根据情况，制定本州的法规，作为补充。由于有了全面严格的法律法规，美国的矿山安全工作走上了正规化、法治化的轨道，矿山安全状况明显改善。进入 20 世纪 90 年代后，美国的矿山安全生产事故继续减少，保持了世界最高水平。

9.2.2　事故调查机构严格执法

1. 健全的事故调查机构

从西方发达国家的现实情况看，安全生产管制机构的严格执法主要体现在对事故的调查和处理方面，各国的事故调查由专门的调查分析机构独立负责，其事故结果根据事故等级认定，直接报送给不同的当事人或相关机构。其事故调查机构的权责范围几乎囊括了安全生产的方方面面，包括但不限于职业安全、矿山、交通运输、化工、核设备、建筑等行业，如表 9-6 所示。

表 9-6　不同发达国家与行业的事故调查机构

<table>
<tr><th>行业</th><th>美国</th><th>英国</th><th>日本</th></tr>
<tr><td>一般职业安全生产事故</td><td>职业安全与健康管理局</td><td>安全与健康执行局</td><td>中央劳动安全委员会</td></tr>
<tr><td>矿山事故</td><td>矿山安全与健康管理局</td><td>安全与健康执行局下设的危险设施处</td><td>矿山综合事务处</td></tr>
<tr><td rowspan="2">交通事故</td><td rowspan="2">国家运输安全委员会</td><td>铁路事故调查中心</td><td rowspan="2">交通事故调查事务处</td></tr>
<tr><td>航海事故调查中心</td></tr>
<tr><td>化工事故</td><td>化学品安全与危害调查委员会</td><td>安全与健康执行局下设的危险事故处</td><td>化学品安全生产事故调查事务处</td></tr>
</table>

不难发现，西方发达国家针对不同行业的生产事故都设置专门的事故调查机构，并由调查机构根据事故的等级和类型进行专业化处理。同时，这也凸显出各国的事故调查机构在履行职责、严格监督管理安全生产行为的相关特征。这些机构在事故调查和执法过程中都呈现独立性、公开性、专业性等特征。

1）独立性

事故调查独立性主要体现在三个方面，分别是机构的独立性、经济的独立性及职能的独立性。

（1）机构的独立性。国外发达国家从诸多安全生产事故的背后发现，政府监管机构往往不能十分有效地改善生产事故的减少，主要原因是监管机构的职能过于分散，既强调对生产过程的监督，也负责事故原因调查和对事故处理的监督。因此，近年来，越来越多的国家开始建立事故调查与常规性监督管理相分离的有关机制，主要方法就是建立独立的事故调查处理机构。从国外负责调查矿山等行业安全生产事故的现实情况看，这些调查机构一般由国内法律授权设立，对中央政府负责，独立于其他有关政府职能部门。例如，美国的职业安全与健康管理局、英国的安全与健康执行局、日本的中央劳动安全委员会及其下设的相关事故调查部门。这些机构的设置形式一般是独立存在、独立成制，但也有些调查机构名义性地归属于政府的有关部门，实则具体行政办公及职权完全独立，不受挂靠部门的约束和管制。同时，这些独立的事故调查机构也会在地方设立分支机构，实行统一集中管理，由总机构授权，分支机构负责地方性事故调查，最后由总机构进行事故判定和通报。

（2）经济的独立性。一般而言，国外相关国家设立的事故调查机构，由国会或中央政府给予经济支持和财务帮扶。例如，美国负责矿山的事故调查机构，即矿山安全与健康管理局，其机构的经费直接来源于中央政府的财政预算，在经济上，其不依赖其他政府部门，也不与其他政府部门使用相同的预算系统，具体由财政部按照机构预算进行预先拨付，年终整体结算。这在最大限度上能够保证事故调查机构合法、独立地支配自身部门的财务，从而能在很多方面最大限度地落实安全生产事故责任，维护事故受害者权益，保证事故调查机构的独立权威性。

（3）职能的独立性。在各国安全生产法律法规的要求下，中央政府设有独立事故调查机构的，一般由事故调查机构根据事故等级交由不同行业类别的事故调查部门进行专一处理，其他部门无权做出行政干涉。除在个别情形下，独立事故调查机构需要其他部门进行配合调查时，由调查机构与其部门签订谅解协议，双方在协议框架内展开合作，且应以保证事故调查的独立性、不受任何部门或个人干涉为前提。例如，英国法律曾明确规定：在生产过程中，工人因公死亡或因工作受到伤害，导致工人发生职业疾病，歇工达 3 日以上的，必须向安全与健康执行局报告，并由安全与健康执行局派专员赴当地进行实地调查。在美国，矿山类生产单位一旦发生较为严重的安全生产事故时，应由矿山安全与健康管理局展开调查，并由该机构出具最终事故认定，除需其他政府部门提供必要资料时，任何部门不得干涉事故调查机构的事故认定和事故处理。

2）公开性

美国国家运输安全委员会于 20 世纪 60 年代开始对本国的交通运输安全生产事故进行定期公布。受美国国家运输安全委员会影响，英国于 1980 年开始逐步对本国的安全生产事故进行公开，事故调查的过程和结果受社会公众监督。公开的方式也由原来依靠政府平台进行统一公布，逐渐转变为机构自行公布（如相关机构通过建立本机构的门户网站，通过官方网站对事故调查、取证、认责等有关情况及时向社会公布）及媒体公布等形式。此外，政府也会采用线下形式，如召开听证会听取各方意见来判定事故责任等。

日本事故调查机构在向社会公众公布相关事故情况时，政府保留了公众对事故认定的质疑权，即多数公众或其他社会团体若对事故调查过程或结果产生怀疑，或认为事故责任落实不到位、事故的经济处罚措施不合规等，可直接向事故调查专门机构反映，该机构则必须在一定工作日内回应社会关切，并做出合理解释，必要时需重新认定事故的相关责任。

3）专业性

从事故调查机构的专业性来看，不同行业的事故调查机构人才选拔都有严格的专业要求。例如，美国的矿山安全与健康管理局就对其任职人员做出严格的专业和实践要求，从事矿山安全生产事故处理的机构人员必须具有相关专业的学位证书和资格证书，必须具有3年及以上的矿山实践工作经验。

除对相关专业的要求外，事故调查机构也十分强调专家在整个调查过程中的作用。在欧洲各国，以欧盟为代表，就建立了不同行业的事故处理策略专家小组。这些专家小组的主要任务就是协助欧盟委员会制定事故调查的一般和针对性方法，且该方法应在有关具体实践中得到应用，在后续的事故中能不断适应新技术的发展，与之保持高度的相关性，确保该方法能长期有效地服务欧盟委员会处理行业内的安全生产事故[113]。

2. 严格的执法治理体系

以美国为例，美国1977年颁发了《联邦矿山安全与健康法》，随后又在1978年成立了矿山安全与健康管理局，专门负责全国矿山安全生产的监管。同年，矿山安全与健康管理局在美国38个州设立了地区安全监察处，每年对全国井工煤矿和非金属矿山进行4次安全监察，对露天矿进行2次监察[114]。

美国等其他西方国家的机构执法十分严格，德国、日本等国家在早期建立起“重大实质性”违规签章制度，以现场或当地的专门机构对违规发生事故的行为进行评估，进而判断其是否符合“重大实质性”违规，并根据实际情况进行上报、处置。对于多数没有造成严重事故的生产主体单位，由当地的安全生产管制机构评估其事故的等级，提出罚款的金额，一般数额不高，并在此基础上对生产主体单位施加措施，责令改正违规行为。对于较为严重的违规事故，根据以前违规的记录、生产单位的经营规模、生产责任人的疏忽程度、违规的严重性、矿主对违规问题改正的良好诚信、罚款对矿主继续经营能力的影响等相关因素来评估罚款的金额和实施相关的措施，以此来对生产主体单位的生产操作进行监督，对发生违规事故的矿厂予以严格处罚。

此外，德国等国家还可以通过“撤出命令”（政府主管部门可依据本国法律对已经下矿或即将下矿的矿工发布从井下撤出命令）、“无充分理由的失误”（政府主管部门若首次发现生产主体单位在遵守某项规定时“无充分理由的失误”导致了较为严重的违规，不进行相应的处罚，但在90天内又出现严重违规，即可发出撤出命令，并对其进行加倍处罚）等措施对资源型企业的生产行为进行十分严格的执法，以保证资源型企业能依照法律法规要求进行安全生产。

9.2.3 重视安全教育培训

除了相关的法律法规要求和政府职能部门的严格监管外，各国也非常重视资源型企业安全生产的教育培训。政府认为生产主体单位负有教育和培训矿工进行安全生产的义务和责任，矿工同样需要具备较为专业、系统的安全知识，以进行合规生产、正确完成工作。

日本矿业防止劳动灾害协会在全国设立了两处大型综合性矿山安全生产培训中心。该协会作为日本非官方的主管资源型企业安全生产主体教育和培训的机构，主要开展与矿山开采活动有关的安全卫生教育、宣传、指导、报道等事项。早期，该协会由政府内阁提议组建，通过日本通商产业省、北海道和有关县、市及有关行业的特别会费筹集4.68亿日元，在北海道的岩见泽市、本洲地区东部、九州地区的福岗县三地建设矿山安全生产培训中心，该中心于1969年1月建成投入使用。到1977年，本州地区东部的井下煤炭采完，矿山关闭，该地区的安全生产培训中心也随之关闭[115]。在矿山安全生产培训中心成立之后，各地区矿山不再单独设置集中的安全教育培训机构，通过采取集权管理模式面向全国各类资源型企业进行职业培训、救护培训和安全技术培训等，保证了矿类企业员工就职所需的各种资格认定考试的权威性和严肃性，也在一定程度上避免了机构之间的重复设置，减轻了生产主体单位的负担。

相比日本的安全教育培训管理，美国更注重主管机构的专门化和全面化。美国主管矿山安全的政府机构是矿山安全与健康管理局，其下设教育政策与发展司，负责矿山安全与健康的教育、培训工作。教育政策与发展司总部设在阿灵顿，由政策与规划协调处、现场教育处和国家矿山健康与安全学院三部分组成[36]。政策与规划协调处负责协助国家主管部门相关政策的实施，主要通过对有关机构、生产主体单位制定培训内容等方式开展教育活动；现场教育处负责收集并审阅政策与规划协调处培训活动的全部资料，协调其他联邦机构和州政府、矿场、职业协会、劳工组织等的培训工作，同时也负责对矿山安全与健康管理局颁发的政策进行说明和宣传。此外，该处的资格与证书办公室专门负责对全国从事矿类生产活动的人员授予资格、印发证书。国家矿山健康与安全学院以收纳学员的形式集中系统地为学员进行授课，并且为世界其他国家的有关人员提供培训服务。在美国的相关法律要求下，生产主体单位也可以自行举办培训，但需要上报各矿区教育服务处对其授课人员进行资格审查。

在联邦政府和州政府设置相关职能部门的基础上，美国许多州也设立了有关的专科院校，如亚拉巴马州的比维尔州立学院。亚拉巴马州有十分丰富的露天、地下煤矿和非金属矿，1975~1985 年，该学院平均每年培训 6 500 名矿工，其重点培训对象为那些没有能力进行培训但又十分需要进行培训的小型矿场[116]。

在培训时间和培训流程方面，美国对新矿工、从事新工种的矿工、重新雇佣的有经验矿工的培训时间和内容都有具体规定，矿工还要进行定期培训和危险培训，在完成有关的职业培训和安全生产操作考核后，相关单位会给学员颁发一张经劳工部长批准的证书，以证明该矿工已接受了经过批准的健康和安全生产培训，并通过了培训中的每一个培训项目。同时，该矿工还要在矿山安全与健康管理局的相关表中登记，证明该矿工已接受了该项培训。另外，美国还非常重视对监察人员的教育培训。美国法律规定，矿山安全监察员须至少具有 5 年的实际采矿经验，并要在国家矿山安全与健康学院进行培训。近年来，美国还实施了矿区教育服务工作，矿区教育服务旨在最佳地利用矿山安全与健康管理局的各种资源，帮助各地区特别是偏远的小型矿山实施安全与健康培训计划，达到预防矿山事故发生的目的。矿区教育服务人员在全国矿山领域同矿山管理人员、矿工和培训教员密切合作，研究改进培训方式，利用教育和培训委员会的培训资源最大可能地满足每个矿山的特殊需求。他们平均每周进行 120 次矿山调查，除此之外，还与采矿协会、安全组织、工会和教育学会合作，共享网络资源。

9.2.4 广泛有效的社会监督

1. 工会组织：强有力的中介力量

西方国家在近年保持较低的矿类生产事故发生率的另外一个重要原因是广泛有效的社会监督。在英国，工会组织作为国家工人利益的最高代表组织，积极发挥着劳动安全卫生监督和维护基层工人利益的重要作用，一方面保障了一线工人的人身安全和财产安全，另一方面极大地促进了英国基层工会的发展和健全。英国工会的成立负有两大重要的使命和责任：第一，监督生产主体单位为工人提供符合国家相关法律法规要求的生产条件，包括生产工具、防护工具、运输工具及与之有关的配套设施；第二，生产主体单位要建立健全保险赔付制度，一旦发生安全生产事故，能确保一线工人获得足额的事故赔偿金。

英国工会的发展伴随着国内雇佣关系的成熟和工业化的进程。最早的工会组织起源于国内煤炭、手工业、建筑等行业雇佣关系的长期建立，工人为了得到更好的工资福利待遇而与企业主进行抗争，在此过程中，出现了一些有组织的团体。此后，作为资本主义发展到一定时期的产物，工会组织也开始逐渐丰富并具有较强的专业性。英国工业革命前，大多工会成立于地方，且仅代表一些传统的小行业，如木匠工会、铁匠工会、瓦匠工会、印刷工工会等，这些略有组织的小型工会团体一般不具有明显的社会地位，也不被政府承认，没有合法地位，其活动也不受法律保护。工业革命后，英国开始大力发展本国工业，尤其是钢铁、煤炭、石油等产业。以煤炭为例，19 世纪 80 年代，煤炭工业成为英国最大的工业部门，到第一次世界大战爆发前期，英国平均年产煤炭总量达 2.2 亿吨，全国登记在册的矿井共有 3 289 个，分属 1 589 个煤炭企业。辉煌的工业也极大地促进了英国工会的发展，到 1920 年，英国矿工联盟作为英国最大的工会组织，在相当长的时期内，扮演着政府与一线工人之间的中介角色，且在国家有关法律法规出台过程中起到了十分重要的作用。这段时期的工会组织明显带有政治色彩，特别是在推动英国煤炭工业国有化方面，深刻影响着国会相关法律的制定，在行业内发挥着举足轻重的作用。

1934 年后，伴随着英国煤炭工业的衰退，以英国矿工联盟为代表的工会组织逐渐发展为多领域、多职能的社会团体，劳工联合会开始作为全国性的工会组织为不同行业的一线工人和生产企业发挥着沟通和协调的作用。这时期的工会组织开始更多关注职能建设，以广大矿工和国家整体利益为中心，以参与者的身份帮助制定国家有关的法律法规，不断巩固工会组织的专业力量，在解决工矿纠纷、提高一线矿工的薪资待遇、协调政府的相关职能方面，深受广大矿山经营者和矿工的信任。为了进一步发挥工会的组织力量，英国于 1974 年出台了《工作场所与安全法》，进一步赋予了工会对于生产主体单位的监督权，要求工会组织成立专业的监察队伍，不定期对矿类企业进行现场抽查，对工作环境和生产过程进行安全评分，旨在塑造行业良好的工作风气。

在美国，对矿类企业的社会监督来自方方面面，有与矿工权益密切相连的各种基金、非政府组织，通过资本市场的运转，使之对生产主体单位和政府部门进行有效的制约。美国的矿工联合会作为非政府组织之一，切实发挥着联系、沟通矿工与企业、政府三者的“传话筒”作用。1941 年，美国矿工联合会提议对工薪、保险、子女教育等多项内容进行修改，以适应不断上涨的消费水平，却遭到矿工企业协会的拒绝，由此带来了美国长达数月的矿工大罢工，其后，美国矿工联合会又在 1945 年、1946 年和 1949 年组织大罢工，着力保证矿工的合法权益。美国矿工联合会的作用与国家公权下的立法部门、司法部门及行政部门相并列，主要通过声援、起诉、游行等方式，保障相关矿工的权益，尤其是涉及无故解雇、非法克扣或降低矿工工资等危害矿工生命财产安全的相关权益。

2. 新闻媒体：有效的社会公开

相比中国国内的新闻媒体，国外的新闻媒体对安全生产方面的报道更具透明性。美国在 20 世纪 80 年代首次规定涉及安全生产的主要机构应设置专门的新闻报道中心，该中心依托其机构（如矿山安全与健康管理局）的资源，及时向政府披露该机构的安全监管情况，向社会及时、准确地宣传安全生产的最新要求和报道安全生产事故，并拥有至少一家官方的报刊向政府进行备案，报刊的内容应主要围绕各行业的安全生产状况和安全生产事故的披露进行报道，同时受政府的监督管理。

日本在美国有关新闻监督体制的基础上，更加强调报刊的主体性质和内容报道。日本政府要求，凡是涉及行业内安全生产的有关报道，应由各行业的行业协会或官方认可的工会组织进行报刊的组建和运行。日本政府还对报刊的内容进行了更为具体的规定，不仅要求行业报刊真实、及时地报道新闻，而且要求报刊将安全生产文化建设作为其新闻宣传的本位功能，增强各生产主体的社会责任感。此外，在报刊机构的人员方面，日本政府要求不同行业的安全生产报刊内部，应有不少于三分之一的外部专家长期任职。不难发现，日本与美国的新闻媒体监督机制最大的区别在于，日本媒体监督很大程度上脱离了政府职能机构，由机构外的行业或工会组织举办和组建新闻中心和专业刊物，有效地避免了政府监督管理机构内部在对外宣传方面不作为、不及时、不真实的现象发生。

9.2.5 健全的技术和资金支持

1. 技术支持

美国于 20 世纪 80 年代逐渐建立起一支围绕资源型企业安全生产问题的科学家和工程师队伍，旨在对较为复杂的矿山安全开采作业提供专业的技术支持。该队伍不仅与生产主体单位保持着密切的合作，还开展大量的现场调研、举办学术讲座、开设技术培训班、检验采矿设施等活动，以借助实验室的研究解决现实生产中出现的问题。对于专门研究矿山安全生产的科学家而言，他们通过设在匹兹堡的技术中心对美国的矿山提供直接支持，并向生产主体单位提供必要、及时的技术帮助[117]。

随着时代的发展和科学技术的突飞猛进，新技术和新手段开始被发现，并逐渐在安全生产过程中得到应用，其中以物联网、大数据和云计算等高新技术为代表。物联网技术最初由麻省理工学院提出，借助先进的射频技术和互联网网络，实现物与物的信息互通和互联。大数据技术是在物联网技术的基础上，更大范围、更深层次地实现人、物、网之间的交叉联系，从而形成大容量、多变性、快速化的数据中心。云计算作为新兴技术，主要基于其超大规模、超高扩容、虚拟化等特性，以大数据网络作为数据支撑，实现信息的快速处理。这些技术的发展和应用已经渗透到各行各业当中，资源型企业由于其生产的特殊性，以往的技术革新也较多关注开采、设备等方面，信息化程度不高，但近几年各国对资源型企业的安全生产高度关注，新技术的推广和应用也开始在该行业中出现。

以煤炭开采行业为例，以往受限于煤炭开采的复杂自然环境，相比其他行业，煤炭行业的信息化及自动化建设相对滞后，因此，诸如大数据、云计算等新兴技术也是近年来在煤炭行业中才得到推广。从西方各国的实际情况看，虽然新技术的具体应用在各国煤炭行业各有不同，但各国的煤炭技术革新主要体现在建立的综合自动化系统方面。该综合自动化系统主要通过建立管理层、控制层、设备层来实现对煤炭安全生产活动进行控制和信息反馈。管理层由各种不同功能的服务器组成，如核心交换机、OA（office automation，办公自动化）服务器、财务系统服务器等基于物联网建设的信息网；控制层主要以工程师、系统操作员为主对各个子系统服务器进行实时监控；设备层主要涉及煤炭安全生产的具体信息系统建设，如矿场集控系统、安全监测系统、人员定位系统、地面工业控制光纤环网、井下工业控制光纤以太网等，这些信息化设备覆盖煤炭安全生产的各个环节，确保井下与地面可以形成安全信息网络，及时监测和预警。

煤炭综合自动化信息系统的建立，在很大程度上提高了煤矿的自动化水平和信息化水平，可以在指挥生产调度、获取及时数据信息、预防事故发生、减少下井人员数量、完善国内安全信息网络等方面发挥巨大的作用。但这些新技术的应用也存在很多局限，对技术的完善性、针对性、适用性、操作人员的专业性等都有较为严格的要求，仍然需要较长时间进行实践探索，才能得到更大范围的推广和应用。

2. 资金支持

日本为了改善矿类企业安全生产条件，对于国内矿类企业的生产给予了高额的资金补助。日本除了具备完善的安全生产管理体制外，还建立了全面补助救治制度。通过将各个行业、不同领域的生产环节进行安全评估并给予实时监控，对具有一定风险系数的生产流程和井下施工操作纳入补助对象中去，在一定程度上加强了资源型企业的安全生产投入，减轻了企业的经济负担，提高了矿类企业安全生产的整体防灾处置能力，改善了安全生产的基本状况。据不完全统计，1961~1967 年，日本政府向国内的矿类企业拨付了 7.38 亿日元，专门用于矿区的生产经营和安全防护[118]。

9.2.6　完善的工伤保险体制

西方较早进行工业化的国家，一般具有较为完善的工伤保险体制，主要源于西方各国的工业化进程往往伴随着国内生产企业的快速发展，特别是煤炭、钢铁、石油、化工等重工业的兴起。纵观这些发达国家的工伤保险发展史，不难发现，国会或中央政府对工伤保险管制的强度大小与生产企业安全生产的状况、事故发生率、事故伤亡率、矿下安全生产风险的复杂程度密切相关。从各国以政府名义进行工伤类保险业务管理的现实情况来看，设置工伤保险的核心任务就是预防安全生产的伤亡事故、补偿事故发生后的人身伤害和财产伤害、保障事故各方的合法权益。针对保险的具体内容，如工伤保险的评定、工伤等级的认定、工伤争议、工伤仲裁、康复治疗、经济补偿标准等，各国相关的法律法规都进行了十分明确的规定。可以看到，在当前各国工伤保险的具体实践中，十分强调政府在其中的作用，在某种程度上，工伤保险制度的发展也反映出政府对资源型企业安全生产管控的方式变化。

世界上第一部工伤保险法诞生于德国，是由德国于 1884 年颁布的《劳工伤害保险法》。该法首次以法律的形式将工伤保险纳入政府管理当中，开启了社会保险类立法的开端。随后，经过历年的发展，该法逐渐趋于完善，并在世界范围内确立了一个核心准则，即任何企业一旦与员工签署雇佣合同，员工在正常作业过程中发生的工伤事故，必须依照先救治、先理赔、后认定的原则对工伤人员进行妥善安排，并根据作业的难易和危险程度来确定理赔的范围和标准。完善后的工伤保险体制由过去一线工人进行后果的承担，转变为由政府和生产主体单位负责的形式，极大地减轻了一线工人的心理和经济负担，也规范和约束了生产主体单位的安全生产行为，同时，其也以各方缴纳工伤保险费的形式将政府管制的指导思想融入工伤保险体制中。以政府、生产主体单位、工人三方参与的工伤保险体制逐渐得到各国的认可和推广。

几乎在德国颁发工伤保险法的同时，欧洲各国及拉美、亚洲等一些国家也相继建立起工伤保险制度，特别是英国、美国、日本等工业体系较为庞大的国家。这些国家在建立工伤保险体制的同时，也加强了其国内养老、失业、医疗保险制度的确立，但工伤保险制度依然在当时工业化快速发展的社会中，有效降低了安全生产事故的发生，在稳定经济发展、改善资源型企业安全生产条件等方面发挥着巨大的作用。例如，德国通过将事故预防和事故处理相结合，设置同业保险协会，采取预防—赔付—救治的模式对国内职业保险进行规范，做到人、钱、事故统一管理，取得了较好的社会效应和经济效益。日本在 1890 年将工伤保险制度与安全生产管理两项政府工作进行整合，重新设置专门的行政部门进行统一管理，并批准劳动福利事业团作为具体业务办理机构服务各类社会人员。该事业团独立于政府存在，日常业务主要是向劳动者提出合理的保险计划，建立专门医院、疗养院、康复中心等设施用于工伤救治。英国于 1964 年颁布了《国民保险法》，同年颁布了《工业伤害法》，对从事一切生产活动的一线工人实行强制性工伤保险，1975 年国会又通过了新修订的《工业伤害法》，将工伤保险的强制对象扩大到企业所有雇员，而并非仅为一线工人。这些国家通过积极建立健全工伤保险制度，大大改善了企业的工作环境，特别是资源型企业的安全生产条件，在早期安全生产政府管制中发挥了重要的作用。

第 10 章　资源型企业安全生产管制体系的相关研究

通过探讨资源型企业安全生产管制的状况和学习国外先进国家的经验后不难发现，我国的资源型企业在安全生产管制环节依然存在诸多问题，那么，如何科学合理地解决这些在安全生产管制中出现的问题，就需要对我国的安全生产管制体系进行有效的梳理和分析。安全生产管制体系的构建和良好运行是保障资源型企业高生产、稳收益的前提和基础，因此，本章依据我国资源型企业安全生产的状况及政府管制的状况，从法律法规层面、监管监督层面、工伤保险层面对我国企业安全生产管制体系的构建和运行进行研究，结合具体数据，运用相关计量方法对目前在管制体系中存在的若干问题进行优化。

10.1　基于法律法规层面的安全生产管制体系研究

随着我国社会主义市场经济体制的确立，政府与企业之间角色的转换也开始发生明显的变化。政府作为“有形的手”，对市场的管控逐渐放松，职能角色从“直接干预”向“宏观把控”的方向转变，对企业的管理也开始强调局部的有效配置和全局的稳定。企业作为微观主体，特别是资源型企业，支撑着我国国民经济的持续稳定发展，国民经济的健康运行更离不开这些企业高效的资源配置。究其根本，资源配置问题的核心是生产的效率和人员的效率，因此，要想使资源型企业保持较好的资源配置能力，就要对生产环节进行严格的管制，保证其生产的安全和效率。

习近平总书记指出，“人命关天，发展决不能以牺牲人的生命为代价。这必须作为一条不可逾越的红线”[119]。一切为了人民，安全为了人民，这是党中央对安全和发展问题做出的重要论述。我国的经济发展在近年来取得了一些成绩，但成绩的背后也凸显了我们在生产生活过程中存在盲目、过度、无效率的生产行为，由此带来了较高的安全生产风险，使得事故伤亡率攀升。但随着政府对安全生产的高度关注，加之颁发了一系列的安全生产法律法规要求，近年来，我国的安全生产状况取得了一些成绩，解决了一些问题。据统计，2018 年我国各类安全生产事故数较 2017 年相比下降了 9 个百分点，事故伤亡人数较 2017 年相比下降了 7 个百分点，安全生产形势持续向好。

但在数字变化的背后，我们也应看到我国安全生产管理法律法规的不断出台和完善。建立起一套完整齐备的安全生产管制体系是资源型企业提高生产效率、降低事故发生率的有力保障，而立法立规又是安全生产管制的基础，因此，要想形成企业安全生产的管制“网络”就必须从严格立法开始。在相关法律法规推出之前，我国企业的安全生产制度基本空白，企业安全生产意识普遍不高，生产防护保障措施明显落后，各级政府及有关组织的职责划分不明，从业人员缺乏必要的安全教育和事前培训。正是由于我国没有出台相关法律法规，在 2003 年之前，我国安全生产事故发生数和事故死亡人数呈持续上升态势，据统计，2000~2003 年，我国安全生产事故数分别为 10 770 起、11 402 起、13 960 起、15 597 起，死亡人数为 11 681 人、12 554 人、14 924 人、17 315 人，受伤人数估计值分别为 4 357 013 人、4 682 642 人、5 566 652 人、6 458 493 人。到 2003 年正式实施《安全生产法》后，我国安全生产事故数和事故伤亡人数得到有效遏制，2004~2006 年，我国安全生产事故数分别为 14 704 起、13 142 起、12 082 起，死亡人数为 16 497 人、15 858 人、14 412 人，受伤人数估计值分别为 6 153 381 人、5 915 034 人、5 375 676 人①。

2016 年 12 月，《中共中央国务院关于推进安全生产领域改革发展的意见》出台，该意见明确提出要建立安全预防和安全管制体系，目标任务是到 2020 年基本完善安全生产的相关法律法规，明显减少安全生产事故，使安全生产监督管理体系基本成熟。因此，依据中央设定的目标导向，结合国家制定的安全管制体制，本书拟从安全生产过程中的不同参与主体出发，在根本性法律的基础上，构建资源型企业安全生产的管制体系。

10.1.1 安全生产管制体系的主体构成

安全生产主体作为安全生产管制的核心，在整个体系中发挥着承上启下的重要作用。通过参考学者对于安全生产法律关系主体的研究，本书按照安全生产主体的参与性质进行划分，依次为生产经营行为主体、安全监督主体、社会主体和劳动主体。

---

① 数据来源于《中国安全生产年鉴》(2000~2008 年)。

1. 生产经营行为主体

《安全生产法》规定，生产经营单位的主要负责人是本单位安全生产的第一责任人。2014 年，全国人大常委会法制工作委员会副主任阚珂将安全生产经营单位定义为，依照法律法规规定，履行安全生产法定职责和义务的单位和个人[120]。本书认为，生产经营行为主体是依据安全生产法律法规进行安全生产要素的有效配置，并负有安全生产主体责任，履行相关安全生产管理制度的单位和个人。现阶段，我国规模以上的资源型企业大体以生产经营单位为主要负责人对生产安全进行全面管理，由安全生产管理部门和安全生产监督员具体负责安全管理措施的实施，由生产经营单位的工会组织对整个生产工作人员和安全生产管理部门进行监督和调配，这就使得资源型企业通过自身结构调整，逐渐形成了企业内部高层领导—安全管理部门实施—工会组织监督的组织模式。这一组织模式是我国资源型企业长期生产管理工作积累的实践成果，形成过程科学严谨，具有较强的稳定性基础。

2. 安全监督主体

安全监督主体是在安全生产法律法规授权下，履行监督管理职责，依法对生产企业实施安全监督和管理的法律关系主体[121]。一方面，《安全生产法》通过赋予安全监督主体法律权力，将生产管理主体的法律权力进行细分和明确，并依托安全监督主体对安全生产过程进行有效的监督，实现生产要素的高效配置和生产安全的有效管理。另一方面，安全监督主体被确立起来的法律地位，就要求其严格履行相关职责，严格约束生产经营单位的安全生产行为，严格落实生产经营行为主体的内部性安全管理，同时，在此基础上保证安全监督法律的有效运行。因此，按照肖强等对安全生产监督主体的分类，本书将安全监督主体划分为职权性安全监督主体和职能性安全监督主体[122]。

职权性安全监督主体是依据我国法律法规的有关规定，依法被赋予相应的安全监督管理权力，对企业生产安全进行监督和管理的专门的监督部门或委员会。由此可见，职权性安全监督主体是一种相对独立、专业化，同时又兼具法律强制力的主体单位。职能性安全监督主体作为职权性安全监督主体的有效补充，安全监督权力的执行不再是其核心的职责内容，而是在原先的行政职能基础上派生的安全监督职能。因此，在现实生产管理过程中，职能性安全监督主体基于安全监督职权，积极弥补了那些负有综合监督职责的安全生产监督部门在人员配置、资源调度等方面的短板，高效发挥了各个安全监督部门在履行相关职责过程中的效率优势和组织优势，对于全面构建安全生产监督体系具有重要的意义。

3. 社会主体

基于社会责任的组织形式，本书将社会主体划分为公民主体和社会性组织主体。社会的发展离不开人的参与，安全生产管制体系的重要一环就是公民的参与。公民依法享有国家体制建设和对安全生产管理部门履行相关职责的监督权，是关系涉及公共权益的核心主体。同时，《中华人民共和国宪法》（简称《宪法》）也承认和保护公民的基本权利，资源型企业的安全生产事关社会经济和公共利益，理应受到公民的监督。但公民作为社会主体的一部分参与安全生产的监督，就必须代表社会公众的利益，不得以个人利益参与整个过程的监督。社会主体的另一大构成要素是社会性组织，从结构形式上看，社会性组织的基础由不同背景、不同领域的公民组成，因此，社会性组织相比单个公民而言，其对国家管理部门和安全生产经营单位具有更大范围、更深层次的监督权力，从而弥补了公民在行使安全生产监督过程中存在的理论障碍和实践认知。

4. 劳动主体

在我国，劳动者构成了法律意义上的劳动主体，更是资源型企业安全生产的行为主体。劳动主体依法享有安全生产保障和职业健康保障的权利，反映在《安全生产法》中，当劳动主体从事生产经营的劳动时，其劳动权利理应受到相关法律保护。就目前来说，在资源型企业的生产过程中，依然存在有较多的安全隐患，根据国际劳工组织（International Labour Organization，ILO）数据，全球2004年发生各类职业事故约2.5亿起，平均每天约68.5万起[123]。1994年，第十五届世界职业安全健康大会公布，全世界每年发生在生产岗位的死亡人数为110万人，超过道路年平均死亡人数和战争等其他造成的死亡人数[124]。因此，劳动主体作为安全生产管制体系的核心构成要素，在发挥生产能动的主体功能时，更应保障劳动安全的实现。一旦劳动主体脱离安全生产的基本要求，保障人身安全、财产安全等法律赋予的权利义务就无法得到满足，资源型企业安全生产管制体系的构建就缺乏一线工人参与的主体功能，就使得生产资源的配置效率大幅降低，特别是人力资源的有效配置。

10.1.2 基于法律法规层面的资源型企业安全生产管制体系构建

通过对安全生产管制体系中的主体构成进行分析后不难发现，不同的参与主体受《宪法》《刑法》《安全生产法》等相关法律法规约束，同时又被赋予不同的权利和义务。这些权利和义务在实际生产过程中依托具体的部门规章或者生产条例对安全生产主体进行功能调整和职责细分，因此，本书拟从体系中不同参与主体的视角出发，基于安全生产的法律法规层面，构建一个较为普遍严肃，又兼具特殊和可操作性的资源型企业安全生产管制体系。其模式架构如图 10-1 所示。

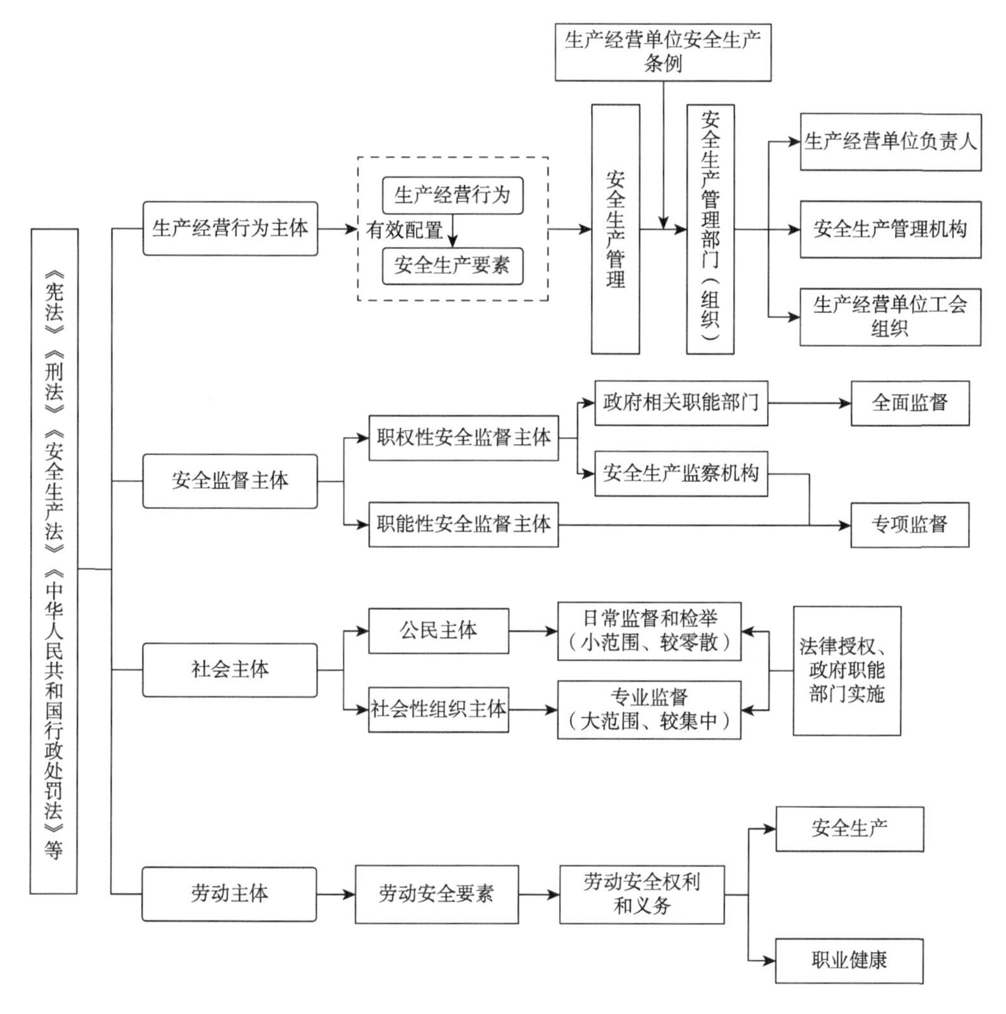

图 10-1　基于法律法规层面的资源型企业安全生产管制体系

从构建的资源型企业安全生产管制体系中可以看出，以《宪法》《刑法》《安全生产法》《中华人民共和国行政处罚法》等法律为体系核心，对不同的安全生产主体进行强制性约束，以确保我国资源型企业的安全生产建立在严格的法律法规基础上，进而促进资源型企业安全生产收益的提升和安全生产成本的降低。为了说明资源型企业安全生产管制体系的运行机理，从相关法律法规的视角，分别对不同的安全生产主体进行相关分析。

生产经营行为主体作为资源型企业的所有人，在有关法律的约束下，对生产经营行为进行战略性部署和指导，其行为的核心目的是使安全生产要素得到合理、有效配置。同时，生产经营行为主体在相关行政规章或部门条例的指导下，通过下设安全生产管理部门（组织）进行安全生产管理，在部门（组织）中，由生产经营单位负责人监管企业内所有生产线的生产安全，具体监管措施的实施由安全生产管理机构落实，单位工会组织对以上人员的调配和到位情况进行定期检查和考核，以确保生产的安全和产量的稳定。

安全监督主体作为安全生产管理过程中极具行政化、法规化的参与单位，其根据职责定位不同，划分为两个不同的监督主体单位，分别是职权性安全监督主体和职能性安全监督主体。两个监督主体职能不同，但又相辅相成，职权性安全监督主体以政府行政为指导核心，通过权力分配、职责匹配等方式完成尽责监督；职能性安全监督主体更多侧重专业监督，以行业管理、政府监督的方式对不同类型、不同领域的资源型企业进行管理，两者相互配合，相互协作，实现管理监督的专业化和高效化的有机结合，提高监管效率，构建动态化的监督模式。

社会主体和劳动主体同样作为参与人的身份对资源型企业的安全生产进行管制，但两者之间存在本质区别。社会主体在整个体系中通过参与度的大小被划分为公民主体和社会性组织主体，不同参与度的社会主体又被相关法律法规赋予了不同的权利和义务，如公民由于受限于专业背景、形式零散等原因，在参与安全生产的管制中只能起到简单的日常监督和检举作用，而社会性组织更多由专业性社会人员组成，具有较为广泛的专业背景和学科知识，能在专业监督领域起到重要的作用。另外，劳动主体作为安全生产管制体系的一线参与者，由主体性质决定的劳动安全权利和义务受法律严格保护，其安全生产和职业健康在生产经营单位主体和有关政府职能部门的保障下得到进一步落实，并在形成和维持劳动法律关系的过程中，依法享有劳动安全知情权、职业病害防护权及事故追索权等。

10.2　基于监管监督层面的安全生产管制体系研究

就目前的研究状况来看，国内外学者一般倾向从宏观或者中观层面对企业安全生产管制体系进行研究，借助相关实证手段从自变量指标的变化反映出安全生产监管效果指标变化的影响。蒋抒博认为，企业安全生产管制的监管研究已经从“命令—控制”方法向“成本—收益”方法转变，且日渐成为最有效的衡量监管成效的手段[125]。虽然现阶段成本—收益理论在进行安全生产管制体系过程中仍有一定的难度，但马宇等对中国煤炭安全生产监管的效果进行实证研究后发现，煤炭安全生产监管对煤炭企业安全生产状况的改善具有显著影响[47]。

在研究方法上，不少学者采用时间序列分析法[44]、统计学分析法[126]、VaR（value at risk，风险价值）模型分析方法[127]等分析了煤炭安全生产监管行为与安全监管效果之间的长期动态关系。此外，还有很多学者采用博弈方法研究主客观因素之间的相关关系，谭玲玲和宁云才分析了资源型企业安全管理过程中的制度缺陷，采用“囚徒困境”相关理论研究认为，企业要从政府安全监管、安全生产责任划分等方面设计行之有效的相关制度[128]。卢晓庆和赵国浩运用博弈论相关方法建立了地方政府与企业之间的安全监管博弈模型，从短期、长期的视角分析了不同博弈方的利益关系，给出了政府对安全生产管制的优化建议[129]。张国兴以委托代理理论为依据，通过博弈方法论证煤矿企业安全生产监管无限次博弈中企业进行安全生产投资的收益大小对企业策略选择的影响，并以此解决企业的逆向选择问题[130]。

为了从监管层面更加清楚地说明资源型企业的安全生产管制体系，本书以煤炭行业的安全生产问题为例，从中央政府、地方政府、煤炭企业、内部员工四方监管主体的视角，聚焦两两之间的相关关系，运用经济学理论和博弈论的相关方法对资源型企业的安全生产管制体系进行分析讨论。

我国的煤炭资源相对丰富，远远超过石油和天然气等其他的自然资源。我国北方从山西、内蒙古一直向西延伸至宁夏、陕西、新疆等，是世界上煤炭蕴藏量最为丰富的地区之一[131]。国家统计局数据显示，截至 2017 年，我国原煤产量约为 344 500 万吨，占国内总矿产资源产量的 39.15%，其中，内蒙古、山西、陕西、新疆、贵州在我国原煤产量地区排名中位居前五，分别占到全国原煤产量的 25.50%、24.79%、16.53%、4.85%和 4.80%，具体数据如图 10-2、图 10-3 所示。从我国煤炭企业的数量看，2011~2017 年，我国煤炭行业规模以上的企业数量由 7 611 家降至 5 111 家，虽呈现明显的下降趋势，但仍高于其他资源型企业数量。从我国煤炭企业的经营状况看，2017 年全国规模以上煤炭企业主营业务收入 2.54 万亿元，同比增长 25.9%，利润总额 2 959.3 亿元，同比增长 290.5%（2016 年同期利润总额为 757.8 亿元），占据了我国矿产资源型企业主营收入的较大份额。

虽然我国煤炭行业无论从产量方面，还是从经营状况方面，都具有较为明显的优势，但国内煤矿死亡人数占了世界煤矿死亡人数的 79%，1994~2004 年，煤炭百万吨死亡率平均为 4.27 人，居世界之首，是美国的近 100 倍，是波兰和南非的近 30 倍[132]。因此，煤炭企业作为我国资源型企业的核心组成部分，通过对其安全生产管制体系的研究能较为全面地反映出我国资源型企业的整体情况，具有一定的代表性。

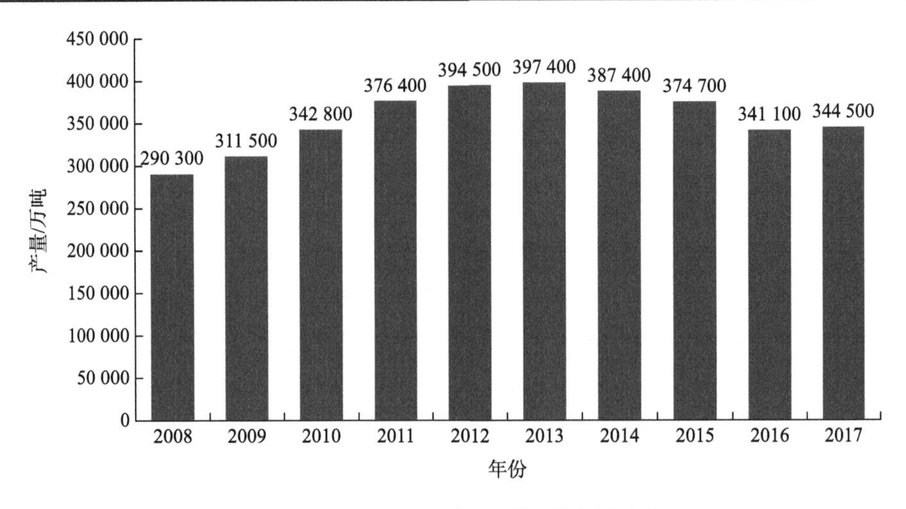

图 10-2　2008~2017 年我国原煤产量趋势

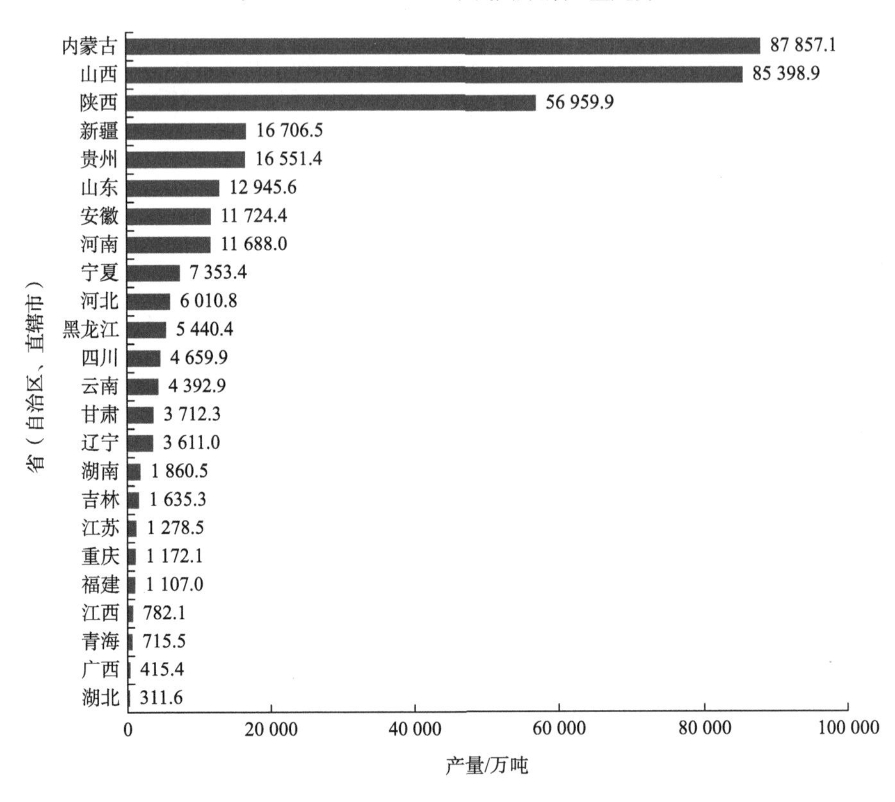

图 10-3　2017 年我国 24 个省（自治区、直辖市）原煤产量排行

关于资源型企业安全生产管制的研究，于秀琴认为我国资源型企业的安全生产管制体系建设尚未成熟，主要体现在安全生产监督机构重复设置，政府职能部

门权责不清，难以把相关责任落到实处[133]。蒋占华和邵祥理通过分析煤炭企业安全生产中有关利益主体的动因后发现，不同主体之间普遍存在利益矛盾，生产经营单位往往会忽略那些成本高、收益小的安全生产投入，而政府部门对煤炭企业的安全生产保持较高的关注度，但在很大程度上又依赖煤炭企业的营业收入，这就使得政府监管的效力无法真正发挥[134]。在研究方法上，很多学者利用有关经济学原理和模型对资源型企业的生产管制进行了大量的研究，于忠通过建立安全生产投入的成本—收益模型对煤炭企业的最优安全产出水平进行了详细的测算[135]。陶长琪和刘劲松利用博弈分析，从我国矿难频发的事实出发，基于四方博弈的视角，对煤炭企业安全生产的经济效益进行了分析[136]。

通过分析发现，资源型企业安全生产管制研究是学者重点关注的研究方向，为了能较全面地从监管层面研究资源型企业的安全生产管制体系，本书参考沈斌和梅强对煤炭企业安全生产管制的分析，构建中央政府、地方政府、煤炭企业和煤炭员工的四方博弈模型，以期得到煤炭企业安全生产的实际效果和存在的问题[137]。

10.2.1　地方政府与煤炭企业之间的博弈研究

无论是地方政府监管还是煤炭企业自身的监管，资源型企业安全生产管制的最终目的都是追求收益的最大化，如何使博弈双方都能获得各自的最大收益，就需要对整个博弈过程进行设定和分析。通过构建博弈收益矩阵，可以直观地反映博弈双方的收益大小，如表10-1所示。

表10-1　地方政府与煤炭企业之间的博弈收益矩阵

地方政府	煤炭企业	
	不违规（θ_2）	违规（$1-\theta_2$）
监管（θ_1）	$\left\{-C_2(L), R_3\left[f_3(L,E)\right]-C_3\left[f_3(L,E)\right]\right\}$	$\left\{R_2(G,L)-C_2(L), -R_3(L,0)\right\}$
不监管（$1-\theta_1$）	$\left\{0, r\times K-C_3\left[f_3(0,E)\right]\right\}$	$\left\{-r\times R_2(0,0), -r\times K\right\}$

在地方政府与煤炭企业之间的博弈过程中，我们设定地方政府的收益（R_1）、成本（C_1）大小与中央相关职能部门的监管力度（G）、地方相关职能部门的监管力度（L）有关；煤炭企业的收益（R_2）、成本（C_2）大小不仅与政府的监管力度有关，还与企业的安全生产投入水平（Q）有关，此外，我们还假定有其他因素（E）会影响企业的安全生产管制。煤炭企业的潜在事故损失（K）与事故发生概率（r）的乘积用来表示煤炭企业的事故损失，同时，用$f(G,E)$、$f(L,E)$函数表示企业被地方政府监管时的安全生产投资决策。

其中，$R_3\left[f_3(L,E)\right]$为企业因为违规而支付的罚金；$C_3\left[f_3(L,E)\right]$为企业不违规所发生的管理成本；$R_2(G,L)$为地方政府监管时，企业因违规而被政府所收的罚金；$R_3(L,0)$为地方政府监管时，企业违规生产所获得的收益（亏损）；$-r\times R_2(0,0)$为地方政府不监管的预期损失。一般而言，地方政府因企业违规而收取的罚金往往高于政府监管所付出的成本，故$R_2(G,L)>C_2(L)$；地方政府监管时企业发生违规的政府收益通常情况下大于地方政府不监管时企业发生违规的政府收益，即$R_2(G,L)-C_2(L)>-r\times R_2(0,0)$。当$R_3\left[f_3(L,E)\right]-C_3\left[f_3(L,E)\right]<-R_3(L,0)$时，存在一个纳什均衡（监管,违规）。当$r\times K-C_3\left[f_3(0,E)\right]>-r\times K$时，又会存在一个纳什均衡（不监管,不违规）。当不存在以上两个假设时，整个博弈收益矩阵就不存在纳什均衡解。

根据表10-1，可得到地方政府的期望收益如下：

$$\begin{aligned}R_1=&\theta_1\times\theta_2\times\left[-C_2(L)\right]+\theta_1\times(1-\theta_2)\times\left[R_2(G,L)-C_2(L)\right]\\&+(1-\theta_1)\times(1-\theta_2)\times\left[-r\times R_2(0,0)\right]\end{aligned}\tag{10-1}$$

煤炭企业的期望收益如下：

$$\begin{aligned}R_2=&\theta_1\times\theta_2\times\left\{R_3\left[f_3(L,E)\right]-C_3\left[f_3(L,E)\right]\right\}\\&+\theta_1\times(1-\theta_2)\times\left[-R_3(L,0)\right]\\&+(1-\theta_1)\times\theta_2\times\left\{r\times K-C_3\left[f_3(0,E)\right]\right\}\\&+(1-\theta_1)\times(1-\theta_2)\times(-r\times K)\end{aligned}\tag{10-2}$$

对式（10-1）关于θ_1求导：

$$\begin{aligned}\mathrm{d}R_1/\mathrm{d}\theta_1=&\theta_2\times\left[-C_2(L)\right]+(1-\theta_2)\times\left[R_2(G,L)-C_2(L)\right]\\&-(1-\theta_2)\times\left[-r\times R_2(0,0)\right]\end{aligned}\tag{10-3}$$

令式（10-3）等于0，可以得到θ_2的值：

$$\mathrm{d}R_1/\mathrm{d}\theta_1=0$$

$$\theta_2=\left[R_2(G,L)-C_2(L)+r\times R_2(0,0)\right]/\left\{C_2(L)+\left[R_2(G,L)-C_2(L)+r\times R_2(0,0)\right]\right\}\tag{10-4}$$

对式（10-2）关于θ_2求导：

$$\begin{aligned}\mathrm{d}R_2/\mathrm{d}\theta_2=&\theta_1\times\left\{R_3\left[f_3(L,E)\right]-C_3\left[f_3(L,E)\right]\right\}+\theta_1\times\left[R_3(L,0)\right]\\&+(1-\theta_1)\times\left\{r\times K-C_3\left[f_3(0,E)\right]\right\}+(1-\theta_1)\times(r\times K)\end{aligned}\tag{10-5}$$

令式（10-5）等于0，可以得到θ_1的值：

$$\mathrm{d}R_2/\mathrm{d}\theta_2=0$$

$$\theta_1 = \left[C_3 f_3(0,E) - 2(r\times K)\right] \Big/ \left\{(R_3 - C_3) f_3(L,E) + R_3(L,0) + C_3\left[f_3(0,E) - 2(r\times K)\right]\right\} \tag{10-6}$$

由式（10-4）可以看到，当地方监管部门的监管成本越高、不监管时发生违规的预期损失越多，以及地方政府加强监管的预期收益越高时，煤炭企业就越倾向不进行违规操作，此时，无论是经营行为主体，还是地方政府部门，都可以获得最大收益。由式（10-6）可以看到，当企业付出的事故损失越低、不因政府监管的其他原因导致的管理成本越高时，地方政府就越倾向进行监管。

就第一种情况而言，如果地方政府为了防止发生安全生产事故而实施较为严格的监管措施，企业从收益最大化的角度出发，在保证安全生产的前提下，会加强安全生产投资，避免因发生安全生产事故而付出较大的经济损失；此外，如果地方政府没有实施有效的监管，企业利用监管“漏洞”进行违规生产，继而发生安全生产事故，虽然生产主体单位少付出一定的管理成本，但事故带来的一系列损失远远超过了少付出的管理成本。因此，综合来看，在以上两种情形下，生产行为主体越注重生产的安全保护，安全生产投资就相对越多，企业就越不会选择进行违规操作。

对于第二种情况我们不难看出，如果企业内部的安全生产管理成本越高，但同时，企业因发生安全生产事故付出的损失越少，那么企业进行安全生产投资的动力也就越小，企业就越容易忽视安全操作，进行违规生产。出于公众安全和政府利益考虑，为了防止生产企业一味追求利润，弱化安全生产投资，地方政府就会实施较为严格的监管措施。

10.2.2　煤炭企业与员工之间的博弈研究

在安全生产主体单位内部也存在煤炭企业与员工之间的博弈，煤炭企业通过管理或不管理，员工选择违规生产或不违规生产，在两者相互博弈过程中，双方都为了获得收益的最大化。其收益矩阵如表 10-2 所示。

表 10-2　煤炭企业与员工之间的博弈收益矩阵

煤炭企业	员工	
	不违规（θ_4）	违规（$1-\theta_4$）
管理（θ_3）	$\{-C_3(Q), R_{4,S}(Q)-C_4(Q)\}$	$\{R_3(Q)-C_3(Q), R_{4,1,S}(Q)-R_{4,2,S}(Q)-C_4(Q)\}$
不监管（$1-\theta_3$）	$\{0, R_4(0)-C_5(0)\}$	$\{-R_3(0), R_{4,V}(0)-R_4(0)\}$

在表 10-2 中，$C_3(Q)$ 表示在员工不进行违规生产的情形下，煤炭企业进行内部安全生产管制所花费的成本；$R_{4,S}(Q)$ 表示在企业的安全生产管制下，员工进行

安全操作获得的收益；$R_3(Q)-C_3(Q)$ 表示在企业进行内部生产管制的情形下，员工因违规生产，企业获得的收益或损失；$R_{4,1,S}(Q)$ 表示企业进行严格的安全生产管制后，员工及时改正违规行为所产生的收益；$R_{4,2,S}(Q)$ 表示企业进行严格的安全生产管制后，员工仍进行违规操作所造成的损失；$R_4(0)$ 表示企业不进行安全生产管制（此时安全生产投入为 0），员工不违规所获得的收益；$C_5(0)$ 表示企业不进行安全生产管制时，员工遵守规章生产所花费的成本；$R_{4,V}(0)$ 表示安全生产投入为 0 时，员工因违规生产而发生安全生产事故，企业对员工的经济补偿。

一般而言，在正常生产活动中，企业进行安全生产管理，而员工不违规所获得的收益 $R_{4,S}(Q)$ 要大于在管制情形下员工及时改正违规行为所产生的收益 $R_{4,1,S}(Q)$，即 $R_{4,S}(Q)>R_{4,1,S}(Q)$。同时，$R_{4,S}(Q)>R_4(0)>R_{4,1,S}(Q)$，即当生产主体单位不进行安全生产管理，由员工进行自我行为约束时的收益要小于企业进行安全生产管理的收益所得，但又大于企业在管制情形下员工违规后改正违规行为时的收益所得。$C_4(Q)>C_5(0)$，企业不进行安全生产管制所花费的不违规成本要大于企业进行安全生产管制所花费的成本，主要是因为不依靠生产经营行为主体所进行的安全管理效率要低于有安全生产管制时的生产效率。

我们在本小节中做这样的假定，中央和地方政府鼓励安全生产主体单位进行安全生产管理，在安全生产管制下企业或员工获得的收益要大于不进行安全生产管制时企业或员工的收益。由纳什均衡可得，当 $R_4(0)-C_5(0)>R_{4,V}(0)-R_4(0)$ 时，企业不进行安全生产管理，员工不进行违规生产是一个纳什均衡策略集。

根据表 10-2，煤炭企业可以获得的收益如下：

$$\begin{aligned}R_2=&\theta_3\times\theta_4\times\left[-C_3(Q)\right]+\theta_3\times(1-\theta_4)\times\left[R_3(Q)-C_3(Q)\right]\\&+(1-\theta_3)\times(1-\theta_4)\times\left[-R_3(0)\right]\end{aligned} \tag{10-7}$$

员工可以获得的收益如下：

$$\begin{aligned}R_3=&\theta_3\times\theta_4\times\left[R_{4,S}(Q)-C_4(Q)\right]+\theta_3\times(1-\theta_4)\\&\times\left[R_{4,1,S}(Q)-R_{4,2,S}(Q)-C_3(Q)\right]+\theta_3\times\theta_4\times\left[R_4(0)-C_5(0)\right]\\&+(1-\theta_3)\times(1-\theta_4)\times\left[R_{4,V}(0)-R_4(0)\right]\end{aligned} \tag{10-8}$$

对式（10-7）中的 θ_3 进行求导，可得

$$\begin{aligned}\mathrm{d}R_2/\mathrm{d}\theta_3=&\theta_4\times\left[-C_3(Q)\right]+(1-\theta_4)\times\left[R_3(Q)-C_3(Q)\right]\\&+(1-\theta_4)\times R_3(0)\end{aligned} \tag{10-9}$$

令式（10-9）等于 0，可以得到关于 θ_4 的表达式：

$$\theta_4=\frac{1-C_3(Q)}{\left[R_3(0)+R_3(Q)\right]} \tag{10-10}$$

由式（10-10）可知，在员工违规生产的前提下，生产主体单位管理的成本越小，企业不管理的损失越大时，生产主体单位进行管理的收益也就越大，此时，员工就会倾向不违规生产。

对式（10-8）中的 θ_4 进行求导，可得：

$$\begin{aligned} \mathrm{d}R_3/\mathrm{d}\theta_4 = {} & \theta_3 \times \left[R_{4,S}(Q) - C_4(Q)\right] - \theta_3 \times \left[R_{4,1,S}(Q) - R_{4,2,S}(Q) - C_3(Q)\right] \\ & + \theta_3 \times \left[R_4(0) - C_5(0)\right] - (1-\theta_3) \times \left[R_{4,V}(0) - R_4(0)\right] \end{aligned} \tag{10-11}$$

令式（10-11）等于 0，可以得到关于 θ_3 的表达式：

$$\theta_3 = \frac{\left[R_{4,V}(0) - R_4(0)\right]}{\left[R_{4,S}(Q) - C_4(Q) + R_4(0) + R_{4,2,S}(Q) + C_3(Q) - R_{4,1,S}(Q) - C_5(0) + R_{4,V}(0)\right]} \tag{10-12}$$

由式（10-12）可知，当企业员工由于事故所得的赔偿越多［ $R_{4,V}(0)$ 越大］、企业不进行安全生产管制时员工按照规章生产的成本越高［ $C_5(0)$ 越大］、企业进行安全生产管制时员工按照规章生产的收益越小［ $R_{4,2,S}(Q)$ 越小］，企业就越倾向进行安全管理。

10.2.3　中央政府与企业员工之间的博弈研究

在我国，群众有义务对煤矿安全生产进行监督，而煤矿工人作为煤矿安全生产的参与者对监督工作的影响更为直接。但是，煤矿工人检举的同时也面临失业的危险，下面分析存在检举风险的煤矿工人信息反馈博弈[138]。作为安全生产管制中的最后一个阶段，该博弈将“生产者与监督者”联系起来，主要考虑煤矿工人在安全生产中的“信息举报人”角色，通过分析两者之间的利益关系，借助收益矩阵的形式来说明中央政府与企业员工之间的有关博弈，如表 10-3 所示。

表 10-3　中央政府与企业员工之间的博弈收益矩阵

中央政府	企业员工	
	举报（ θ_6 ）	不举报（ $1-\theta_6$ ）
查办（ θ_5 ）	$\{U-H_L-I, V+I\}$	$\{-H_P+U, V\}$
不查办（ $1-\theta_5$ ）	$\{-S_1, 0\}$	$\{-S_2, V\}$

表 10-3 为中央政府与企业员工之间的博弈收益矩阵，在两者的博弈中，中央政府有查办和不查办的情景选择，企业员工有举报和不举报的权利选择，因此，彼此之间的收益与损失就决定双方会选择什么样的战略决策。通过参考胡文国和

刘凌云对我国煤炭生产安全监管的博弈分析，在本小节的博弈模型中，我们设定以下四种不同的博弈选择，依次是（员工举报，中央政府查办）、（员工不举报，中央政府查办）、（员工举报，中央政府不查办）、（员工不举报，中央政府不查办）[139]。

同时，我们设定如果在企业员工的举报下，中央政府进行查办，煤炭企业员工因为举报企业不安全生产而获得的奖励为 I。反之，如果员工不进行安全生产的监督和举报，员工或有两种收益情况：一是员工只关注自己的工作，不关注企业整体的安全生产，此时员工仍然会有一个稳定的收入 V；二是员工将会面临失业的危险，此时的收益为 0。U 为中央政府对安全生产主体单位进行查办所获得的其他效应；H_L 和 H_P 都为中央政府进行查办的调查成本，很显然，在企业员工进行举报时，中央政府的管理成本会更小；S 为中央政府不进行查办时的效益或损失，一般而言，中央政府在企业员工进行举报后依然不查办的损失要大于接到员工举报后进行查办的效应或损失，因此 $S_1 > S_2$。在博弈收益矩阵中，我们做出这样的假定，国家鼓励安全生产主体单位的员工对企业的安全生产进行监督，并有权利进行举报，而中央政府在接到员工直接举报后进行查办措施所获得的收益要大于中央政府不进行查办的收益，因此，$U - H_L - I \geqslant -S_1$。不难发现，中央政府基于收益最大化的角度所做出的选择是进行查办，而企业员工作为理性经济人做出的战略选择是进行举报，此时博弈收益矩阵中存在一个纳什均衡，即（员工举报，中央政府查办）。

根据表 10-3，中央政府的期望收益如下：

$$
\begin{aligned}
R_4 = {} & \theta_5 \times \theta_6 \times (U - H_L - I) + \theta_5 \times (1 - \theta_6) \times (U - H_P) \\
& + (1 - \theta_5) \times \theta_6 \times (-S_1) + (1 - \theta_5) \times (1 - \theta_6) \times (-S_2)
\end{aligned} \tag{10-13}
$$

对式（10-13）中的 θ_5 进行求导，可得

$$
\begin{aligned}
\mathrm{d}R_4/\mathrm{d}R_5 = {} & \theta_6 \times (U - H_L - I) + (1 - \theta_6) \times (U - H_P) \\
& + \theta_6 \times S_1 + (1 - \theta_6) \times S_2
\end{aligned} \tag{10-14}
$$

令式（10-14）等于 0，得到关于 θ_6 的表达式：

$$
\theta_6 = (H_P - U - S_2)/(H_P - H_L - S_2 + S_1 - I) \tag{10-15}
$$

从式（10-15）中可以发现，当中央政府对安全生产主体单位进行查办所获得的其他效应（U）越大，中央政府进行查办的调查成本（H_L）越小，中央政府不进行查办时的损失（S_1）越大；煤炭企业的员工因为举报企业不安全生产而获得的奖励（I）越小时，越倾向不举报。

但就现实情况看，中央政府不会放纵安全生产主体单位的违规生产而不采取行动，因此，如果 θ_6 等于 1，即如果员工进行举报，那么中央政府就必须采取行动，则此时需满足 $U - H_L - I = -S_1$。

煤炭企业内部员工的期望收益如下；

$$R_3 = \theta_5 \times \theta_6 \times (V + I) + \theta_5 \times (1 - \theta_6) \times V + (1 - \theta_5) \times (1 - \theta_6) \times V \quad (10\text{-}16)$$

对式（10-16）中的 θ_6 进行求导，可得

$$\mathrm{d}R_3 / \mathrm{d}\theta_6 = \theta_5 \times (V + I) - \theta_5 \times V - (1 - \theta_5) \times V \quad (10\text{-}17)$$

令式（10-17）等于 0，得到关于 θ_5 的表达式：

$$\theta_5 = V / (V + I) \quad (10\text{-}18)$$

从式（10-18）中可以看到，当中央政府因为企业员工举报而对煤炭企业进行查办，进而奖励给企业员工的奖励（I）越多，从中央政府层面来看，由于安全生产主体单位的部门内部已经形成有效的监督举报机制，如果中央政府继续进行查办或监督，就会增加成本，减少管理收益。此外，当中央政府给予企业员工的奖励越高，员工就会倾向采取举报的策略，这只会增加举报的数量，而无法提高有效举报的质量。因此，中央政府此时就越倾向不查办。当企业员工稳定的收入（V）越高，企业一旦发生安全生产事故，就会立即损害到员工个人的利益，因此，在薪酬可观的情形下，企业员工的举报在此时就会显得更具可信度，那么中央政府就会倾向进行查办，保护双方的利益不受损失。

可以看到，在这三个不同的博弈模型中，博弈双方通过选择各自的战略后，都可以获得最大收益。在地方政府与煤炭企业之间的博弈模型中，政府需要夯实主体监督责任，对安全生产主体单位的生产投入、安全防护等工作内容都要进行有效监管，必要时可对安全生产主体单位进行处罚，压缩企业不进行安全生产时的利润空间，鼓励甚至表彰进行严格安全生产约束的企业，在行业内形成良好的模范学习风气，改善企业存在的“安全欠账”问题，以此提高企业的安全生产意识，在保障各方权益的同时，合法合规获取收益。在煤炭企业与员工之间的博弈模型中，煤炭企业对事故负有主要责任，但由于一线矿工在编岗位较少，普通岗位流动性较大，特别是从事井下工作的人员。这些人员往往不具备较高的专业素养，存在不遵守规章生产的行为，一旦发生生产操作事故，就会增加事故认定的难度，甚至无法明确具体事故原因，无法对相关人员进行追究或补偿。在煤炭生产中，企业无法追求短期收益，但通过安全生产培训、安全监督等措施短期内又无法看到明显的成效，因此，政府与企业要从自身出发，不仅要不断完善和改进我国安全生产的有关法律法规，还要站在企业和员工的角度，建立起企业与员工的保障体系，解决安全生产主体单位安全生产投入积极性不高、员工流动性大等问题，提高企业的长期收益。

10.2.4　新闻媒体与煤炭企业之间的博弈研究

一直以来，新闻媒体作为安全生产监管主体中的重要组成部分，在发挥社会舆论导向作用、宣传安全生产教育知识、引导安全生产规范等方面深刻影响着安

全生产主体的行为和决策。但从各国媒体报道的实际情况看，对安全生产的监督报道大多属于事后报道，极少出现事前报道，且在报道中过度关注事故起因、事故伤亡、事故处理等方面的内容，而忽视了企业在生产过程中的安全生产问题。

2013 年 6 月，湖南省某市 A 煤矿发生了一起重大瓦斯爆炸事故，造成 10 人死亡。事故发生后，国内媒体快速及时地报道救援情况和事故伤亡情况，第一时间给社会公众带来即时讯息，起到了正确的社会舆论导向作用。但不可否认的是，新闻媒体在关注事故救援、宣传救援事迹的同时，也忽略了对该市范围内安全生产情况的梳理和报道。2013 年 6 月 16 日，中央电视台首次摸底调查了该市内其他煤矿的安全生产状况。据中央电视台报道，爆炸事件发生后，该市人民政府明令禁止该市范围内各类煤炭企业在事故期内进行生产活动，但调查发现，仍有煤炭企业未经批准和整治擅自进行生产运作，且有些煤矿存在一线矿工无证下矿，企业监管体系松散，安监人员缺岗或少岗等危害社会公共利益的生产行为。中央电视台报道后，引起了该市人民政府的高度关注，政府迅速对涉事企业和安全生产相关责任人进行调查和处理，并对该市范围内的资源型企业进行全面排查。可以看到，在信息日渐多元化的今天，新闻媒体对资源型企业安全生产行为进行监督报道具有十分特殊的作用。在很多社会调查中，新闻媒体往往充当着政府和公众“无形的手”，对煤矿安全生产的违规现象进行快速、深刻的揭露和监督，从而促使整个资源型企业加强对安全生产重要性的重视，推动安全生产主体单位的技术和管理进步。

通过对上述安全生产事故的分析发现，资源型企业发生的安全生产事故大多是人为因素导致的责任事故，而此时新闻媒体就应发挥出“前瞻者”的角色作用，不但要对事故情况进行及时、准确的报道，也要在其他未发生安全生产事故的资源型企业中进行日常监督，尽力做到有效防范和预警。因此，为了更加客观、深入地探讨新闻媒体在安全生产中的监督作用，本书拟通过建立新闻媒体与资源型企业之间的博弈关系，来分析在新闻媒体报道或不报道的情形下，资源型企业做出的直接相互作用的决策对两者的影响。与 10.2.1 小节至 10.2.3 小节原理类似，新闻媒体与资源型企业之间同样存在博弈关系，以两者各自的决策选择为依据，借助博弈收益矩阵分析彼此之间的利益得失，从而可以较为清晰地说明两者之间存在的博弈关系[140]。

与 10.2.1 小节至 10.2.3 小节类似，依然存在两个有限理性博弈方，分别是新闻媒体和煤炭企业。在博弈决策中，双方都有两个可供选择的行动假设，新闻媒体在安全生产监督中可以选择监督报道和不报道，煤炭企业可以选择安全生产和违规生产。

同时，我们假定煤炭企业进行安全生产的收益为 R_2，进行安全生产的成本为 C_2，煤炭企业事故发生概率为 r。如果煤炭企业进行违规生产发生了安全生产事故，企业不仅要承担自身的安全损失，还要承担处理事故的成本 C_0。新闻媒体进行监督

报道的成本为 C，如果新闻媒体对煤炭企业的安全生产问题进行了及时、准确、发散式的报道，媒体可获得的收益为 F；相反，如果新闻媒体没有对煤炭企业的安全生产问题进行监督报道，而煤炭企业在后续的生产活动中发生了安全生产事故，那么新闻媒体就要承担一定的社会负效应，该效应的损失假定为$-D$。此外，新闻媒体对资源型企业的安全生产系列报道，往往会引起当地监管部门的重视，为了表示媒体监督报道的实际效率，我们以媒体报道引起监督部门注意的概率 μ 为其代理变量。煤炭企业进行安全生产的概率为 θ_7，进行违规生产的概率为 $1-\theta_7$；新闻媒体进行监督报道的概率为 θ_8，不进行监督报道的概率为 $1-\theta_8$，具体如表 10-4 所示。

表 10-4　新闻媒体与煤炭企业之间的博弈收益矩阵

煤炭企业	新闻媒体	
	监督报道（θ_8）	不报道（$1-\theta_8$）
安全生产（θ_7）	$\{r_{11}, r_{12}\}$	$\{r_{21}, r_{22}\}$
违规生产（$1-\theta_7$）	$\{r_{31}, r_{32}\}$	$\{r_{41}, r_{42}\}$

在表 10-4 中，当煤炭企业进行安全生产，新闻媒体同时也进行了监督报道，此时煤炭企业的收益函数为 R_2-C_2，新闻媒体会得到正向的社会效益$-C$，分别对应表 10-4 中的 r_{11} 和 r_{12}，也即 $r_{11}=R_2-C_2$，$r_{12}=-C$。当煤炭企业进行安全生产，假定未发生安全生产事故，新闻媒体没有进行有关报道，此时煤炭企业的收益函数仍然为 R_2-C_2，新闻媒体的收益函数为 0，即 $r_{21}=r_{11}=R_2-C_2$，$r_{22}=0$。当煤炭企业进行违规生产，新闻媒体对其进行了监督报道，此时煤炭企业的收益（或损失）函数应包括两部分内容，一部分是煤炭企业自身因发生违规行为（假定发生了安全生产事故）的相关损失 $r(R_2-C_2-C_0)$，另一部分是煤炭企业的违规行为（假定未发生安全生产事故）因新闻报道后，政府给予高度关注，清查、处理企业的违规行为对煤炭企业所发生的损失函数 $(1-r)\times\left[\mu(R_2-C_2-F)+(1-\mu)R_2\right]$，即 $r_{31}=r(R_2-C_2-C_0)+(1-r)\times\left[\mu(R_2-C_2-F)+(1-\mu)R_2\right]$；对应新闻媒体的收益或（损失）函数也同样包括两部分，即 $r_{32}=r\left[\mu(-C+F)+(1-\mu)(-C-D)\right]+(1-r)\left[\mu(-C+F)+(1-\mu)(-C)\right]$。当煤炭企业进行违规生产，新闻媒体不进行监督报道，此时煤炭企业的收益（或损失）函数为 $r_{41}=r(R_2-C_2-C_0)+(1-r)R_2$，新闻媒体的收益（或损失）为 $r_{42}=-rD$。

根据以上的收益函数就可以分别得到煤炭企业和新闻媒体各自的期望收益。煤炭企业的期望收益如下：

$$\begin{aligned}R_E=&\theta_7\times\theta_8\times r_{11}+\theta_7\times(1-\theta_8)\times r_{31}+(1-\theta_7)\times\theta_8\times r_{21}\\&+(1-\theta_7)\times(1-\theta_8)\times r_{41}\end{aligned}\tag{10-19}$$

新闻媒体的期望收益如下：

$$\begin{aligned}R_G &= \theta_7 \times \theta_8 \times r_{12} + \theta_7 \times (1-\theta_8) \times r_{32} + (1-\theta_7) \times \theta_8 \times r_{22} \\ &+ (1-\theta_7) \times (1-\theta_8) \times r_{42}\end{aligned} \quad (10\text{-}20)$$

分别对式（10-19）、式（10-20）关于 θ_7 和 θ_8 求导，则可以得到该博弈收益矩阵的均衡解：

$$\begin{aligned}\theta_7^* &= \frac{1}{\mu}\left(1 - \frac{F}{C_2 + F - rC_2 - rK}\right) \\ \theta_8^* &= 1 - \frac{C}{\mu(F + rD)}\end{aligned} \quad (10\text{-}21)$$

不难发现，在均衡解中，煤炭企业进行安全生产的概率 θ_7 与新闻媒体进行监督报道的成本呈负相关关系。即新闻媒体报道的成本越低，新闻媒体报道引起当地政府关注的程度越高，进而对煤炭企业进行安全监管的力度越大，煤炭企业进行安全生产的概率也就越高。煤炭企业进行安全生产的概率还与事故损失呈正相关关系，当煤炭企业因发生安全生产事故而被处罚的罚金越高，煤炭企业就越倾向进行安全生产。此外，新闻媒体报道效率，即媒体报道后政府关注企业安全生产的力度与煤炭企业安全生产的概率呈正相关关系。

通过该博弈分析我们可以发现，新闻媒体在资源型企业的安全生产监督方面起到十分重要的作用。如果缺少媒体和公众的社会监督，一些安全生产事故就不会为社会所知，相关事故责任人也不能受到应有的惩罚，因此，现阶段的新闻媒体在发挥日常信息宣传作用的同时，也正逐渐深入行业当中，揭露行业的不安全生产行为，对资源型企业实施有效的监督。但也应注意到，不少新闻媒体在舆论监督方面，往往在事故发生时有较大密度和力度的报道，一味凸显事故救援和处理，缺乏对责任追究和相关人员处理上的监督。其实，就安全生产监督管理来说，新闻媒体应充当起“先行者”的角色，在政府决策和公众知情之前深入了解安全生产状况，给予社会准确且有针对性的新闻报道，特别是对于事故成因分析、责任人行政和刑事追究等方面的报道，要加强力度，在舆论和社会责任之中警示安全生产主体单位，使其规范生产，重视安全生产问题。

10.3　基于工伤保险层面的安全生产管制体系研究

10.3.1　各国对工伤保险体制的初步探索

在全球各地未形成健全的工伤保险体制之前，一旦安全生产主体单位内发生工伤事故，矿场主只需要承担很少一部分经济责任，而社会、工人家庭却承担着较大比例的损失和责任。因此，各国政府开始意识到仅仅以社会经济稳定、工人权益保障、企业社会责任等形式让安全生产主体单位改善安全生产条件，所起到的效果微乎其微，必须采用以立法、经济手段刺激相结合的政府管制手段才能得以改善。最早开始进行工伤保险体制探索的西方国家，基本都建立了有关工伤保险的法律法规和刺激安全生产条件改善的经济刺激机制，在体制建立的较长一段时期内，各国的工伤事故伤亡率基本得到了大幅降低。

不难发现，各国以立法和经济刺激手段所建立的工伤保险机制虽在内容形式上各有特点，但在工伤保险的费率机制建立方面有共同之处。欧洲一些国家的管理经验已经证明，采取严格立法，规范企业生产行为，以及加上适当的经济刺激手段，会对生产企业的安全生产条件产生正向的效应，从而取得较好的社会和经济效应。在整个工伤保险机制中，工伤保险费率机制又是西方各国在长期实践探索过程中的巨大进步。

不同的国家制定了不同的工伤保险制度，由此产生的工伤保险费率也不尽相同。在一些私有经济发达的国家，如葡萄牙、丹麦等，其国内工伤保险费率的确定一般是采用市场原则，通过分析企业的经济状况、安全生产状况、行业竞争的激烈程度来对具体的费率进行确定。其中，丹麦的工伤保险费率完全由市场决定，以保险工会作为中介机构，通过竞标资格审查，直接建立起矿主与保险公司之间的沟通渠道，采用公开市场竞争的方式来确定费率。

与葡萄牙、丹麦等的工伤保险机制不同，德国、法国、意大利等的工伤保险机制更体现政府管制的指导思想。在这些国家，工伤保险费率的测算标准是基准风险费率，且都由相同或相似风险水平的行业组成，而以经济刺激为手段的安全生产管制大多也是以基准费率为基础调节不同行业的保险费率或附加费来实现的。政府管制保险费率的方式，可以从宏观层面发挥工伤保险的经济杠杆调节作用，促使企业进行安全生产。

在各国的工伤保险机制中，工伤保险基金是保障医疗服务、现金赔付及机制正常运行的经济基础。从各国的实际情况看，工伤保险基金多用于伤亡救助、健康恢复、经济补偿，且基金的资金来源一般是生产主体单位缴纳的保险费，少部分来源于政府定向稳定投资所得。针对保险费的标准各国也有不同的规定，法国规定保险费的征收标准按照实际工资总额的百分比进行计算，德国的工伤保险费按照行业的不同，一次征收固定的数额。在工伤医疗方面，其经费一部分来源于政府税收，由医疗保险提供，一部分来源于工伤保险费，由工伤保险基金提供。西方国家的平均工伤保险费率如图 10-4 所示[141]。

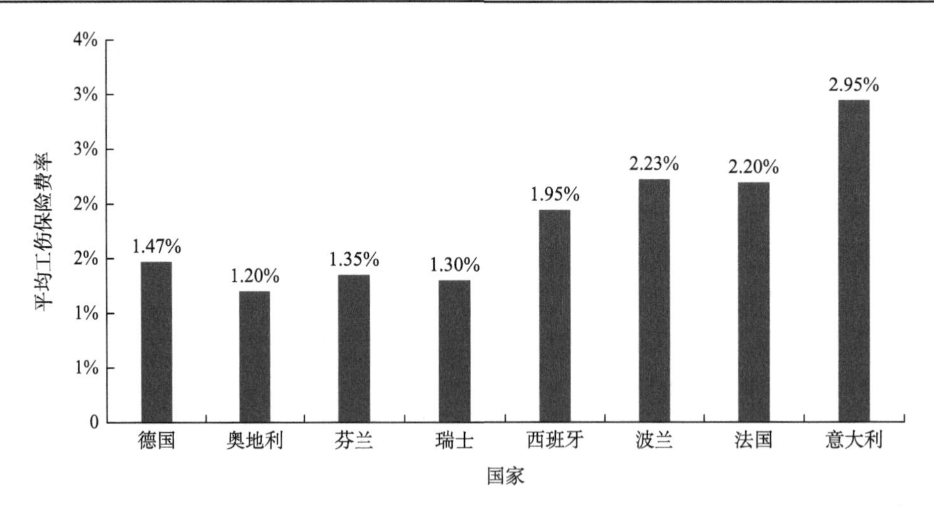

图 10-4　西方国家的平均工伤保险费率

从图 10-4 可以看到，西方国家的平均工伤保险费率维持在 1.2%~3.0%。各国实际情况虽有不同，但依据工伤保险费率的平均分布不难发现，对于存在政府管制工伤保险机制的国家，如德国、西班牙、法国、意大利等，往往会制定较高的工伤保险费率，政府通过收取较大比例的工伤保险费，旨在发生安全生产事故时，由政府作为最后“兜底人”，稳定工伤保险机制的正常运行，保障工伤工人可以得到及时的救助和妥善的经济补偿。那些将工伤保险机制市场化的国家，如奥地利、芬兰、瑞士等国家，一般保持较低的工伤保险费率，由工会统一组织收取和运行。

作为世界上劳动人口最多的中国，近年来政府也一直致力于工伤保险机制的健全。2003 年颁布实施的《工伤保险条例》，从工伤预防、工伤救助、工伤赔偿、工伤康复等方面建立健全适应新时代的工伤保险制度，切实保护一线工人的权益，特别是从事矿井作业的全职员工。据统计，自《工伤保险条例》实施后，截至 2017 年，全国总工伤事故和死亡人数同比下降 16.2%和 12.1%，工伤保险基金累计结余 1 607 亿元，参保人员总数达 22 742 万人[①]。但不可否认的是，中国资源型企业在安全生产水平和工伤待遇水平提高的同时，在不断发展和革新的技术环境、日渐激烈的同业竞争及国家对环保和安全生产的逐渐重视下，中国的工伤事故和职业发病率相较国外水平依然较高，中国一线工人，特别是从事危险工种的一线工人所面临的工伤风险和安全隐患依然十分严峻。

① 数据来源于《中国统计年鉴 2018》。

10.3.2　路径研究和相关假设

1. 工伤保险费率机制下的安全生产效应

Burton 和 Berkowitz 认为工伤保险在预防工伤事故方面发挥着十分重要的作用，可以在很大程度上调节工伤工人收入的再分配，帮助企业有效规避安全生产风险[142]。Kip 和 Zeckhauser 更为深层次地对工伤保险机制和安全生产事故进行研究，发现两者之间存在非线性关系，即随着工伤保险机制的建立和工伤待遇的提高，安全生产事故的发生比例会呈现先下降后上升的 U 形走势[143]。Burton 和 Chelius 对欧洲各国的工伤保险机制进行对比研究发现，实施工伤保险费率机制能有效降低工伤事故的发生，从经济制约方面规范生产企业的安全生产行为[144]。Boden 和 Ruser[145]、Blum 和 Burton[146]从博弈的视角认为，工伤保险机制和工伤工人之间存在明显的利益关系，工伤保险待遇的提高，会增加一线工人的工伤收益，进而导致工伤赔付申请增加，同时，生产企业和保险工会采取必要措施提高保险赔付标准，引发彼此之间的道德风险问题。Baden 和 Galizzi 的研究也同样证实了这一观点，同时，他们还提出工伤保险费率和工伤保险待遇的提高，会导致事前和事后的工伤索赔申请同时按比例提高，即当费率保持稳定，工伤保险待遇每提高一个百分点，就会使得事前和事后的工伤索赔申请比例提高 0.1~0.3 个百分点[147]。

不难发现，已实施工伤保险费率机制的国家在预防工伤事故、改善安全生产环境等方面取得了积极的成效。在多数国家中，设置完善、健全的工伤保险费率，体现了政府对工伤预防和处理的管制思想。政府通过实施以经济手段为主的刺激性费率机制，主要是促进企业，特别是工作危险系数较高的资源型企业，主动承担其维护安全生产环境的主体责任，降低无效率或者低效率的安全生产成本和资源使用。一般情况下，工伤保险费率的高低体现了政府对安全生产管制的强度，同时也代表企业对预期事故损失的承担能力和安全生产状况的改善能力，且政府或保险工会会对不同行业设置不同的保险费率，对于危险系数较高的生产企业往往会制定较高的费率，并按企业总资产的一定比例收取预提金。相比国外的费率机制，中国的工伤保险费率机制采取“基准费率 + 浮动费率”的形式对生产企业安全生产进行强制性管理。该形式主要是针对不同类型的企业实施差别性费率机制，且个别行业的工伤保险费率也有过大的差距，一些低风险生产企业的工伤保险费率可低至 0.2%，而一些高风险生产企业的费率可达 2.0%。

基准费率是根据不同风险等级的生产企业而设定的全国性普遍费率，浮动费率则是根据具体企业所在地区的安全生产状况，在基准费率的基础上，进一步收取浮动工伤保险金。一般情况下，在不考虑浮动费率时，政府会实施较低的工伤保险费率，主要目的是降低高风险地区和低风险地区的费率差额，使得各地各种类型的生产企业所面临的工伤风险在机制内大体相同，稳定整个行业的安全总效应。根据管制俘虏理论，政府出于保护企业正常经营利润的目的，会适当为企业提供工伤保险费率的折扣，但作为企业和工人来说，就会存在夸大或虚报工伤事故申请的情况，造成生产企业事故损失账面虚假增加。政府会进一步降低企业的工伤保险费率，会在一定程度上增加低费率类生产企业的雇佣成本，该类企业为了降低成本，在政府管制和工伤保险机制的约束下，会重视已雇员工的安全生产问题，控制工伤伤亡率。

因此，本节提出假设 10-1。

假设 10-1：当政府降低工伤保险费率时，生产企业的安全生产事故率会随之降低，即在约定情况下，工伤保险率费率与安全生产事故率呈正相关关系。

2. 参保受偿率与安全生产效应

企业作为主要的工伤保险待遇支付者，很多情形下不愿承担较高的工伤保险金赔付，而且大多数生产企业追求短期利润，忽视安全预防所带来的长期收益，很容易出现削减安全生产成本，降低安全生产投入，导致更多安全生产事故的发生。从企业自身方面来看，参保人数越多，企业要在未来支付的安全生产事故赔偿金就越多，企业的生产成本就会上升。为了尽可能削减成本，抑制工伤保险费率因基数增加而快速增长，企业很可能会克扣或者减少一线工人的工伤保险待遇，提高受偿标准，缩小工伤受偿人数，维护企业自身利润。例如，很多矿场长期雇佣非合同工，虽有正常的工资待遇，但在工伤保险待遇方面往往不计入企业自身成本当中，或者虽有正常的工伤保险待遇，但降低真实发生工伤事故申请者的赔偿金金额、缩短事故受害者享受工伤保险待遇的期限。

参保受偿率就是因工伤享受到基本保险服务的工人占参加工伤保险人数的比率。一般情况下，当一线工人发生工伤伤害后，在医疗救助的同时，工伤认定和事故伤害等级认定也会相继开展。然而，差异化的标准设置、烦琐的申请流程、漫长的工伤等级认定都会影响工伤工人得到及时的受偿补助。生产企业方面有时也会躲避经济惩罚，利用企业资源干扰工伤鉴定和事故等级认定，使工伤工人不能及时得到医疗救助，大大降低工伤预防效果。

因此，本节提出假设 10-2。

假设 10-2：参保受偿率越高，生产企业就会承担越多的成本损失，就越倾向进行安全生产管理，安全生产事故率降低。

10.3.3　实证研究

1. 变量选择

1）平均工伤保险费率

工伤保险费率是工伤保险机制的核心，凸显工伤保险的实际实施效益。由于我国实行的是“基准费率+浮动费率”的保险机制，为了平衡不同行业、不同风险地区的工伤保险费率，且受限于较多资源型企业的数据缺失严重，本书主要选取行业总产值占工业总产值前三名的资源类行业，分别为煤炭开采和洗选业、石油和天然气开采业及黑色金属矿开采业，采用三类行业的平均工伤保险费率进行表示，具体计算方法是用上述三类行业的产值占比乘以各自行业的工伤保险费率，就可以得到三类行业的平均工伤保险费率，用 LI_{it} 表示，指标含义为 i 行业在 t 时刻的平均工伤保险费率。同时，针对上述三类行业在个别年份的工伤保险费率值存在缺失，采用在实际情况下的行业平均工资总额的 0.9%进行缺失值的补充[①]。

2）工伤事故率

本书参考胡务和汤梅梅[148]的研究，采用 20 万工时伤残率表示工伤事故率，该值也反映出政府对安全生产事故的管制效果。该指标假设每年职工平均工作 2 000 小时，则每年每百职工的伤残率=总受伤人数/总人数/总工作时间/2 000/100，然后取对数，用 IR_{it} 表示，指标含义为 i 行业在 t 时刻的工伤事故率。

3）参保受偿率

为了从参保工人发生工伤事故时得到的工伤赔偿角度反映出政府安全生产管制的实际情况，本书采用参保受偿率进行表示，即参保受偿率=工伤获赔人数/参保人数。参保受偿率用 CR_{it} 表示。

4）控制变量

在控制变量的选择上，本书主要考虑了行业的产出效益及工人的平均工资水平，选择工业成本费用利润率和行业内工人的平均工资作为控制变量，对模型进行控制。工业成本费用率反映了工业生产成本及费用投入的经济效益，是一定时期内工业利润与成本费用的比率，用 ICPM 表示；行业内工人的平均工资水平直接采用相关数据统计工人工资的平均值（万元/百人），用 AW 表示。

2. 数据来源及描述性统计

本书的研究对象主要集中在三类产值占比较高的资源型行业，依次为煤炭开

① 来源于人力资源和社会保障部、财政部联合发布的《关于调整工伤保险费率政策的通知》。

采和洗选业、石油和天然气开采业及黑色金属矿开采业，选取 2008~2017 年相关数据进行实证分析，数据来源于原国家安全生产监督管理总局公布的《全国安全生产事故报告》《中国安全生产年鉴》《中国统计年鉴》《中国劳动统计年鉴》《中国工业统计年鉴》数据库。相关变量的描述性统计见表 10-5。

表 10-5　相关变量的描述性统计

变量	均值	标准差	最小值	最大值
IR	2.06%	0.90%	−2.48%	6.32%
LI	0.35%	0.24%	0.02%	1.11%
CR	0.03%	0.13%	0.02%	0.08%
ICPM	0.22%	1.32%	0.02%	0.83%
AW/（万元/百人）	5.18	1.48	4.13	11.86

3. 模型设计

平均工伤保险费率的提高或降低会明显对资源型企业的安全生产事故产生影响，同样地，参保受偿人数的变化也会对生产企业的成本发生明显影响，企业出于降低成本、企稳收益的目的，会人为干涉参保人员受偿审批，进而会对安全生产产生影响，也从侧面体现出政府对安全生产的管制效果。因此，本书通过建立固定效应模型，使用 EViews 8.0 软件，采用混合 OLS（ordinary least squares，普通最小二乘）方法对模型进行回归检验。具体模型如下：

$$\mathrm{IR}_{it} = \alpha_0 + \alpha_1 \mathrm{LI}_{it} + \alpha_2 \mathrm{CR}_{it} + \alpha_3 X_i + \mu_{it} \tag{10-22}$$

其中，被解释变量 IR_{it} 为工伤事故率，代表政府对安全生产管制的实际效果；解释变量 LI_{it} 和 CR_{it} 分别为平均工伤保险费率和参保受偿率；X_i 为模型的控制变量，分别表示工业成本费用利润率 ICPM 和平均工人工资水平 AW；α 为回归系数；μ 为随机扰动项。

4. 实证结果分析

为了从工伤保险费率和参保受偿率的视角探讨政府管制对安全生产的实际效果，本书对其进行了有关的实证检验，如表 10-6 所示。从表 10-6 中可以看到，平均工伤保险费率在三个行业中与工伤事故率均表现为正相关，且都在 5%的水平上显著，说明在一定情况下，当平均工伤保险费率降低时，工伤事故率也会降低，政府管制效果增强，这与假设 10-1 的假设相符合。就不同行业来看，与其他两个行业相比，降低煤炭开采和洗选业的平均工伤保险费率，对该行业的工伤事故率降低程度影响最小，而降低石油和天然气开采业的平均工伤保险费率，却对该行业的工伤事故率降低程度影响最大。从我国近年统计的工伤事故数可以看到，煤炭行业的安全生产事故依然高发，即便政府采取多种形式进行安全生产管制，但煤矿开采作业安全隐患风险因素复杂，既需要专业人员进行现场施工开采，也需要政府制定完善严格的现场安全保护措施和开发事故处理预警系统，保护一线工人的合法权益。石油开采大多属于地面施工或海洋基面施工开采，相对开采风险来说，石油和天然气类生产企业更应该注意操作风险和自然风险。近年来，随着我国自然资源开发战略的实施，对已探明油矿的开采作业进行了严格限制，且国民生活所用石油和天然气绝大部分来自国家进口，以保护国内油田资源的自然储量，因此，通过在一定幅度内降低石油和天然气开采业的工伤保险费率，可以有效减少该行业的安全生产事故，也体现出政府在该行业较为有效的管制效果。

表 10-6　平均工伤保险费率与参保受偿率对不同行业工伤事故率的影响

变量	煤炭开采和洗选业	石油和天然气开采业	黑色金属矿采选业
常数项	2.312**	0.369**	0.072**
LI	5.611** (3.98)	62.285** (26.67)	43.218** (10.75)
CR	−17.830* (−6.17)	−12.760** (−4.79)	−0.987 (−0.23)
ICPM	−8.761*** (−1.76)	−37.982*** (−10.88)	−2.117** (−0.25)
AW	10.878* (2.11)	4.981** (0.97)	0.271 (0.11)
R^2	0.974 4	0.985 9	0.926 5

***、**、*分别表示在 1%、5%、10%的水平上具有显著性

注：括号内为标准误

从参保受偿率的回归结果看，参保受偿率与工伤事故率呈负相关关系，即参保受偿率越高，企业安全生产的成本越高，企业为了保持营业利润，会进行安全生产管理，加大安全生产投入，提高安全生产收益，降低工伤事故率，这印证了假设 10-2。但也应看到，不同行业的参保受偿率对工伤事故率的影响不尽相同，煤炭开采和洗选业参保受偿率的增加，对该行业工伤事故率的降低程度影响最大，且在 10%的水平上显著。主要是因为我国煤炭开采行业生产历史较长，发生安全生产事故的频率和严重程度也比其他行业稍高，一旦发生安全生产事故，工人依托工伤保险制度进行医疗救助和财产补偿，企业则可以避免单独付出高昂的安全生产成本代价。石油和天然气开采业的参保受偿率与工伤事故率在 5%的水平上显著呈负相关关系，而黑色金属矿采选业的参保受偿率与工伤事故率虽然呈负相关关系，但不显著。这可能是因为黑色金属矿采选业规模、从业人数等远远低于其

他两类行业，因此在实际回归中表现出不显著，应进一步增加样本数，扩大时间截面，进行更深层次的研究。

就控制变量来说，行业的成本费用利润率越高，企业利用成本投入转化为收益利润的能力就越强，对安全生产投入的强度也会增加，工伤事故率就越低；工人工资越高，会增加企业的生产成本，企业方面为了压缩生产成本，会减少安全生产投入，进而导致工伤事故发生。

10.3.4 总结

从以上的回归结果来看，在三类样本行业中，平均工伤保险费率、参保受偿率与工伤事故率分别呈正相关和负相关关系，与研究假设相吻合，也与基本理论相契合。但对于不同行业来说，仍有不同之处。石油和天然气开采业的平均工伤保险费率的降低对工伤事故发生数的减少有更为显著的影响，说明政府在该行业的安全生产管制效果极好，而煤炭开采和洗选业由于涉及矿下开采施工，不安全的因素复杂多变，风险隐患较大，即便实行了较为灵活的工伤保险费率机制，工伤事故发生数也比其他行业稍高，对工伤事故率的降低程度影响最小。在参保受偿率方面，煤炭开采和洗选业由于事故多发，工伤保险受偿率的提高会增加企业的安全生产成本，加之政府管制力度的加大，企业会更加重视安全生产的相关规范，减少工伤事故的发生频次。受限于样本和时间截面等相关因素，个别变量的相关性并不十分显著，需要继续扩大样本进行深入的研究。

第 11 章　完善中国资源型企业安全生产管制体系的对策建议

对西方国家资源型企业安全生产管制体系进行分析研究后，不难发现，在各国发展的早期，都存在对安全生产重视度不足、管制效率低下等问题，从而导致较为严重的生产事故。但随着相关法律法规的出台和管制体系的建立，西方发达国家率先进行安全生产管制的革新，主要是建立多角色、多方位、多系统的管制体系，对参与安全生产的各个主体单位都进行了权益的保护和权力的限制，进而有效地降低了安全生产事故，强化了企业的安全生产责任，逐渐形成的管制经验为其他国家所学习和借鉴。因此，通过对前面章节的总结，结合我国的实际情况，对完善我国资源型企业安全生产管制体系提出相应的对策和建议。

11.1　合理调整中国矿产资源的利用结构

11.1.1　保障主要矿产品产量总体平稳增长

我国是全球最大的矿产品生产国，其中粗钢和煤炭产量已占全球总量的 50%左右，生铁和电解铝产量占全球总量的 60%以上，全国主要大宗矿产品产量总体继续保持平稳增长态势。2018 年，我国主要矿产中有 37 种查明资源储量增长，11 种减少。其中，煤炭查明资源储量增长 2.5%，石油剩余技术可采储量增长 0.9%，天然气增长 4.9%，铜矿增长 7.9%[①]。2018 年，全国原煤、天然气、电解铝、电解铜、精炼铅、水泥产量分别为 35.46 亿吨、1 610.2 亿立方米、3 580.2 万吨、902.9 万吨、511.3 万吨、23.9 亿吨，较 2017 年分别增长 5.2%、7.5%、7.4%、8.0%、9.8%、

① 本章数据来源于自然资源部官网。

3.0%；铁矿石、精炼锌、原油产量分别为 11.91 亿吨、568.1 万吨、1.89 亿吨，较 2017 年分别下降 3.1%、3.2%、1.3%。

近年来，我国矿产品产量与市场反应密切相关。市场需求增长驱动原煤产量增产，燃气改造力度加大持续推动天然气产量上升，市场需求变大支撑有色金属产品产量有所增长，国内资源禀赋差、开采难度大使得原油生产减产，需求减弱、价格下跌影响铁矿山生产积极性，导致铁矿石原矿产量下降。1949~2018 年，我国探明储量矿种从十几种增加到 162 种，煤、铁、铜、石油等重要矿产储量大幅增长。其中，石油储量从 0.29 亿吨增至 35.73 亿吨，增长约 122 倍；铁矿石查明资源储量从 33.20 亿吨增至 852.19 亿吨，增长约 25 倍；锰矿从 4.08 亿吨增至 18.16 亿吨，增长约 3.5 倍；铝土矿从 4.5 亿吨增至 51.7 亿吨，增长约 10 倍；铜矿查明储量从 218.93 万吨增至 11 443.49 万吨，增长约 51 倍。我国已经成为矿种齐全、总量丰富的资源大国。

11.1.2　合理控制主要矿产品进口规模

从 2018 年我国主要矿产品进口情况来看，主要矿产资源进口资金总额达 32 563.6 亿元，较 2017 年增长了 2.4%，约占全国货物进口总金额的 23.1%；从进口的产品分类来看，大类矿产品进口量依旧保持增长，如石油、有色金属等矿产品，但钢铁进口量明显减少，铁矿石进口量 106 447 万吨，较 2017 年下降 1 个百分点。具体来看，2018 年，我国煤炭（煤及褐煤）进口量达 28 123 万吨，较 2017 年同比增长 3.8 个百分点；原油进口量达 46 190 万吨，较 2017 年同比增长 10.1 个百分点；天然气进口量达 9 039 万吨，较 2017 年同比增长 31.9 个百分点；铜精矿进口量达 1 972 万吨，较 2017 年同比增长 13.7 个百分点，如表 11-1 所示。

表 11-1　2018 年各季度我国主要矿产品累计进口量　　单位：万吨

时间	煤及褐煤	原油	天然气	铁矿石	铜精矿
2018 年 3 月	7 541	11 207	2 061	27 051	465.8
2018 年 6 月	14 619	22 482	4 208	53 073	955.4
2018 年 9 月	22 896	33 641	6 478	80 334	1 499.1
2018 年 12 月	28 123	46 190	9 039	106 447	1 972.0

从表 11-1 中不难发现，主要矿产品进口量都呈现一定幅度的增加，其中原油进口量增加最多。矿产品的储量、开采和进口量与国内经济形势紧密相连，当经济发展对矿产资源依赖性减小时，矿产资源生产的压力才会相应减小，安全生产主体单位才有足够的时间和空间进行安全体系的建设和安全措施的完善。

11.1.3　适度增加采矿业固定资产投资

提高安全生产主体单位的基础设施，在一定程度上既能有效提高矿产品产量，增加企业收益，又能改善矿工下井操作的“硬件”环境，保障生产的安全性。2018 年，我国采矿业固定资产投资在连续下降 4 年后实现首次增长（图 11-1），总金额为 9 587 亿元，比 2017 年同期相比增长了 4.1 个百分点，增速较 2017 年提高了 14.1%。其中，煤炭开采和洗选业、黑色金属矿采选业、非金属矿采选业固定资产投资较 2017 年分别增长 5.9%、5.1%、26.7%；石油和天然气开采业、有色金属矿采选业固定资产投资较 2017 年分别下降 0.7%、8.0%。2018 年全国采矿业固定资产投资较 2017 年增长，主要受煤炭、砂石等建筑材料矿产固定资产投资增长推动，据统计，2018 年煤炭开采和洗选业固定资产投资较 2017 年同期增长 5.9%，非金属矿采选业固定资产投资增长 26.7%，石油和天然气开采业固定资产投资比 2017 年同期减少 0.7%，有色金属矿开采业固定资产投资则比 2017 年同期减少 8.0%。

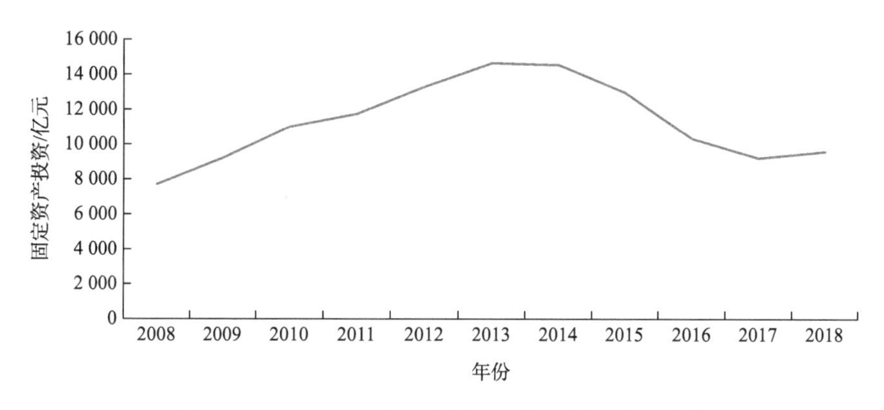

图 11-1　2008~2018 年全国采矿业固定资产投资变化

从图 11-1 中可以发现，我国矿业经济效益有所改善，投资额呈现有规律的上下波动，整体较为稳定。但矿业经济效益的提高，尚未转化为矿业投资增加的动力，勘查融资难、矿业活动空间受限、社会投资欲望不高、安全生产主体单位无法及时转化经济效益投入后续的安全生产等问题成为采矿业固定资产投资不会有明显改观的主要原因。在今后较长一段时期，要明确矿产固定资产投资的重要性，拉动探矿权活跃指数向上平稳运行，有效区分不同性质、不同用途的矿产品，保障部分战略性矿产具备长期可采储能力，减少甚至停止资源储量透支的矿产资源开采，加强生产主体单位的安全生产意识，以投资带动矿区经济发展，增强我国矿业发展的后续动力。

11.1.4　协调好矿产品生产与消费之间的关系

安全生产主体单位进行安全生产，加上国家的宏观调控，一定程度上保证了矿产品的有效供应，但市场决定消费意向和消费水平，因此，在矿产品供求层面探究我国资源型企业安全生产管制体系的构建和完善具有十分重要的意义。

能源矿产方面，我国是世界上第一大能源生产和消费国，2018 年一次能源生产总量为 37.7 亿吨标准煤，较 2017 年增长 5.0%；消费总量为 46.4 亿吨标准煤，增长 3.3%，能源自给率为 81.3%，如图 11-2 所示。分类来看，2018 年能源消费结构中煤炭占 59.0%，石油占 18.9%，天然气占 7.8%，一次电力及其他能源占 14.3%。同时，也可以看到我国能源消费结构不断改善，煤炭比重不断下降。2018 年，煤炭占能源消费总量的比例较 2017 年下降 1.4 个百分点，较 2009 年下降 12.6 个百分点，如图 11-3 所示。

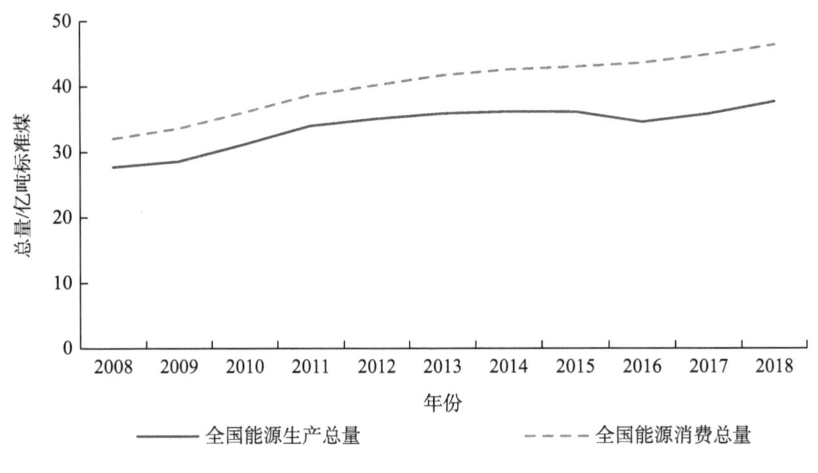

图 11-2　2008~2018 年全国能源生产/消费总量

金属矿产方面，2018 年，粗钢、十种有色金属、黄金产销量均居全球首位。其中，铁矿石产量 7.6 亿吨，较 2017 年减少 3.1%，表观消费量 13.7 亿吨（标准矿）；粗钢产量 9.3 亿吨，增长 6.6%。十种有色金属产量 5 702.7 万吨，增长 3.7%，其中，精炼铜 902.9 万吨，增长 0.7%；电解铝 3 580.2 万吨，增长 7.5%。黄金产量 401.1 吨，下降 5.9%；消费量 1 151.4 吨，增长 5.7%。

非金属矿产方面，2018 年，磷矿石产量 9 632.6 万吨（折合五氧化二磷 30%），较 2017 年增长 5.8%；平板玻璃产量 8.7 亿重量箱，增长 3.7%；水泥产量 22.1 亿吨，减少 5.3%。

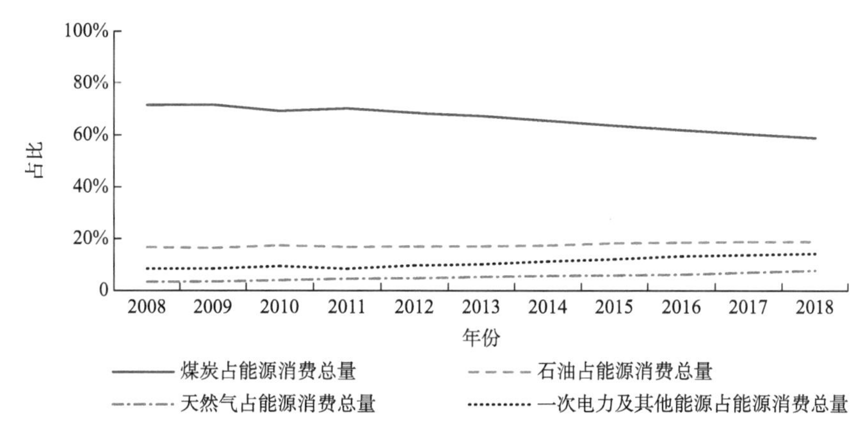

图 11-3　2008~2018 年全国不同能源占能源消费总量的比例

不难看出，立足于我国资源型企业安全生产管制体系的完善，通过控制主要矿产品的产销比，在很大程度上能起到联动作用，带动管制体系各方面的沟通与合作。近年来，在能源矿产和金属矿产方面，我国政府积极改善资源的产销结构，着力减少煤炭、石油等矿产品的产量，引导绿色循环消费，鼓励使用电力、风力、太阳能、生物资源等清洁类资源。协调好矿产品生产与消费之间的关系，是构筑安全生产管制的前提，体系的有效运行需要保障基础的矿产品供求平衡，使得在外部条件充足的情况下，体系内各安全生产主体单位可以充分发挥作用，促进体系流畅、高效运行。

11.1.5　加强矿产资源的节约和综合利用

党的十九大报告中明确提出要加强对矿产资源的节约和综合利用，打好“绿色攻坚战”，既要金山银山，也要绿水青山。因此，我国在矿产品的综合使用方面也进行了十分严格的规定。2018 年，相关部门在开展煤炭、石油、铁等 39 个重要矿产“三率”（开采回收率、采矿贫化率、选矿回收率）调查评价工作的基础上，依据《中华人民共和国矿产资源法》等法律法规，制定煤层气、油页岩、银、锆、硅灰石、硅藻土和盐矿等矿产资源合理开发利用“三率”最低指标要求，规范矿山对矿产资源的开发利用方式，提高资源利用效率。截至 2018 年底，自然资源部共制定发布了 46 个矿种（矿类）合理开发利用“三率”最低指标要求。

在节约和综合利用矿产资源方面，2018 年 9 月，政府通过联合有关矿产企业和行业协会对 334 项先进生产技术进行推广应用评估。结果显示，安全生产主体单位通过引用适用的生产技术，加强绿色循环系统改进，在资源利用水平、经济效益、科技成果转化、生态环境保护等方面取得了明显成效。截至 2018 年底，石油采收率平均提高 9 个百分点、固体矿产开采回采率平均提高 8 个百分点、选矿回收率提高 9.5 个百分点；矿业产值增加 2 044 亿元，利润增加 624 亿元；334 项先进适用技术推广应用到 2 818 家矿山企业，形成专利 1 521 件，获得国家级、省部级等科技进步奖 585 项，形成国家与行业等标准 328 项；累计节地 5.1 万亩①、节电 104 亿千瓦时、节水 8.3 亿吨、利用固体废弃物 6.3 亿吨。

11.2 完善安全生产管制的支撑体系

11.2.1 发挥政府核心管制力量，健全安全生产信息体系

目前，我国的安全生产管制职能部门基本齐全，由应急管理部负责协调管制生产过程中的综合性事项，实现集中管理、地方落实的管理模式。2021 年修改的《安全生产法》进一步明确了应急管理部在安全生产监管中的核心地位，但在安全生产管制的细分领域中，我国相关部门在落实职能分配时，依然存在专业性不强，难以形成有效监管等问题。因此，我们需要适时对安全生产管制体系进行深化和调整，对安全生产管制职能进行重新梳理和组合，要逐步淡化资源型企业的行业生产管制，强化权威、集中的安全生产管制机构的核心地位，将安全生产管制职能统一于中央，再由中央设置二级、三级分权机构进行具体落实，使之能够有效协调各部门的日常运转。此外，一旦发生重大突发事件，可以快速、准确地实施行动，减少损失，同时也能改变安全生产管制工作上存在的职能重复交叉、多头执法、权威性差的状况[149]。

因此，从政府层面来看，要充分发挥政府对于安全生产的监督管理职能。首先，政府需要加快转变自身职能与管理理念，建立健全新时代煤矿安全生产管制体系，将资源型企业的安全生产工作放在政府有关部门管制的核心位置，自觉承担相关的职责，落实安全监管工作，把政府对安全工作的有关政策、指示与实际情况相结合，深入矿场一线，听取工人和企业的意见，及时调整不合时宜的规定，建立政府为民、务实、公信的良好监管形象。其次，政府也应加大对资源型企业生产的严格约束和安全管制，企业要按照政府部门的有关规定，杜绝“三超”和“三违”行为（“三超”是指超能力生产、超强度作业、超定员生产；“三违”是指领导违章指挥、工人违章作业、违反劳动纪律），确保其可以安全生产。最后，还需加快制定和完善针对安全生产的相关法律法规，与国外安全生产法律法规体

① 1 亩≈666.67 平方米。

系相比，我国依然缺乏专业性的法律法规，只有较少的法文规定出现在一些法律当中，如表 11-2 所示[150]。因此，政府应加快对安全生产法律法规的出台，填补各行业在安全生产过程中的法律空白，维护广大一线职工的权益不受侵害，做到条规清楚，有法可依，有章可循，尽可能地在法律层面上震慑企业的违规生产行为，降低安全生产事故的发生。

表 11-2 我国安全生产管制法律法规

时间	相关法律法规	主要内容
1949 年	《中国人民政治协商会议共同纲领》	作为我国安全生产立法的雏形法规，主要在加强劳动者的专业培训和职工干部培训方面做了规定
1956 年	《国务院关于防止厂、矿企业中矽尘危害的决定》	规定矿山采用湿法开采和机械通风，厂矿企业必须向一线工人提供防尘设备和保健食品
1982 年	《矿山安全监察条例》	监察机构的干部任免须经上级机关批准，安全生产检查员要从从事井下检查的高级工程师中选任
1989 年	《特别重大事故调查程序暂行规定》	有关部门必须对现场事故进行高度保护，严格现场处理过程，24 小时内出具事故报告
1995 年	《煤矿救护规程》	建立专业的救援队，救援队实施军事化管理，履行安全检查员职责
2000 年	《煤矿安全监察条例》	安全监察机构有权进入一线作业区进行安全检查，有权翻阅现场资料，并定期向社会公布有关情况
2002 年	《安全生产法》	矿山企业对本企业的安全生产负总责，并定期向监察机构报告，保证安全生产
2016 年	修正的《中华人民共和国煤炭法》	严禁煤矿企业的管理人员违章指挥、强令职工冒险作业，不得拒绝、阻碍监督检查人员依法执行职务

美国、日本等国家在近年表现出较低的安全生产事故发生率的主要原因之一，就是构建了十分庞大和具体的安全生产信息管理系统。《安全生产法》提出要逐步建立安全生产事故统计系统、安全生产专家库系统、安全监管监察系统、安全生产政策法规检索系统等，通过大数据、云计算等手段实时对我国的安全生产状况进行监督，逐步建立起便捷、透明、实用的工作体系和对应的门户网站，作为连接公众与政府之间的桥梁。同时，各省（区、市）也应建立起相应的安全生产信息管理系统，定向开展生产的风险分析和评估，进一步提高安全生产管制水平。

11.2.2 强化安全宣传和教育培训工作，提高相关人员素质

国外先进的安全生产管制体系离不开全面的安全教育培训体系框架，因此，加强对安全生产主体单位和矿工的安全宣传和教育培训，提高从业人员的安全素质依然十分重要。强化相关的安全教育工作是保障企业进行安全管理的主要组成部分，通过强制性培训、规范性培训等多层次、多渠道的培训方式，对安全生

产主体单位和一线工人进行义务教育。同时，利用发放职业安全教育手册、现代网络等形式提供免费的交互式培训课程，开放网上智库，将相关的政府工作报告、科学研究、矿难实情在网上公布，以便从业人员进行学习。此外，也要加强工人自身权利、自我保护相关知识，强化企业安全生产投入和安全生产的意识及工人自我救助的意识，最大程度上将安全宣传和教育培训工作落实到位，从生产一线有效降低安全生产事故。

具体来看，首先，应对安全生产的教育培训内容进行丰富和革新，加强对一线工人、监察职工等类型人员的教育考核，以便顺应时代发展和生产的实际需要。美国负责煤炭安全的管理机构是矿山安全与健康管理局，该局下设教育政策司，主管美国国内职业教育和培训考核的相关事务，主要职能是根据现代煤矿技术的不断革新，丰富安全教育内容，并采取多种形式、多种渠道向厂矿企业和职工宣传教育知识，引导企业进行安全生产。此外，在美国境内还有多所矿山安全与健康教育学院，通过设立专门的院制培训机构，主要在美国国内培养专业性更强、安全素养更高的安全工程师和监管人员，以提供课时、举办安全生产培训讲座等各种教育活动形式为学员提供服务，提高政府监察人员的综合素质和专业技能。因此，我国在完善资源型安全生产教育培训方面，也应积极学习国外先进的安全生产管制经验，如通过设定下井准入标准，对下井工人进行全方位的职业培训和设备操作培训，政府和企业都要设立相关安全职业考试，建立入井人员资料档案，考核通过后才能进入矿井工作，保障工人的人身和财产安全。

其次，政府职能部门和厂矿企业要重视对高学历和高素质专业人才的引进和培养。高科技人才是国家进步发展“流动着的血液”，对于安全生产行业来说，同样十分重要。新技术、新思想、新管理模式的引进在很大程度上可以改变企业冗积难改的管理弊端，提升企业软硬实力，活跃企业管理思维。高技术人才本身具有过硬的专业知识和素养，特别是负责井下开采的专业人才，在日常工作中，会引导身边职工进行规范生产操作，从企业管理层到一线工人当中，能形成良好的反馈机制。同时，政府和企业也要制定适合的人才引进和培养计划，确保政府和企业能留得住、用得上人才，从根本上优化安全生产的有关操作。

最后，针对国内生产企业发生事故一味依赖政府救援力量，错失最佳救援时间和机会的问题，在各个厂矿企业中建立一支综合性自救队伍是当务之急。自救队伍的建设要根据不同类型、不同规模的企业制定差异化的战略，尤其是涉及瓦斯、煤尘、顶板等危害性大、伤亡人数多的专业救援队伍。资源型企业自救能力的提升是体现我国安全生产水平的重要表现，当企业发生生产事故时，企业自身可以第一时间展开救援，既能降低自身的财产损失，也能高效地处理事故，防止事故进一步恶化，避免造成更大的人身伤亡。在建立自救队伍的过程中，少不了政府部门的大力支持，企业经费的申请和批准、救援队伍的建设问题等都需要政府与企业共同合作，才能发挥自救队伍的作用。

11.2.3　加大科研投入，加强安全生产技术攻关

科学技术作为第一生产力，是保障安全生产长久运行、安全管制长久有效的坚实基础。在中央层面，要大力推进科技强国战略，鼓励科技研发，从政策、资金、平台、渠道等方面对与安全生产有关的研究进行倾斜，进一步明确产、学、研联合开发的道路，建立适应安全技术标准要求的安全科技运用发展机制。在地方层面，要因地制宜、因地施策，制定适合当地实情的安全生产科技发展方向，充分利用当地大中专院校、科研单位和相关企业的科技资源，加强政府与院校和企业之间的合作，实现“出问题—有方法—善总结”的循环机制，积极在当地矿山企业实施。

此外，还应逐步建立起以安全生产单位为主体、以市场为导向、以政府为指导的安全科学支撑体系，切实保障全国的煤炭、石油、天然气、钢、铁等重要矿产品自用充足，在此基础上，提高主要矿产行业的安全科技成果研发，实现科技与经济之间的相互转化。同时，也应学习美国、英国、日本等国家的相关经验，结合高校、科研单位和政府部门的组织力量，建立安全生产技术服务中心、事故分析鉴定中心、安全生产检测检验中心、矿山安全中心、危险化学品安全中心、公共安全研究中心等一系列安全生产技术服务机构，促进科研成果的应用和转化。

近年来，我国的科研投入逐渐加大，特别是在资源型企业方面。以煤炭开采和洗选业为例，表 11-3 列举了 2008~2017 年该行业 R&D（research and development，研究与开发）人员数、项目数、专利申请数、有效发明专利数有关情况。不难发现，R&D 人员数 2008~2013 年开始呈现波动式上升的趋势，但到 2014 年，煤炭行业的 R&D 人员数开始下降，截至 2017 年，R&D 人员降至 41 987 人，为 2008~2017 年的最低值，占到全国总 R&D 人员数的 1.53%，R&D 项目数在 2013~2017 年也呈现下降的趋势。可以看到，我国煤炭行业的科研人员和科技创新项目近年来逐渐下降，究其原因主要是我国对资源开发和使用的有关政策调整，自党的十八大以来，我国政府高度关注资源开采和环境保护，开始对厂矿企业进行严格的开采资格审批，并逐渐减少对现有矿场煤炭资源的开采量，国内煤炭需求结构由自产为主—进口为辅向进口为主—自产为辅转变，煤炭开采作业无论是规模还是级别都开始降低，这在很大程度上使得煤炭企业在吸引 R&D 人员方面比其他行业略有差距。值得关注的是，煤炭行业的专利申请数和有效发明专利数却在逐年上升，区别于 R&D 人员数和 R&D 项目数，专利申请数和有效发明专利数在一定程度上代表着该行业的科技创新水平。虽然近年来煤炭行业的科技投入在逐渐减

少，但政府部门对煤炭行业的安全生产十分重视，通过改进生产条件，创新创造出更具安全性的生产设备，创新安全管理模式，强化教育培训，继而改善了生产状况，降低了安全生产事故。

表 11-3　2008~2017 年煤炭行业的科研投入情况

年份	R&D 人员数/人年	R&D 项目数/项	专利申请数/件	有效发明专利数/件
2008	45 955	2 520	1 007	432
2009	50 001	3 424	1 479	607
2010	44 636	3 978	1 805	786
2011	50 763	4 057	2 013	917
2012	46 917	4 585	2 372	1 023
2013	53 713	4 483	2 857	835
2014	53 028	4 143	2 549	1 222
2015	43 819	2 968	2 951	1 616
2016	40 193	2 790	2 399	1 944
2017	41 987	3 324	3 179	2 366

11.2.4　创建安全标准化体系，提升安全操作水平

西方国家根据自身安全生产管理实践经验，逐步建立起具有本国特色的安全标准化体系。美国杜邦公司秉承“世界上最安全的地方”的宗旨，经过多年实践和工作总结，向全球提出了包含 22 条要素的安全管理体系，同时将其独特的安全理念、安全系统和安全管理结合成一种全套杜邦 DuPont^{TM} 工厂安全系统[151]。杜邦公司一系列的安全生产理念源自“3E”理论，即技术对策（engineering）、教育培训（education）、法制管理（enforcement）。技术对策是资源型企业使用先进技术和管理方法对生产设备和作业环境进行有效管理，消除隐患；教育培训是通过安全教育和技能培训使一线工人和安监人员掌握基本的安全知识，降低操作风险；法制管理是以国家为主，建立健全本国的有关法律法规，以规范立法、严格执法来对安全生产活动进行管理，实现整个行业的安全生产。

“3E”理论在企业管理中得到了十分广泛的应用，特别是涉及安全生产的资源型企业，这些企业经过长期的探索，在“3E”理论的基础上，开创了矿山安全三角成功模式[152]，如图 11-4 所示。在该模式中，技术对策主要解决煤炭安全生产过程中的技术问题，其中，设备老化和操作风险是技术对策所要解决的核心问题，如定期检查设备运转情况、增加使用设备前的专门安全措施、定期考核设备

操作人员的专业素养等，通过一系列的技术对策实施，营造出安全的生产、生活环境。教育培训是针对矿场职工、企业安监人员、国家监督监察人员、工会组织人员的专业培训，根据彼此职能不同，从而制订专门的培训计划，并设置专门的职业考试，通过考试获得相关证书才能上岗工作。法制管理的核心是站在国家层面制定行业的生产规范，行业生产都要严格依照法律规定，在合法的范围内进行有序、安全经营。矿山安全三角成功模式以“3E”理论为基础，各要素相互联系、相互作用，共同构建资源型企业安全生产管理的网络体系，已经成为越来越多国家进行安全生产经营的管理模式。我国在制定安全生产标准化体系时，一定程度上借鉴和吸收了国外先进的管理经验，如 2016 年，国家安全生产监督管理总局发布的《企业安全生产标准化基本规范》，为全国的工矿企业提供了安全标准化的工作规范和指导。

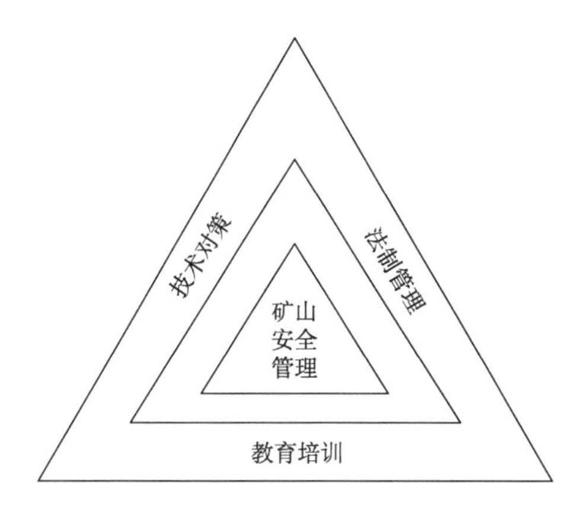

图 11-4　矿山安全三角成功模式

各国实情不同，企业之间也存在明显的差距，资源型企业的安全生产标准需要依据所在国法律法规有序进行制定和落实。在此过程中，各级政府要建立健全企业安全标准化达标体系和工作考核机制，全面推进各行业领域企业安全生产标准化达标建设，推进“管理台账化、操作程序化、生产安全化”的相关工作，切实加强动态监督，落实安全生产标准化工作，提高安全化水平。

11.2.5　完善应急救援体系，降低事故发生率

我国矿山安全生产事故频发，安全生产管制固然存在不足和漏洞，但建立健全应急救援体系同样迫在眉睫，应急救援体系的核心之一就是建立专业救援队伍，挽救生命，保护国家和人民财产。中央政府作为安全生产应急指挥中心，发挥着协调指挥功能，引导相关各级机构、人员、编制、经费和设备的落实。地方

政府与企业结合，通过政府政策引导、企业资金支持的方式建立应急救援基地，引进高素质、高学历的先进人才，建设应急救援专业队伍，以各自所在地为中心，不断向边缘地区进行辐射。同时，地方政府要依托现有的突发公共事件应急指挥系统，丰富矿山相关领域安全生产综合应急救援体系，协调好生产主体单位和政府部门的联络机制，最大限度降低事故的发生。

此外，还要着力提高认识，建立思想保障体系，牢固树立“落实安全标准是事前预防，开展隐患排查治理是事中防范，建立救援体系是事后救援”的最大限度保护生命财产安全的人本理念。同时，要加强应急预案编制，突出针对性、及时性、全面性和有效性，通过加强演练检验预案，各企业要针对安全生产事故易发环节，采取仿真模拟、桌面推演、功能演练和小型实践演练等形式，每年至少组织开展一次预案演练，通过演练，及时总结分析，查找、改进不足，增强预案体系建设的科学性，提高全员快速反应能力。

应急救援体系的另一个重要核心就是对事故风险的管理和防控。以化工园区应急管理为例，我们可以发现，风险管理也是十分艰巨和不可忽视的工作。化工园区不是直接从事开采、洗选的资源型企业，却是与资源型企业密切相关的工业基地。化工园区区别于普通的资源型企业，最大的不同就是石化、化工企业聚集，企业与企业之间互相联系，生产、使用、储藏大量的危险化学品，危险源众多，且一旦发生事故，就会造成化工园区的重大损失。因此，建立有效、先进的应急管理体系是化工园区防范风险的主要途径。经过长期的探索，我国化工类生产企业逐渐建立起一套针对突发事故的现代化综合应急管理模式，该模式由四部分组成，分别是预防、准备、响应和恢复，而最核心的部分就是预防和准备，预防的重点在于对风险的防控，准备的重点在应急救援队伍、应急平台等的建设。

安全生产风险的防控作为防止事故发生的第一道防线，必须要有合理的管理体系。从目前所建立的应急风险管理体系来看，其主要分为企业风险管理和园区风险管理。企业风险管理是以企业为主体，对企业重大事故风险源进行自查和辨识，完成事故隐患排查，根据排查结果进行针对性的事故隐患治理和风险源监控，以便实时对风险隐患做出反应。园区风险管理是以全体企业为风险排查对象，通过信息化手段建立园区定量风险监测系统，根据企业定期上报的风险隐患信息，对整个园区进行安全生产规划，针对性地对风险危险系数较高的企业进行单独管理，直至风险降低。

资源型企业虽没有园区规模和有关的结构体系，但诸如煤矿、石油开采等危险风险系数较高的生产企业也应吸取化工园区的风险管理模式，对本企业内部的事故隐患一一排查，借助信息化技术建立规范的事故风险监控机制，能够做到对事故有预知判断，并可以迅速采取行动，最大限度地降低事故发生的可能性，减少各方的损失，保护整体利益。

11.3　强化安全生产管制的执行和落实

11.3.1　落实政府和安全生产主体单位的相关责任

政府部门是安全生产管制的主体，负有监督和管制生产主体的重要责任。因此，政府部门要坚持职能匹配、职责相当的原则，明确各有关部门主要领导安全生产第一责任人的责任，落实相关的检查、验收、考评工作，加强动态监控检测。此外，还要对生产主体单位的安全生产费用提取制度进行严格规范，集中专项资金解决专项问题，消除旧的隐患，建立健全隐患排查治理机制、重大隐患分级管理机制和重大危险源分级监控机制，及时上报，按时公示，不断改善安全生产的基本环境。

安全生产主体单位在整个安全生产管制体系中，负有宣传、执行政府有关政策的责任和义务。安全生产主体单位要在依法合规经营、加大宣传教育、明确生产规制、改善生产条件、排查安全隐患、事故突发管理等方面严格落实相关的主体责任，要建立起相对成熟的安全生产责任制度、工伤保险制度等相关制度，积极学习国外先进的安全生产管理经验，预留专项资金进行技术改进和产品创新，围绕迫切的安全生产问题，组织企业优势资源做好指导和支持服务，从根本上切断不符合安全生产条件的产品进入社会。

因此，要从政府层面制定煤矿安全生产管理责任制度，并确保其在社会公众监督下可以正确、规范、公平、客观地被执行。政府作为参与主体，在制定该类制度时要起到引导、沟通的基本角色作用，连同有关专家、厂矿企业、一线生产工人及家属代表进行商议，听取多方意见，集思广益。同时，制度的确定也需要遵循严格的科学程序，加强论证，并能建立双向反馈沟通机制，确保制度制定的可行性、严谨性、科学性。例如，在安全生产管理责任制度中，要明确企业进行生产的必要条件，即不安全不生产、事故隐患未查清不生产、安全防护不到位不生产、发生事故立即停产整改等，健全在岗职责制度，要求厂矿所有者对厂矿内一切生产活动负总责，部分负责人对所在部门生产和安全负双责，各岗位职工对自己所在岗位的生产活动负责，各岗位之间、管理者与生产者之间互相监督，确保管理者具有较强的安全管理素质和责任意识，确保工人将安全生产放在工作首位，充实技能，定期培训，使厂矿内部具有完整、统一、规范的管理和生产生活体系。

11.3.2 加强政府和企业对安全生产的投入

对安全生产的投入不仅需要政府作为中坚力量进行政策扶持和资金引导，也需要安全生产主体单位利用有关资金和技术对整个生产流程进行调整。政府和企业对安全生产的投入用来改善企业的安全生产条件，主要用于安全生产教育培训、完善维护安全设备设施、排查治理事故隐患、消除劳动场所危险有害因素、监控重大危险源及购买劳动防护用品。目前，我国的安全生产投入主要通过足额提取安全费用、使用政府专项资金、安全生产风险转移等方式来落实相关制度和措施。此外，我国已逐步建立起以企业为主、政府扶持为辅的安全生产投入机制，基本保障安全生产投入总量，淘汰不具备国家安全标准的工矿企业，遏制低水平、无效率的生产建设[67]。

以煤炭行业为例，煤炭作为我国开采历史较长的资源种类，只有煤矿生产体系和安全体系健康运行，形成完整的协同机制，才能降低事故的发生，保护工人的生命安全，但从现阶段煤矿的生产状况看，其在安全生产基础设施建设投入方面尚存在诸多不足。有些煤炭企业为了追求自身利益最大化，控制安全生产成本，在现代化作业的今天依旧使用陈旧落后的生产设备，对安全生产的重要性认识不到位，一味追求短期收益，或将大量资金投入与安全生产无关的流程中去，造成安全专项资金流于形式，未能真正发挥其作用，加之该类企业急功近利，缺乏足够专业的生产设备和救护设备，忽视了安全生产投入所带来的长期效益和诸多隐形收益，无形之中增加了企业发生安全生产事故的可能性。

因此，各方要积极学习国外先进的管理经验。第一，学习国外政府对资源型企业建立资金统一管理的核算模式，将安全生产投入资金和其他资金分别管理，单独立账，保障安全生产投入资金能够正常、有效的使用，减少专项资金被占用的情况。第二，企业要保障生产设备的安全健康运转。诸多安全生产事故的发生，都与生产设备老化、设备操作不当等有关，一旦生产作业所需的设备达不到安全标准，就会存在重大的事故隐患，企业必须严格遵循国家有关规定，替换、淘汰老旧、不符合国家标准的生产设备和工艺。第三，企业要加强科技攻关，重视资源安全技术研发，政府也要给予有关资金支持和政策倾斜，引导企业进行安全生产技术研发。

11.3.3 强化惩处措施，提高有关单位的违法成本

《安全生产法》于 2002 年颁布实施后，虽然整体的安全生产状况得到了改善，但每年仍有较大生产事故发生，一方面体现了我国安全生产管理依然存在漏洞，

另一方面也说明我们在建设安全生产管制体系的道路上仍旧需要较长时间来探索。从政府管理层面看，要杜绝重大安全生产事故的发生，就要强化政府对违规生产的惩处力度，提高安全生产主体单位的违法成本。例如，根据《安全生产法》，发生特别重大安全生产事故的生产经营单位，除了要依法承担相应的赔偿责任外，还要承担额外的罚款，相应的罚款标准提高到 2 000 万元；生产经营单位存在某些情形的，其主要负责人 5 年内不得担任任何生产经营单位的主要负责人，情节严重的，终身不得担任该行业生产经营单位的主要负责人。此外，对停产整顿企业，《安全生产法》还首次将停产列入了法律条文；对企业安全生产的监管，也细化到乡镇一级。

以国家法律法规的形式强化安全生产的惩处措施，提高有关单位的违法成本，可以进一步规范体系内相关主体的责任落实，从增加成本、提高安全生产标准、强化各级监管等方面降低安全生产主体单位的违规生产概率，从建立有关职能官员绩效考评体系、职位动态调整等方式强化政府主管部门的管制能力和效率。只有对政府和企业进行有效的管控，才可以最大限度上减少违规操作造成的安全生产事故发生，降低事故伤死率。

此外，安全生产的责任重大，要采取必要的措施对不同矿产品生产环节的主要活动进行专项整治。在煤炭行业，要强化瓦斯、冒顶、水害等重点事故隐患的排查治理力度，严格落实煤矿领导下井带班制度，同时要加大采空区、塌陷区治理力度，着力抓好井下通风、顶板支护、提升运输、机电设备管理、防瓦斯、防灭火、防煤尘、防治水，规范入井人员安全防护装备、控制超能力生产等各项措施，确保煤矿安全生产和矿区的社会稳定。在非煤矿山行业，继续推进非煤矿山企业安全标准化建设工作，强制淘汰落后生产技术、工艺和设备，加强对外包生产队伍的安全管理。在天然气管道安全监管方面，要认真落实相关规范要求，打击非法、违法占压天然气管道行为，防止管道泄露、爆炸等事故的发生。

11.4　建立有效的工伤保险和社会监管机制

11.4.1　合理厘定费率水平，完善费率分级机制

就目前来看，我国工伤保险费率整体水平偏低，表现为一些地区的工伤保险基金多年结余，对基金的运转能力不足，导致该地区的工伤保险基金利用效率低下；另外一些地区却出现了工伤保险基金赤字的现象，尤其是资源型企业众多、安全生产事故频发的地区，工伤保险的整体缴费率无法满足实际工伤赔付的需

要，不能真实反映我国职工就业所处环境的风险程度。此外，我国工伤保险费率实行的是差别费率机制，即根据不同行业的职业风险水平制定不同的费率水平，但从整体看，不同行业之间的费率档次较少，无明显差别，高风险行业工伤保险费率所带来的工伤成本与低风险行业并无较大差别，无法实现费率分级的基本政策目的。2003 年，我国将工伤保险基准费率分为三个档次，对于较低风险的行业按照工资总额 0.5%左右的水平征收工伤保险费率，对于中等风险的行业按照工资总额 1%左右的水平征收工伤保险费率，对于较高风险的行业按照工资总额 2%左右的水平征收工伤保险费率；2015 年，我国根据不同行业的工伤风险程度，将工伤风险类别划分为一类至八类，其对应的工伤保险基准费率分别为该行业用人单位职工工资总额的 0.2%、0.4%、0.7%、0.9%、1.1%、1.3%、1.6%、1.9%左右。可以看到，按照行业风险等级进行费率水平的划分，虽在一定程度上区分了不同行业的职业风险，但难以保证地区之间工伤保险基金的稳定和平衡，也无法使不同类型的企业承担与自身风险状况相对应的工伤保险供款责任。

因此，首先要厘清我国工伤保险费率机制的合理性，对实施差别费率和浮动费率的不同行业予以不同标准的风险水平判定，要综合考虑一线职工的主观意愿、工作方式、工作环境和家庭收入，对工伤保险费率的浮动调整进行更加精准、全面的统计和计量，完善相关的管理技术，将费率浮动的幅度进行标准化规定，尽可能实现地区之间的公平。其次，随着近年来我国对资源型企业安全生产的重视，政府部门逐渐提高工伤保险的待遇水平，放宽高风险职业工伤保险的申请限度，增加康复治疗的时限和报销金额，使得我国工伤保险制度基本得到稳定、持续的发展，但政府有关部门仍要重视工伤保险机制的完善修订工作，对不合时宜的费率制度予以修订或废止，结合我国职业风险的特殊情况，制定出符合我国实际、能真实反映我国工伤保险水平的费率制度。

针对费率等级划分不清，费率种类繁多并无明显差别的问题，我们要积极借鉴国外的有关经验，西方国家对工伤保险费率机制有着十分明显的行业分类，相较我国仅仅以国民经济行业分类这种较为机械的区分方法，显然不足以真实地反映出不同行业的风险水平。因此，要借鉴国外经验，细化工伤保险的类别机制，广泛征求社会意见，对工伤保险费率水平的划分要有理有据，得到大部分专家学者和受保人的认可，提高工伤保险制度的民主参与度，减少安全生产事故的发生。

11.4.2 强化矿山工会的非政府组织领导力量

除了政府部门、安全生产主体单位、中介机构等其他各方的责任落实外，还要强化社会公众，特别是有组织、非官方的社团组织，在安全生产管制中的外部监督作用，及时弥补政府职能部门和安全生产主体单位监管过程中的不足。美国、英国等西方国家的工矿行业中都有十分强大的工会组织，并且制定了详细的规章制度保障矿山监管领域的有效组织。因此，我国可以借鉴国外矿山安全监管中工会组织所发挥的强大外部监督力量，依据《工会劳动保护监督检查委员会工作条例》《工会劳动保护监督检查员工作条例》《工会小组劳动保护检查员工作条例》等规定，依法赋予工会组织监督管理生产主体单位安全生产的权力，让一线工人紧紧把握安全生产的主动权，做到“有安全、有保障、有纪律”。同时，要充分根据我国的基本国情，让广大矿工参与到各项涉及矿类生产职工安全、健康、薪资、福利等关乎切身利益的法律制定、修改中，拓宽生产一线、工会组织与中央、地方各级监管部门的沟通渠道，确保上下交流顺畅，改变生产主体单位、工矿工人、政府监督者之间出现的权利不平衡现象，使一线工人的权利得到基本保障。

工会组织成立和组建的根本目的就是维护员工的合法权益，对员工的人身安全和财产安全起到超前保护的作用。工会与政府、厂矿企业、员工之间保持紧密联系，坚持以保障一线矿工生命安全为第一要义，以预防和化解风险为主要应对策略，充分发挥广大群众在生产生活过程中的监督作用，要解决好双方之间的矛盾，尤其是安全生产的矛盾，就要首先了解各方愿望，反映各方诉求，积极参与有关安全生产制度和规则的制定，并根据现有的状况提出建议，切实维护广大职工和生产主体单位的合法权益，在保证安全生产的前提下，让双方都可以获得有效、合法的收益。

工会也要配合政府有关部门做好对资源型企业的安全生产监督检查工作。对不具备安全生产条件的企业要督促其进行完善补充，依法对企业内部的生产设施进行审查备案，确保生产环境的卫生、健康和安全。同时，工会组织也要依法参加本行业内的安全生产事故调查，对事故经过、事故原因、事故处理都要有专门的记录、跟踪和公告，对发生事故的企业要求停产并整改，督促企业制订改进和预防方案，提高企业的安全生产管理能力。

此外，工会组织还应负有引导群众参与监督的职责，支持并配合企业开展各项群宣群策的安全活动，加强群众在安全生产过程中的监督作用。因此，工会组织要联合资源型企业建立相关的安全生产监督员岗位，认真对本企业内部的安全生产状况开展检查，督促和协助企业及时落实对劳动安全生产问题及事故隐患的整改，确保员工在劳动过程中的安全和健康，定期向企业所在地区或街道报告并接受群众检查。

11.4.3　发挥社会舆论的外部监督力量

在整个外部监管环境下，除了社团、工会组织和志愿者团体等在内的非政府组织相关力量外，还要尽可能与律师事务所、自媒体等其他的社会中介机构展开合作和联系，使之为其提供专业的法律、舆情服务，积极发挥新闻媒体的舆论监督功能。正如广西某矿难发生时，第一时间广大媒体对矿难现场伤亡情况、政府救援措施等方面进行了报道，发挥了媒体正确、积极的舆论监督力量，也敦促了政府有关部门积极开展救援工作，最快速度、最大限度地保障了工矿工人的人身安全。可以看到，近年来，我国的矿山安全监管模式由国家包办转变为“政府—非政府组织”携手合作，这不仅极大程度地解决了政府有关职能部门与工矿企业、矿工之间信息不对称的问题，也有效地防范了官商勾结、贪污腐败的现象发生。

第 12 章 实例研究——以河南省资源型企业安全生产管制为例[1]

为进一步更加深入地对资源型企业安全生产管制进行研究，本章以河南省资源型企业为主要研究对象，通过对其安全生产状况、安全生产管制状况、管制过程中存在的问题进行研究，以期发现河南省资源型企业在安全生产管制方面的不足，并给出相关的对策和建议。

12.1 河南省资源型企业安全生产状况

12.1.1 河南省矿产资源概况

1. 河南省主要矿产资源的基本状况

河南省简称“豫”，位于我国中部，总面积 16.7 万平方千米，是全国重要的综合交通枢纽、物流信息中心、文化旅游胜地及资源储藏大省。截至 2015 年底，河南省境内共有已探明的矿产资源种类 143 种，已查明部分矿类储量的矿种 106 种，已经投入生产使用的矿产资源达 97 种；载入《河南省矿产资源储量简表》的矿产地 2 557 个，其中，有 286 个大型矿产地、397 个中型矿产地、1 830 个小型矿产地、44 个规模未划分的矿产地；在已探明的矿产资源中，钼矿、耐火黏土、天然碱、珍珠岩等优势矿种保有资源储量在全国排第一位，其中，钼矿 575.85 万吨、耐火黏土矿 3.03 亿吨、天然碱 13 498 万吨、珍珠岩 10 036 万吨。

---

① 本章数据除特别指出外，其他均来源于河南省自然资源厅官网。

2. 河南省主要矿产资源的勘察及开发状况

截至 2018 年，河南省共有探矿权 887 个，勘查矿种以铅锌矿、铁矿、金矿、银矿、煤炭、铝（黏）土矿、钼矿、铜矿、水泥用灰岩、普通萤石矿、岩盐、地下热水等为主，勘查区总面积 9 609 平方千米，占河南省国土总面积的 5.7%。河南省可供煤炭、铝土矿勘查的空白区域有限，贵金属、有色金属矿 500 米以浅区域勘查程度相对较高，深部矿、隐伏矿勘查程度相对较低。钼矿、金矿、银矿、铅锌矿、铝土矿、岩盐、萤石、石墨、蓝晶石等矿产找矿潜力巨大。

从开发状况来看，河南省共有各类矿山 2 608 个，其中大型矿山 153 个、中型矿山 256 个。河南省固体、液体矿石产量总计 31 973 万吨。开采矿种以煤矿、铁矿、铅锌矿、金矿、铝土矿、钼矿、银矿、水泥用灰岩、萤石、建筑石料、矿泉水、地下热水等为主。

3. 河南省能源资源区域划分

近年来，河南省为加强国家能源资源基地、国家规划矿区建设，发挥资源和产业优势，增强矿产资源对全省经济社会发展的支撑作用。截至 2016 年，河南省共建设五大能源资源基地，分别是煤炭基地、豫西北铝土矿基地、豫西钼钨多金属矿基地、小秦岭－熊耳山金银多金属矿基地、南阳石墨战略性新兴产业矿产基地，如表 12-1 所示。

表 12-1　河南省能源资源区域分布

能源资源基地	矿区分布	工业发展	政府规划
煤炭基地	包括安鹤、焦作、义马、郑州、平顶山、永夏六大矿区	重点发展煤层气、煤电、煤化工业	到 2020 年，煤炭产能控制在 1.6 亿吨以内，产量保持在 1.35 亿吨左右
豫西北铝土矿基地	包括三门峡、洛阳、郑州、平顶山四大矿区	重点发展氧化铝深加工工业和新型耐材工业	2016~2020 年，新增资源储量 3 吨，铝土矿矿石产量 1 500 万吨
豫西钼钨多金属矿基地	包括卢氏、栾川两大矿区	重点发展钼类、钨类深加工工业	规划期内稳定钼钨矿产能，钼矿石产量 3 500 万吨
小秦岭—熊耳山金银多金属矿基地	包括小秦岭、熊耳山、外方山三大矿区	重点发展贵金属有色金属冶炼业、氟化工及矿产品深加工工业	规划期内加强金银铅锌矿、萤石矿勘察，降低贵金属矿开采量
南阳石墨战略性新兴产业矿产基地	包括淅川、西峡、内乡、镇平、桐柏五大矿区	重点发展晶质石墨—新兴材料产业	规划期内加强晶质石墨矿物资源开采，到 2020 年，晶质石墨矿石产量达到 50 万吨

12.1.2　河南省资源型企业概况

河南省具有明显的资源型产业集聚优势，从地域分布来看，2014 年发布的《全国资源型城市可持续发展规划》中，河南省共有 15 个城市被列入该规划中，数量居全国第二位。其中，地级市 7 个，包括三门峡、洛阳、焦作、鹤壁、濮阳、平顶山和南阳；县级市 7 个，包括登封、永城、新密、巩义、荥阳、灵宝、禹州；县 1 个，安阳县。

截至 2019 年，河南省有工业企业 21 021 家，从业人员 528.3 万人，资产总计 5 296 851 万元。其中，资源型企业共计 6 510 家；从事主要矿产品开采和洗选的企业有 628 家，包括煤炭开采和洗选企业 191 家，从业人员 34.81 万人，资产总计 10 260 万元；石油和天然气开采企业 3 家，从业人员 3.47 万人，资产总计 10 400 万元；黑色金属矿采洗选企业 36 家，从业人员 0.52 万人，资产总计 7 000 万元；有色金属矿采洗选企业 156 家，从业人员 3.43 万人，资产总计 9 920 万元；非金属矿采洗选企业 242 家，从业人员 2.2 万人，资产总计 9 510 万元，如表 12-2 所示。

表 12-2　河南省主要资源型企业概况

主要资源型企业类别	主要资源型企业数/家	从业人员数/万人	资产总计/万元
煤炭开采和洗选业	191	34.81	10 260
石油和天然气开采业	3	3.47	10 400
黑色金属矿采洗选业	36	0.52	7 000
有色金属矿采洗选业	156	3.43	9 920
非金属矿采洗选业	242	2.2	9 510
总计	628	44.43	47 090

资料来源：《河南省统计年鉴 2019》

12.1.3　河南省资源型企业安全生产概况

对河南省 2014~2018 年采矿业的安全生产状况进行统计，以 2018 年为例，河南省共发生伤亡事故总数 1 077 起，其中，采矿业发生伤亡事故总数 7 起；河南省发生安全生产事故造成死亡人数 756 人，其中，采矿业发生安全生产事故造成死亡人数总计 14 人；发生一次死亡 3~9 人较大事故 27 起，死亡人数 109 人，其中，采矿业 2 起，死亡人数 11 人；发生一次死亡 10 人及以上特重大事故 2 起，死亡人数 23 人，其中，采矿业 0 起，死亡 0 人；河南省 2018 年煤矿百万吨死亡率为 0.102[①]。

河南省 2014~2018 年采矿业的安全生产事故基本呈现阶梯形下降趋势，虽个别年份存在反弹的迹象，但从整体来看，无论是发生伤亡事故总数还是事故造成死亡人数都明显下降，特别的是，除个别年份发生了较为严重的特重大生产事故外，其他年份的重大生产事故数和死亡人数都基本维持在较低的水平上。此外，从煤矿百万吨死亡率来看，2014 年河南省煤矿百万吨死亡率为 0.348，2015 年为 0.103，2016 年为 0.092，2017 年为 0.179，2018 年为 0.102，基本表现为下降趋势，预计随着河南省对采矿业安全生产管制的逐渐严格，其相关数据仍会进一步改善。

12.2 河南省资源型企业安全生产管制状况

12.2.1 河南省资源型企业安全监察的目标和原则

1. 安全监察的目标

针对河南省对煤矿安全监察的目标设定，我们可以大致看出在河南省域内，政府对资源型企业安全生产管理的有关目标和要求。河南省安全生产管理的总目标是，根据《安全生产法》《河南省安全生产条例》等有关法律法规的规定和指示，认真贯彻落实党中央、国务院及应急管理部的工作部署，严格要求政府监察人员的执法能力，强化党和政府的领导责任及执法人员的责任意识和专业素养，坚持一岗双责、党政同责、齐抓共管。进一步强化政府对生产主体单位的安全管理，将风险预警和安全生产有机结合，切实将安全隐患消灭在萌芽阶段，降低安全生产事故发生率，紧紧围绕高风险作业的安全生产问题，加大联合执法力度。同时，要敢于执法，善于执法，用执法实效获得生产主体单位和一线工人的理解和满意，强化安全生产监督管理，防止和减少安全生产事故，切实保障人民群众的生命财产安全。

2. 安全监察的原则

河南省对安全监察的指导原则进行了明确规定，河南省域内的安全生产主体单位应自觉接受安全监察机构的管理，政府职能部门应当遵守源头防范、系统治理、依法监管的原则，对安全生产调查尽职尽责。

---

① 资料来源：《河南省统计年鉴》（2014~2018 年）。

1）源头防范

生产经营单位是安全生产管理的责任主体，对安全生产负有直接责任。因此，要对河南省域内资源型企业的生产经营状况进行有效管理，就需要加强对资源型企业的管理，针对河南省域内资源型企业安全生产投入不足、安全管理意识淡薄等有关问题，应当深入推进安全生产标准化建设，要“一行一策”，根据不同行业的安全生产性质和职业风险水平，制定该行业的安全生产标准体系，建立健全企业风险自识自控、隐患自查自治机制，明确企业的主体责任，保障各方利益，降低安全生产事故的发生。此外，对于生产经营单位将开采作业项目、场地、设备等转包或者租赁给其他单位的情况，除了政府的日常监督外，生产经营单位也要与承包方签订安全生产协议，明确各方在生产中的责任，同时要对分包项目进行事故隐患治理和风险管控，一旦发现承包方在生产过程中存在隐患问题，就要予以及时管控。

2）系统治理

河南省重视省域内安全生产活动，坚持省域安全工作的全局性、系统性，并将安全生产培训作为安全管制和专项监察的重要内容。安全生产培训是关系到企业生产的事先工作，河南省人民政府通过建立省域统一的培训系统，设立相应的职业安全考试，人员持证上岗，统一标准化地管理在岗作业人员，这也是政府进行系统管理的主要手段。

3）依法监管

河南省有关职能部门依照《安全生产法》《河南省安全生产条例》等有关法律法规对省域内的生产经营单位进行监管，监管范围包括但不限于生产经营单位的生产资格、开采许可、安全教育与培训、应急救援、生产设备运行与养护、职工下矿防护、矿井通风、隐患与废弃物处置、环境保护等有关方面。同时，也对不同安全生产风险等级（重大风险、较大风险、一般风险、低风险，依次对应红、橙、黄、蓝警示标注）的生产经营单位实施不同的监管措施，对违反国家法律和《河南省安全生产条例》的企业依法追究责任人责任。此外，在对监管人员的管理上，河南省也对以下方面进行了严格的规定：①在监督监察过程中发现重大安全隐患，未依法及时处理的；②发现生产经营单位在生产过程中存在违法行为，未及时查处的；③不按照规定处理安全隐患举报的；④有其他玩忽职守、徇私舞弊、贪赃枉法的，依法给予处分，情节严重的，依法追究其刑事责任。

12.2.2　河南省资源型企业安全监察机构设置与职责

河南省负责对安全生产进行监察的机构有河南省应急管理厅，贯彻落实国家关于资源型企业安全生产工作的方针政策、法律法规，设立了办公室、应急指挥中心、风险监测和综合减灾处、救援协调和预案管理处、非煤矿山安全监督处、安全生产执法局、安全生产综合协调处等。其中，针对资源型企业，特别是煤矿企业，下设煤矿安全监察局负责研究分析河南省内煤炭安全生产的有关工作，并坚持依法监察、统筹兼顾、预防为主和高效统一的原则设立监察机构并确立职责。河南煤矿安全监察局主要设立了办公室、执法监督处、安全监察一处、安全监察二处、事故调查处、科技装备处、人事培训处。

从相关职能职责来看，各主要的组织机构管理职能清晰，职责明确。下面以办公室、应急指挥中心、安全生产执法局，以及河南煤矿安全监察局安全监察一处和安全监察二处、科技装备处为例，对河南省安全监察职能部门的有关职责进行说明。

办公室负责机关日常运转工作，承担信息、安全、保密、信访、政务公开、对外合作与交流等工作；负责部门预决算、财务和资产管理、内部审计等工作。

应急指挥中心承担应急值守、政务值班等工作，拟订事故灾难和自然灾害分级应对制度，发布预警和灾情信息，提请衔接驻豫解放军和武警部队参与应急救援工作[①]。

救援协调和预案管理处统筹应急预案体系建设，组织编制河南省总体应急预案和安全生产类、自然灾害类专项预案并负责各类应急预案衔接协调，负责安全生产事故应急预案备案工作，承担安全生产类、自然灾害类预案演练的组织实施和指导监督工作；承担河南省应对重大灾害指挥机构的现场协调保障工作，指导市、县和社会应急救援力量建设，组织指导应急管理社会动员工作；组织参与安全生产类、自然灾害类等突发事件的跨区域救援工作。

安全生产执法局承担河南省非煤矿山（含地质勘探）、石油（不含炼化、成品油管道）、化工（含石油化工）、医药、危险化学品和烟花爆竹、冶金、有色、建材、机械、轻工、纺织、烟草、商贸等工矿商贸行业安全生产执法工作，依法监督检查相关行业生产经营单位贯彻落实安全生产法律法规和标准情况，依法查处不具备安全生产条件的工矿商贸生产经营单位；负责安全生产执法综合性工作，指导执法计划编制、执法队伍建设和执法规范化建设工作；负责重大安全生产违法案件查处和跨区域执法的组织协调工作。

河南煤矿安全监察局安全监察一处和安全监察二处在河南省应急管理厅党组的统一领导下，坚持以科学发展观和安全发展原则为指导，完善、创新、改进国有重点煤矿安全监察方式、方法，坚持文明执法、公正执法、廉洁执法，增强执法与服务相结合意识，提高安全监察效能。煤矿安全监察工作在处长领导下实行分工负责制，层层落实岗位责任，分工合作，职责明确，责任到人。

---

① 相关职能内容来源于河南省应急管理厅官网。

科技装备处组织、指导煤矿安全生产科研和科技成果推广工作，研究提出煤矿安全生产科技规划建议；组织对煤矿使用的设备、材料、仪器仪表、安全标志、劳动防护用品的安全监察工作；负责对从事煤矿安全生产条件和煤矿设备设施检测检验、安全评价、安全咨询等业务的社会中介机构的资质管理，并进行监督检查，负责煤矿安全监察机构的基础设施建设和装备管理工作。依法监察煤矿作业场所职业卫生情况；负责职业危害的统计分析①。

12.2.3　河南省资源型企业安全监察执法情况

通过对河南省资源型企业安全监察状况进行研究，受限于数据和部分矿类企业资料无法获取，根据已有资料，本书特针对河南省煤矿企业安全监察的状况进行说明。河南煤矿安全监察局负责河南省的煤矿安全生产工作，其主要倾向对矿山企业或集团的监察，通过有关部门对矿山安全生产工作进行研判，并根据问题进行针对性的集中执法。在执法方式上，按照集中管理、分局监管的原则，将各地区具体的监察工作授权于分局执法处。分局执法处结合当地区域安全生产状况，集中开展"三项监察"，并由河南煤矿安全监察局对分局进行统一领导、监督、考核，定期赴分局进行指导和检查，最大限度地保障分局执法工作的专业性、独立性和全面性。2015年河南省煤矿安全生产"三项监察"计划完成情况如表12-3所示[153]。

表12-3　2015年河南省煤矿安全生产"三项监察"计划完成情况

分局	辖区内矿井数/个	可监察矿井数/个	计划监察次数/次	实际监察次数/次	人均"三项监察"次数/次	监察计划完成率	
						本期	同比
郑州监察分局	217	194	132	114	3.9	86.4%	−3.2%
豫西监察分局	107	51	70	63	3.3	90.0%	3.7%
豫北监察分局	41	31	132	124	5.0	93.9%	−0.6%
豫南监察分局	140	136	126	109	3.6	86.5%	0.1%
豫东监察分局	12	12	50	55	3.7	110.0%	20.0%
合计	517	424	510	465	3.9	91.2%	2.2%

落实"三项监察"是近年来河南省安全生产工作的核心内容，通过积极部署、集中领导，河南省煤矿安全生产状况也得到了明显改善，特别是随着河南省内资源合并，河南省的资源型企业数量得到了精简和细化，如河南省内煤矿数量由原来的2 464处减少到2018年的191处，借助企业兼并重组，形成了3个年产5 000

① 相关职能内容来源于河南煤矿安全监察局网站：http://www.hnsafety.gov.cn/。

万吨以上规模的煤炭企业集团，包括河南煤业化工集团有限责任公司、中国平煤神马能源化工集团有限责任公司、郑州煤炭工业（集团）有限责任公司。

12.2.4　河南省资源型企业安全监察执法机构情况

以煤炭为例，河南省设有河南煤炭安全监察局专职处理省域内煤炭安全生产相关事项，河南煤炭安全监察局隶属河南省人民政府管理，局内设有公务员编制60人，截至2016年有在职编制58人。局属单位共有10个，其中煤炭监察分局5个，总编制120人，截至2016年共有115人，豫北监察分局编制25人，2016年有24人；豫南监察分局编制30人，2016年有30人；豫西监察分局编制20人，2016年有19人；豫东监察分局编制15人，2016年有15人；郑州监察分局编制30人，2016年有27人。另设有局属中心机构，分别是培训中心、安全技术中心、救援指挥中心、机关服务中心、统计中心，各中心机构也分别设有不同岗位，专门有公务员岗位进行专职运行。

从河南煤炭安全监察局干部类别情况来看，截至2016年，共有厅局级干部5人，处级干部71人，科级干部92人，科员3人；从干部来源看，公开招考录取的共有90人，其他机关和企事业单位调入的共81人；从年龄结构看，30岁以下人员共1人，31~40岁人员共55人，41~50岁人员共76人，51岁及以上人员共39人；从学历结构来看，局内在职人员获得研究生学历的共有20人，获得本科学历的共有140人，获得专科学历共有11人，如图12-1所示。

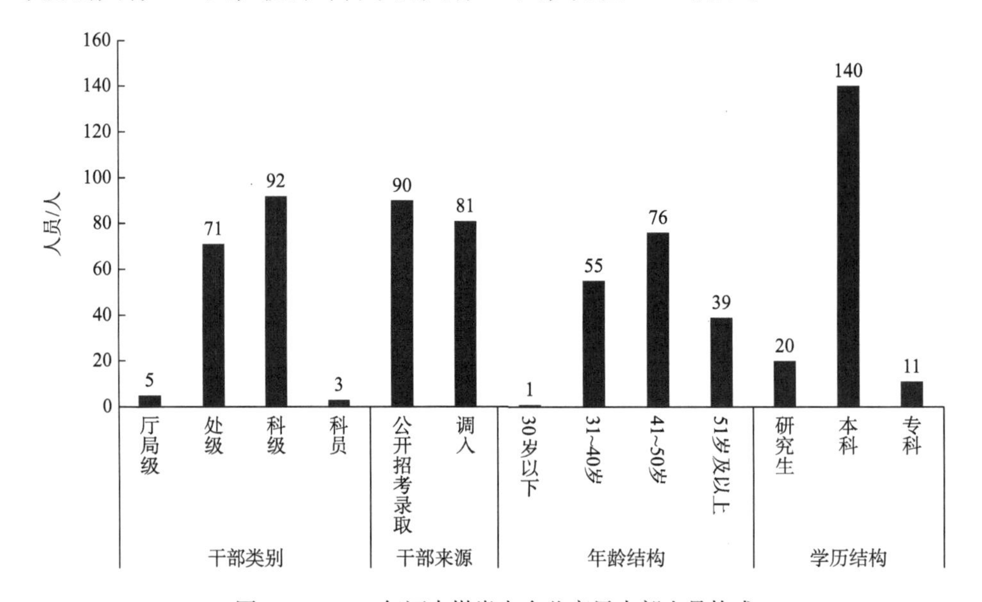

图12-1　2016年河南煤炭安全监察局内部人员构成

12.3　河南省资源型企业安全生产管制存在的问题

12.3.1　安全监督监管缺位

从全国情况看，2019 年全国煤矿发生死亡事故 170 起，死亡 316 人，事故同比减少 54 起，死亡人数同比减少 17 人，分别下降 24.1%和 5.1%；煤矿百万吨死亡率 0.083，同比下降 10.8%。整体来看，全国煤矿安全生产形势总体稳定，但就河南省情况看，煤矿百万吨死亡率为 0.102，高于全国平均水平，安全监管形势依然严峻[①]。

究其根本，政府作为安全生产的监管主体，存在监督监管缺位的现象。2018 年河南省发生煤矿安全生产事故 7 起，造成死亡人数 756 人，其中有 3 起存在超层超界开采、超能力生产等严重违法违规行为，还有 2 起事故存在瞒报、迟报现象，其中也不乏一些国有煤矿出现隐瞒采掘工作面、违法违规承包和用工等问题[②]。河南省内的违章作业、违规生产、瞒报迟报等，反映出河南省内煤矿企业和政府主管机构存在监管监督缺位的问题，主要表现在：第一，政府机构，特别是一些市（县）政府不重视煤矿安全监管机构改革，监管责任悬空，专业力量弱化，风险不断凸显；第二，煤矿企业作为安全生产主体单位，在近年来虽有一定的生产风险意识，大量使用新材料、新技术、新工艺、新装备，以此来提高生产率，增加营业收入，但其生产的稳定性、可靠性和安全性有待提高，盲目依赖高新技术，却对现场疏于监督，对一线人员管理不到位，给下井生产带来了极大的安全隐患。

12.3.2　安全监察执法队伍落后

随着国内矿井开采难度的增加，地质灾害、操作风险、突发事故的耦合联动，进一步加大了安全管理的难度。一旦发生安全生产事故，就是对政府安全监察机构的重大考验。河南煤矿安全监督管理局统管河南省内安全生产事故，地方分局负责区域的安全生产管理和安全生产事故处理、上报，但在分局处理安全生产或安全生产事故时，往往会出现不担责、怕问责的懒政行为，表现在工作中就是一味强调企业自我管理，不愿承担通风、瓦斯等灾害严重专业的监察工作。

---

① 数据来源于《中国统计年鉴 2019》。

② 数据来源于国家矿山安全监察局河南局，参见：http://www.hnsafety.gov.cn/sitesources/hnsafety/page_pc/gk/zfxxgkml/tjfx/articlea50e2eb9ade5459c971bdc1bdf252f26.html。

河南省各分局采用科室分区（片）负责制，河南省豫西监察分局、豫南监察分局、豫东监察分局试行的是一事一指定一主办，在到某一矿井执法监察前，临时指定一名主办监察员，负责该次监察的工作方案、检查表、执法文书的制作等具体工作；郑州监察分局与豫北监察分局主办监察员是明确到矿井，强调主办监察员仅是一次监察的文书制作，一个案件调查等具体问题主要承办人，承担的是执法案卷质量、案件办理质量的责任，不承担主办矿井的安全责任。虽然在工作形式上具有明确的责任承担制，但各部门、各科室业务互不相通，无法及时沟通，特别是遇到重特大安全生产事故，无法调整足够的人员进行整体综合处理。

12.3.3　安全监察培训教育工作弱化

生产和安全的矛盾在各国的安全生产监管工作中就普遍存在，其中对安全生产主体单位，特别是单位安全监察人员的教育和培训是解决两者矛盾的有效手段。按照 2011 年颁布的《国家安全监管总局办公厅关于进一步加强安全生产应急管理培训工作的通知》的要求，河南省积极开展了关于煤矿安全生产应急管理培训教育主题班，在一定程度上，安全监管人员的安全技术水平也有了较大的提升。

从河南省 2014~2018 年发生的安全生产事故来看，站在对安全教育培训的工作角度上，依然存在一些问题。第一，河南省内开展的安全监察教育培训活动针对性不强，出现了明显的形式化，培训内容和现实情况脱离，培训人员兴趣度和关注度不足，未充分体现培训教育的专业性、实用性和全面性，使得培训效果大打折扣；第二，教育培训主题单一化，且参加人员文化背景参差不齐，同时，培训方式教条化，缺乏实际的现场指导，内容冗杂，缺乏实际的指导意义。

12.3.4　瞒报事故增加核查难度

在开展定期的事故核查过程中，受限于地方政府安全监察指标政策的影响，政府监察部门核查的积极性不高，煤矿在产生安全生产事故时，往往出现瞒报、迟报、漏报等现象，特别是地方的中小型矿场。此外，在相关职能部门赶赴现场进行事故调查和认证时，安全生产主体单位或者被调查者往往出于自身利益考虑不愿配合部门调查，这在很大程度上增加了取证的难度。同时，也应注意到，随着安全生产主体单位越来越多地使用新技术、新工艺和新设备，事故发生的特征变得更加难以判断，一方面，煤矿企业对新技术等方面的掌握未十分到位，操作过程中很容易发生安全生产事故；另一方面，监察机关在对煤矿事故排查、取证方面手段有限、专业人员有限，受影响因素颇多，对事故认定和事故处理造成了极大的阻碍。

12.4　河南省义马气化厂“7.19”爆炸事故[①]

12.4.1　工厂背景

河南省煤气（集团）有限责任公司义马气化厂（简称义马气化厂）位于河南省三门峡市，为河南能源化工集团煤气化公司下属的化工生产企业，总占地面积 1 300 亩，员工总人数 1 220 人，总投资 55 亿元。2019 年企业拥有产品产能为年产 2.3 亿标准立方米天然气、24 万吨甲醇、20 万吨二甲醚、12 万吨合成氨、20 万醋酸、20 万吨硝酸铵及 9 万吨副产品（杂环烃 1#、杂环烃 2#、粗酚、轻粗苯、液氧、液氩、硫黄、硫酸铵等）。

截至事故发生前（2019 年 7 月 19 日），义马气化厂首批通过原国家安全监督管理总局安全一级标准化验收工作，已连续安全运行 3 400 天，有 70 多名注册安全工程师；拥有自己的安全生产文化和管理体系，包括利用互联网数据平台、SIS（safety instrumentation system，安全仪表系统）系统、HAZOP 分析等，企业可以在过程管理中按照要求进行执行。此前，义马气化厂先后被评为河南省十佳科技型最具竞争力企业、河南省节能减排示范企业，河南省煤气（集团）有限责任公司也曾被评为河南省 2009 年度安全生产先进工作单位。2018 年 12 月，义马气化厂曾作为河南省三门峡市安全生产风险隐患双重预防体系建设的先进单位被观摩学习。2019 年 6 月 15 日，义马气化厂围绕“防风险、除隐患、遏事故”主题，组织开展了首场“安全生产大讲堂”活动。2019 年 7 月 2 日，当地举行过“模拟义马气化厂液氨罐区泄漏事故应急救援演练”，三门峡市相关部门、企业负责人参与了演练全过程。事发前 10 天的 2019 年 7 月 9 日，义马气化厂获评河南省 2019 年首批“安全生产风险隐患双重预防体系建设省级标杆企业（单位）”，成为河南省内 72 家企业（单位）之一。

由此可见，义马气化厂对政府的监管要求是重视的，同时投入了大量的人力、物力资源，双体系建设程序较为完整，应急演练也尽到了相应责任，政府相关部门、业内专家此前对义马气化厂的管理也投入了大量的精力，并给予了认可。

① 资料来源：应急管理部官网。

12.4.2 事故通报

2019 年 7 月 19 日 17 时 45 分左右，河南省三门峡市义马气化厂 C 套空气分离装置发生爆炸事故，造成 15 人死亡、16 人重伤，被应急管理部认定为特重大安全生产事故。经初步调查分析，事故直接原因是空气分离装置冷箱泄漏未及时处理，发生“砂爆”（空分冷箱发生漏液，保温层珠光砂内就会存有大量低温液体，当低温液体急剧蒸发时冷箱外壳被撑裂，气体夹带珠光砂大量喷出的现象），进而引发冷箱倒塌，导致附近 500 立方米液氧贮槽破裂，大量液氧迅速外泄，周围可燃物在液氧或富氧条件下发生爆炸、燃烧，造成周边人员大量伤亡。

12.4.3 事故原因分析

我们可以看到，义马气化厂前期的安全管理准备工作还是基本合格的，通过梳理义马气化厂每日、每周的安全管理工作日志、周报发现，该企业较为严格地执行上级安全部署，将双重预防工作细化，并落实到每个工作车间。此外，该企业事故发生前还开展过安全教育培训，与前期获得的“安全生产标准化一级企业”“全国安全文化建设示范企业”“全国安全管理标准化示范班组”等创建成果能够较好地进行融合。同时，企业内部也形成了良好的学习风气，将“星级”“标准”“榜样”等褒奖职称作为激励员工进行规范操作的载体，持续优化内部安全管理考核，逐步建立起良好的安全生产管理体系，并连年获得省级、国家级有关部门的通报嘉奖。

为了查明事故发生的具体原因，当地政府邀请法国 SNPE 公司国家级爆炸研究所的相关专家进行事故认定。事故调查的结果显示，该次义马气化厂重大爆炸事故并不涉及安全管理体系问题，是由于在生产过程中存在设备操作和技术漏洞问题，进而发生该次重特大安全生产事故。

（1）天然气的生产与加工对于原料的纯净度要求十分严格，如果危险杂质含量超标，就会造成气缸内气体压强过大，引发严重的爆炸事故。该次义马气化厂爆炸的根源在于空分塔内混入了较多的 C_2H_4（乙烯），C_2H_4 虽然作为空气中的主要成分，但对于气化生产来说，却有十分严格的含量限制，一旦空气中的危险杂质 C_2H_4 含量显著超过了极限允许含量时，就会造成空分塔内气压骤然升高，存在较大的安全隐患。此外，由于处于低负荷运行，该空分塔浸润式冷凝再沸器（brazed aluminium heat exchanges，BAHX）内液氧液位过低，在狭窄通道中出现了“干蒸发”（进入 BAHX 的 C_2H_4 在液氧中难挥发，无法随氧气蒸发带走，因而在液氧中积聚、浓缩）。

几百克的 C_2H_4 足以引燃在液氧中 1 吨的铝制设备（如换热器翅片、塔填料等），爆炸能量放大了一千多倍。

（2）一线操作员工未对液氧中的危险杂质进行及时检测、分离，这也是造成该次爆炸事故的重要原因之一。杂质的检测、分离是一项十分精细，并且对操作人员技术要求非常高的一项工作，这项工作既需要有专业的设备和先进的控制系统，也需要有相关领域背景的人员进行实时监控。从对义马气化厂的人员背景梳理情况看，义马气化厂内部员工虽然具有较为熟练的实践操作经验，但缺乏中高端专业技术的应用能力，尤其是液氧分离技术。

（3）一旦空分塔中 C_2H_4 气体超标，通过专业的分离工具和有关软件操控可以将含量较多的杂质气体进行分离和排出，从爆炸现场提取出的固体凝结物可以发现，义马气化厂并未连续排放液氧，从而导致 C_2H_4 和空分塔中其他杂质气体发生化学反应，在液氧中聚集、浓缩、挂壁，产生大量气体固化物，使得空分塔内压强明显增加，加之气体固化物在塔内堆积，堵塞排气、排水管道，从而使空分塔在短时间内形成巨大压差，引发爆炸。

12.4.4　事故启示

1. 严防装置设备“带病”运行

该次爆炸事故发生的主要原因在于义马气化厂空气分离装置出现危险杂质含量超标，空分塔出现气体泄漏后未及时发现问题，生产设备长时间“带病”运行造成的。从义马气化厂的安全周报中发现，早在 2019 年 6 月 26 日，该企业就发现 C 套空气分离装置冷箱保温层内氧含量上升，可能会造成气缸压强增加，有气体泄漏的隐患，但这一发现并未引起企业的重视，企业安监部门批示按照日常监管小心操作即可。2019 年 7 月 12 日，气缸外壁已出现有较为明显的裂纹，气体泄漏量明显增加，泄漏处已形成凝水珠，但该企业依然坚持“带病”运行，未做出停工停产的指令，直到 7 月 19 日发生爆炸事故。从义马气化厂该次爆炸事故来看，各生产企业要认真履行安监部门的有关管理要求，对老旧、不符合国家现阶段生产要求的设备予以及时更换，严防设备“带病”运行，要树立正确的成本—收益观，停产不一定就意味着成本增加，切实处理好每一处隐患，并在第一时间上报处理。此外，各地区的监管部门也要进行严格监管，重视对生产设备的检查，淘汰不合规的设备，依法进行管制，对违法行为进行严格处罚。

2. 加强设备专业化管理

义马气化厂作为河南省内曾经的生产先进企业，多次获得省级甚至国家级的褒奖，但由于生产设备管理能力不足，生产操作专业性不强，风险隐患意识淡薄，设备出现气体泄漏，造成震惊全国的特重大安全生产事故。资源型企业，尤其是化工类企业，对生产工艺、内外部环境要求都十分严格，加之化工类原料易燃易爆、不易储藏、有毒有害，容易受到空气、温度、湿度、压强等外部因素的影响，同时，日常生产中工艺波动、违规操作、使用不当、维护维修不到位等均可造成设备失效，引发物料泄漏从而导致事故发生。加强设备专业化管理，企业要加强对安全生产的投入，购入先进的生产设备，选择技术成熟、国际知名度高的专业设备；加强人才引进工作，以高薪、优渥的就职条件引入一批具有专业背景的管理人才，带动企业内相关操作人员的专业整体水平，制定规范、科学、实用的设备操作说明和专修维检规程，从源头提高生产操作水平，将问题的隐患消灭在萌芽阶段。

3. 加强生产过程安全要素管理

西方先进国家十分强调安全要素管理，如“3E”要素系统管理。从相关经验来看，安全生产管理体系作为主要的管制手段，对体系内的各主要主体单位能起到较好的监管作用，但对于安全生产的全要素管理就略显动力不足。全要素管理涉及企业生产的各个环节，通过形成全要素管理体制，能及时做到对安全隐患的发现、处理，能有效降低安全生产事故的发生率，起到预防安全生产事故、促进社会经济平稳发展的积极作用。有关企业要将全要素管理纳入企业的正常管理工作中去，形成工作日报，定期组织评估与反馈，分析生产管理过程中的薄弱环节，持续改进，不断提升企业安全管理的科学性、系统性。

4. 集中开展生产主体单位安全警示教育

安全警示教育工作是需要贯彻到企业日常文化当中的，是需要企业在正常生产生活中加强管理和学习的。各地区应急管理部门应加强对区域内生产企业负责人的安全警示教育、风险隐患意识和事故教训，特别是化工、煤矿等危险系数较高的行业。同时，各监察部门也要做好事后监督，与生产企业负责人签订安全生产主体单位负责合同承诺书，安排专员进行轮岗检查，确保企业可以安全生产。

12.5　完善河南省资源型企业安全生产管制的对策建议

12.5.1　落实“党政同责、一岗双责”

河南省人民政府有关职能部门应认真落实中共中央办公厅、国务院办公厅印发的《地方党政领导干部安全生产责任制规定》和省、市的实施细则，从职能和职责上，要求党政部门坚持管行业必须管安全，管业务必须管安全，管生产经营必须管安全。从近年来河南省内发生的安全生产事故中可以发现，政府的坚强领导和严格管制在很大程度上可以降低企业安全生产事故的发生率，因此，河南省内主管安全监察的部门要严格落实党委政府领导责任、部门监察责任、企业主体责任。此外，地方主管部门也要按照河南省人民政府要求，理清安全生产监察的权力清单和责任清单，坚持大小企业统一管理、统一监督，对尽职尽责、工作突出的监察人员实施提拔奖励，对失职渎职、工作敷衍的政府人员一律追究责任。同时，各县、各镇部门要完善好部门责任，切实加强第一责任人的责任，党政领导要坚持“一岗双责”，从责任落实方面，严控监察效率，不留责任盲区。

12.5.2　落实属地管理、行业直接管理和综合监察责任

对河南省各区域实施属地管理，即各市、各县、各镇对本区域的安全生产负总责，将安全生产与地区经济发展同部署、同落实、同考核，强化各区域对当地生产主体单位的管理，做到“共同发展、共同管理”。行业主管部门对本行业安全生产事故负直接责任，坚持“谁主管，谁负责，谁审批，谁负责”的工作要求，对本行业的安全生产事故进行严格规范管理。同时，要加强行业的专业队伍建设，严控安全质量关，对不符合生产要求、不按照规定进行操作的企业及时进行停产停业整顿，与地方政府建立起互通共享信息机制，承担综合监管责任，弥补政府部门在监察过程中存在的专业性不强、监察方法落后、一味进行经济惩处的弊端，切实对本行业的安全生产尽到责任。

12.5.3　落实企业主体责任，健全责任追究制度

企业对安全生产事故负有直接责任，落实好企业的主体责任是防范和遏制安全生产事故的治本措施。企业出于政府、行业管控压力及自身经营能力约束，应严格对本企业的安全生产进行自我监督，也要经得起政府和行业主管机构的临时抽查。同时，企业也承担着安全施工、安全生产投入、安全生产培训、安全管理和应急救援等相关责任，在党政领导下，把安全生产责任落实到每个生产车间，特别是涉及矿井等危险系数高的工作环境，应形成涵盖全员、全方位、全过程的责任体系，对本企业的一线工人、安全监管人员及时进行专业知识的补充和学习，提升企业整体的安全生产意识，发现漏洞及时处理、及时上报、及时反馈，在最大限度内切实防控，消除事故隐患。

近年来，河南省内发生的安全生产事故绝大部分是违规操作造成的，给人民群众带来重大的财产损失。鉴于短时期内无法完全杜绝违规违章生产和各种隐患风险，就需要对发生的安全生产事故进行严厉的责任追究，长期搞“打非治违”活动，对违规、违章行为零容忍。此外，从长期安全生产发展的角度看，还需要建立安全生产约谈制度，开展“不定时间、不定地点、不打招呼”的突击检查和专职监察员定期的安全质量反馈，政府主管部门要对部分存在违规问题的生产企业进行约谈，并以此为责任追究制度的重要方向，一旦被约谈对象后续发生安全生产事故，政府部门应加大、加重处罚，对发生安全生产事故的生产主体单位责任人采取强制性措施，依法追究相关人员的责任。

12.5.4　提高对安全生产事故救护培训工作的重视

河南煤炭安全监察局专门设有培训中心，对河南省的煤炭工作者和安全监察人员提供统一标准化的安全生产培训。培训中心旨在全面提高生产经营主体单位、一线工人和监察人员的安全生产意识、应急处理能力、科学救援能力等，通过举行专题班、讲座、资格考核等形式，从意识思想、生产行动上全面提高相关人员对安全生产的敬畏，长期来看，这在河南省域内煤炭安全工作中取得了显著的成效。但也应注意，从近几年安全生产事故中暴露出的问题发现，单单进行安全生产培训不足以降低生产事故发生率，还需要重视安全生产事故救护培训工作。

能够在事故发生时及时、有效地对伤员和事故点进行救护，可以最大限度地降低事故的事后损失，因此，提高对安全生产事故救护培训工作的重视是当务之急。培训中心下设安全生产事故救护机构，担负着保证安全救护培训工作质量的主要责任，在后续的培训工作中应要注意以下几点事项的落实：①安全生产事故救护培训要重视精品课程的推广和不断更新，政府部门应牵头有关高校，并组织专家和科研团队对安全救护工作进行科学规划，每期根据实际需要制作 1~2 部精品课程，通过门户网站或手机软件向广大有关人员提供培训内容，不断改进、不断提升培训质量，逐步实现优质培训资源在河南省覆盖；②安全救护培训也应注意全过程管理和质量评估，建立健全培训管理制度，设置安全救护的职业等级考试，持证上岗，并对完成培训的人员进行后续跟踪和等级审查，确保培训的完整性和连贯性；③安全救护培训也应加强培训基础力量和人才引进建设，培训机构的人员应具有较高专业素养，对培训教育工作持有积极、充沛的热情，能够对安全救护培训有清晰、长远、实际、务实的看法和讲授方法。此外，机构也要加大对安全生产培训的资金投入，人才的留用也要有相关政策的倾斜，可以对高学历、专业化人才和具有国际经验资格的人才予以专项计划，单独培养。

12.5.5　创新安全监察工作，提高安全监察信息化

长期以来，安全监察工作主要是以行政处罚为主，安全生产主体单位往往不会因为受到行政经济处罚就减少违规生产的频次，这就在一定程度上加大了有关部门安全监察的难度。因此，政府职能部门要改变执法监察的工作思维，积极创新安全监察的工作形式。在工作思维上要做到“一深入”，改变“查隐患，开罚单”的传统执法工作模式，多站在安全监察的长期视角去思考和解决问题。在工作中更要举一反三，对监察出的安全隐患要集中消除，同时也要对企业的安全生产规章制度、作业流程、安全基础措施等方面进行检查，找到深层次的问题，从根本上消除隐患，增强企业自身安全防护水平。在工作模式上要做到“两结合”，将政府的监察执法和工会组织的督促指导结合起来，一方面，政府以强制性措施对安全生产主体单位进行约谈或处置，震慑企业的违规行为；另一方面，工会组织长期与一线工人和安全生产主体单位保持良好的沟通和交流，可以较为缓和地规劝、引导企业进行安全生产，维护各方利益，以此来放大执法的效果。

随着河南省内自然资源的逐渐枯竭，现有的矿井也都大多过渡到深度开采阶段，水压、地压、地温等现实状况错综复杂，地质灾害、瓦斯突出、地压骤增频繁发生，对资源型企业的安全生产构成了极大的威胁，因此，要尽快建立相应的信息化网络，以科学技术为手段，在河南省范围内推进“以机械换人、自动化减人”的科技强安专项活动，加强科技示范矿井建设，加大科技投入，引入先进的生产设备和技术。同时，也要构筑煤矿企业基础数据库和隐患排查治理情况、地方监管执法情况、国家监察执法情况的四位一体信息管理平台，实现信息资源共享、工作便捷高效、执法信息公开、安全无缝监督、工作有效衔接。

参 考 文 献

[1] 植草益. 微观规制经济学[M]. 朱绍文，胡欣欣，等译. 北京：中国发展出版社，1992.

[2] 赖先进. 论政府跨部门协同治理[M]. 北京：北京大学出版社，2015.

[3] 柳泽，周文生，姚涵. 国外资源型城市发展与转型研究综述[J]. 中国人口·资源与环境，2011，（21）：161-168.

[4] 王少国. 现代西方投资理论研究述评[J]. 首都经济贸易大学学报，2005，（6）：5-10.

[5] 薛其海. 采油作业现场安全风险识别与控制措施[J]. 科技风，2018，（14）：245.

[6] 王永斌，吴璐君. 我国建筑安全投入现状[J]. 合作经济与科技，2010，（8）：31-33.

[7] 姜慧. 建筑施工企业安全成本的优化方法及策略研究[D]. 中国矿业大学博士学位论文，2018.

[8] 胡新合. 建筑工程施工安全管理效率评价研究[D]. 哈尔滨工业大学硕士学位论文，2014.

[9] 叶贵. 建筑施工企业安全成本核算研究[D]. 重庆大学硕士学位论文，2004.

[10] 罗云. 安全经济学导论[M]. 北京：经济科学出版社，1993.

[11] 罗云. 安全经济学[M]. 北京：中国劳动社会保障出版社，2007.

[12] 张兰兰，郝风田. 建筑行业安全投入研究[J]. 产业经济，2017，（17）：86-87.

[13] 张仕廉，王黎明，叶贵，等. 建筑安全全要素投入研究：以重庆市为例[J]. 中国安全科学学报，2018，28（3），161-166.

[14] Heinrich H W，Petersen D，Roos N R. Industrial Accident Prevention：A Safety Management Approach[M]. 5th ed. New York：McGraw-Hill，1980.

[15] 陆宁，廖向晖，王巍，等. 建设项目安全成本率分析模型[J]. 西安建筑科技大学学报（自然科学版），2007，（2）：161-164.

[16] Hinze J. Incurring the Costs of Injuries Versus Investing in Safety[M]. Englewood Cliffs：Prentice Hall，2000.

[17] Everett J G，Frank Jr P B. Costs of accidents and injuries to the construction industry[J]. Journal of Construction Engineering & Management，1996，（2）：158-164.

[18] Aven T，Hiriart Y. Robust optimization in relation to a basic safety investment model with imprecise probabilities[J]. Safety Science，2013，55：188-194.

[19] Tong L，Dou Y Y. Simulation study of coal mine safety investment based on system dynamics[J]. International Journal of Mining Science and Technology，2014，（2）：201-205.

[20] Choudhry R M，Fang D P，Mohamed S. The nature of safety culture：a survey of the state-of-the-art[J]. Safety Science，1987，（10）：993-1012.

[21] 夏鑫，隋英杰. 施工企业安全成本优化和控制的策略构想[J]. 建筑经济，2007，(5)：94-96.
[22] 陆宁，于玲玲，王茜，等. 煤矿企业安全成本的优化研究[J]. 矿业安全与环保，2014，(1)：116-119.
[23] 侯立峰，何学秋. 安全投资决策优化模型[J]. 中国安全科学学报，2004，(10)：29-32.
[24] 杨明. 混沌优化算法在建筑施工安全投入中的应用研究[D]. 天津大学硕士学位论文，2007.
[25] 廖向晖. 关于建筑安全成本的研究[D]. 长安大学硕士学位论文，2008.
[26] 徐伟，段治平. 煤炭生产企业完全成本构成及走势研究——以山西省为例[J]. 山东科技大学学报（社会科学版），2016，(1)：68-79.
[27] 徐强，王如坤，王兴发，等. 基于优化模型的煤矿安全投入分配决策研究[J]. 金属矿山，2013，(11)：139-142.
[28] 刘伟军，汤沙沙. 公路工程项目施工安全成本投入计量研究[J]. 公路与汽运，2018，(4)：168-171.
[29] 谢安. 水利施工项目安全成本动态管理研究[J]. 河南水利与南水北调，2016，(12)：80-81.
[30] 刘海波. 安全生产管制研究[D]. 吉林大学硕士学位论文，2004.
[31] Keohane N O，Revesz R L，Stavins R N. The positive political economy of instrument choice in environmental policy[R]. National Bureau of Economic Research，1997.
[32] Fisher A，Chestnut L G，Violette D M. The value of reducing risks of death：a note on new evidence[J]. Journal of Policy Analysis and Management，1989，(1)：88-100.
[33] Venetsanos K，Angelopoulou P，Tsoutsos T. Renewable energy sources project appraisal under uncertainty：the case of wind energy exploitation within a changing energy market environment[J]. Energy Policy，2002，(4)：293-307.
[34] Schroeder E P，Shapiro S A. Responses to occupational disease：the role of markets，regulation，and information[J]. Georgetown Law Journal，1983，72：1265-1266.
[35] Viscusi W K. Fatal Tradeoffs：Public and Private Responsibilities for Risk[M]. Oxford：Oxford University Press，1992.
[36] Morgenstern F. Some reflections on legal liability as a factor in the promotion on occupational safety and health[J]. International Labour Review，1981，121 (4)：387-398.
[37] Ruser J，Butler R. The economics of occupational safety and health[J]. Foundations and Trends in Microeconomics，2010，5 (5)：301-354.
[38] 李红霞，田水承，常心坦. 安全之经济学分析[J]. 西安矿业学院学报，1997，(3)：226-228.
[39] 吴丽丽. 安全监管的理论依据与影响因素[J]. 财经问题研究，2005，(10)：63-66.
[40] 刘铁敏，秦华礼. 中国煤矿安全事故的经济学分析[J]. 煤矿安全，2006，(4)：70-72.
[41] 王绍光. 煤矿安全监管：中国治理模式的转变[M]. 北京：中信出版社，2004.
[42] Coglianese C，Nash J，Olmstead T. Performance-based regulation：Prospects and limitations in health，safety，and environmental protection[J]. Administrative Law Review，2003，(55)：705-730.
[43] Keiser K R. The new regulation of health and safety[J]. Political Science Quarterly，1980，(3)：479-491.
[44] Moore M J，Viscusi W K. Promoting safety through workers' compensation：the efficacy and net

wage costs of injury insurance[J]. The RAND Journal of Economics，1989，20（4）：499-515.
[45] Dorman P. The Economics of Safety，Health，and Well-Being at Work：An Overview[M]. Geneva：ILO，2000.
[46] 李豪峰，高鹤. 我国煤矿生产安全监管的博弈分析[J]. 煤炭经济研究，2004，（7）：72-75.
[47] 马宇，李中东，韩存. 政策因素对我国煤炭行业安全生产影响的实证研究[J]. 经济与管理研究，2008，（8）：54-58.
[48] 王冰，黄岱. 信息、不对称与内部性政府管制失败及对策研究[J]. 江海学刊，2005，（2）：53-57.
[49] Cohen G H. The occupational safety and health act：a labor lawyer's overview[J]. Ohio State Law Journal，1972，33：788-810.
[50] Mendeloff J. An evaluation of the OSHA program's effect on workplace injury rates[R]. US Department of Labor，1976.
[51] McCaffrey D P. An assessment of OSHA's recent effects on injury rates[J]. The Journal of Human Resources，1983，18（1）：131-146.
[52] 刘穷志. 煤矿安全事故博弈分析与政府管制政策选择[J]. 经济评论，2006，（5）：59-63.
[53] 陈宁，林汉川. 我国煤矿企业安全投入的博弈分析[J]. 太原理工大学学报，2006，（2）：66-68.
[54] 郑爱华，聂锐. 煤矿安全监管的动态博弈分析[J]. 科技导报，2006，（6）：38-40.
[55] 李晓军，白思俊. 中国资源型企业研究综述[J]. 青海社会科学，2012，（1）：52-56.
[56] 水利部安全监督司，水利部建设管理与质量安全中心. 水利水电工程建设安全生产管理[M]. 北京：中国水利水电出版社，2014.
[57] Andreoni D. The Application of the ALARP principle to safety assessment by the nuclear installations inspectorate[C]. Proceedings of the ALARA-Ⅱ Meeting，1991：33-47.
[58] 茅铭晨. 政府管制理论综述[J]. 管理世界，2007，（2）：137-150.
[59] 庇古 A C. 福利经济学[M]. 金镝译. 北京：华夏出版社，2017.
[60] 傅光荣. 关于现代成本补偿的思考[J]. 财会月刊，2001，（6）：4-5.
[61] Levine M E，Forrence J L. Regulatory capture，public interest，and the public agenda：toward a synthesis[J]. Journal of Law Economics & Organization，1990，6：167-198.
[62] Posner R A. Theories of economic regulation[J]. The Bell Journal of Economics & Management Science，1974，5（2）：335-358.
[63] Stigler G J. The theory of economic regulation[J]. The Bell Journal of Economics & Management Science，1971，3：321.
[64] 李健. 规制俘获理论最新进展述评[J]. 外国经济与管理，2011，（12）：11-17，57.
[65] 大循环成本理论及运用课题组. 可持续发展与自然资源消耗的成本补偿——大循环成本理论具体运用的研究[J]. 财经研究，1996，（12）：51-54.
[66] 冯赵莹，海斓娜. 黑龙江省煤炭产业发展的问题及对策研究[J]. 北方经贸，2017，（6）：94-95.
[67] 刘佳骏，史丹，李宇. 中国主要水电基地生态环境脆弱度判定与绿色发展对策研究[J]. 能源与环境，2016，38（4）：15-21.
[68] 韩冬，方红卫，严秉忠，等. 2013 年中国水电发展现状[J]. 水力发电学报，2014，33（5）：1-5.

[69] 吴强. 矿产资源开发环境代价及实证研究[D]. 中国地质大学博士学位论文，2005.
[70] 朱建新，李肖锋，邓华梅. 我国矿山环境治理的必要性及应对策略[J]. 中国矿业，2006，(8)：17-18.
[71] 李俊生，肖能文，李兴春，等. 陆地石油开采生态风险评估的技术研究[M]. 北京：中国环境出版社，2013.
[72] 王佳鑫，谭威威. 实施安全生产标准化建设的意义[J]. 煤矿安全，2013，(4)：227-229.
[73] 李光荣，田佩芳，刘海滨. 煤矿安全风险预控管理信息化云平台设计[J]. 中国安全科学学报，2014，(2)：138-144.
[74] 张士强，潘德惠，姚庆国. 煤炭安全成本及其变动趋势分析[J]. 安全与环境学报，2005，(4)：109-113.
[75] 姚庆国. 论安全成本与安全成本核算[J]. 山东社会科学，2001，(1)：87-89.
[76] 薛芳华. 煤矿企业安全成本及优化研究[D]. 辽宁工程技术大学硕士学位论文，2009.
[77] 徐锐. 中小企业安全生产管制研究[D]. 江苏大学硕士学位论文，2009.
[78] 孙守龙. 基于对石油化工企业安全生产应急管理的分析与研究[J]. 化工管理，2019，(33)：77-78.
[79] 史东磊，周星邑，陈昭名，等. 天然气工程建设及运行安全管理策略探究[J]. 化工管理，2019，(34)：101-102.
[80] 李河清. 石油化工企业安全生产现状和措施研究[J]. 化工管理，2020，(7)：197-198.
[81] 高文晓. 液化天然气（LNG）储运安全问题与发展前景研究[J]. 石化技术，2018，25（5）：68-69.
[82] 陆一鸣. 探讨天然气企业安全运营管理措施[C]//中国土木工程学会燃气分会. 中国燃气运营与安全研讨会（第十届）暨中国土木工程学会燃气分会 2019 年学术年会论文集（下册）. 北京：《煤气与热力》杂志社有限公司，2019：391-393.
[83] 自然资源部. 《中国矿产资源报告 2019》发布[J]. 地质装备，2019，(6)：3-4.
[84] 孙凯. 煤矿企业安全投入与安全效益研究[D]. 山东科技大学硕士学位论文，2006.
[85] 许玉江. 煤矿安全经济效益分析及对策[J]. 煤炭技术，2013，32（7）：297-298.
[86] 张晓峰. 提高矿井回采率，延长矿井服务年限[J]. 企业技术开发，2014，33（17）：170-171.
[87] 姚六周，岳嵩. 提高矿产资源开发利用水平 延长矿井服务年限[J]. 中州煤炭，2009，(9)：78-79.
[88] 高树印. 资源价格形成基础与资源价格改革[J]. 贵州财经学院学报，2008，(4)：31-35.
[89] Hotelling H. The economics of exhaustible resources[J]. Journal of Political Economy，1931，(39)：137-175.
[90] 黄贤金. 自然资源二元价值论及其稀缺价格研究[J]. 中国人口·资源与环境，1994，(4)：44-47.
[91] 高兴佑，郭昀. 可持续发展观下的自然资源价格构成研究[J]. 资源与产业，2010，12（2）：129-133.
[92] 安晓明. 关于我国经济发展中自然资源的资产化和商品化问题[J]. 当代经济研究，2003，(8)：23-26，46.
[93] 魏一鸣，廖中，唐葆君，等. 中国能源报告（2016）：能源市场研究[M]. 北京：科学出版

社，2016.
[94] 宋晓倩. 煤炭行业政策性成本及应对策略研究[D]. 山东大学硕士学位论文，2011.
[95] 秦德君. 执政的成本与收益：执政绩效评估研究[J]. 中国浦东干部学院学报，2011，（1）：103-109.
[96] 张倩茹. 煤炭企业安全投入对经济效益的影响研究[D]. 太原理工大学硕士学位论文，2019.
[97] 岳虹. 财务报表分析[M]. 2 版. 北京：中国人民大学出版社.
[98] 管馨，李文臣. 我国煤炭行业经济效益下滑的原因分析[J]. 煤炭工程，2015，47（1）：136-138.
[99] 周伏秋，王娟. 煤炭行业进一步去产能的思考与建议[J]. 宏观经济管理，2017，（11）：12-16.
[100] 刘思峰. 灰色系统理论及其应用[M]. 北京：科学出版社，2004.
[101] 刘素霞. 基于安全生产绩效提升的中小企业安全生产行为研究[D]. 江苏大学博士学位论文，2012.
[102] 胡艳，许白龙. 员工薪酬满意度对其安全行为的影响研究[J]. 中国安全科学学报，2015，（5）：8-13.
[103] 梁凯，兰井志. 加强国土资源领域标准化工作的现实意义——中石油重庆开县井喷事故引发的思考[J]. 中国国土资源经济，2004，（9）：30-31.
[104] 张德明. 美国煤矿生产安全监管系统及启示[J]. 全球科技经济瞭望，2005，（6）：14-16.
[105] 徐蕾. 美国煤矿安全管理制度借鉴[J]. 经济研究导刊，2011，（8）：178-179.
[106] 何刚，张国枢. 2006. 国外煤矿安全生产管理经验对我国的启示[J]. 中国煤炭，32（7）：67-69.
[107] 靳冰鑫. 煤矿安全生产法律制度研究[D]. 河南师范大学硕士学位论文，2012.
[108] 宝尔. 鄂尔多斯市安全生产管制研究[D]. 内蒙古大学硕士学位论文，2012.
[109] 宗荷. 国外煤矿安全生产的启示[J]. 质量探索，2010，（4）：51-52.
[110] 董维武. 英国采煤业职业健康与安全立法综述[J]. 中国煤炭，2009，（2）：105-108.
[111] 窦永山，王万生. 英国的煤矿安全监察体制[J]. 当代矿工，2002，（4）：34-35.
[112] 赵华. 美国完善煤矿安全生产法律体系作法之鉴[J]. 中国应急救援，2011，（1）：41-44.
[113] 张玲，陈国华. 国外安全生产事故独立调查机制的启示[J]. 中国安全生产科学技术，2009，（1）：84-89.
[114] 张献勇. 煤矿安全生产法律法规建设论纲[J]. 中国煤炭，2004，30（12）：59-61.
[115] 李锴. 我国矿山安全管制失灵的原因及对策研究[D]. 上海交通大学硕士学位论文，2009.
[116] 吴伟. 美国职业安全与卫生监管[J]. 社会科学，2006，（4）：75-90.
[117] 张红凤，于维英，刘蕾. 美国职业安全与健康规制变迁、绩效及借鉴[J]. 经济理论与经济管理，2008，（2）：70-74.
[118] 许婷，周燕. 比较视野下安全生产的政府管制研究[J]. 中国地质大学学报（社会科学版），2008，（6）：55-60.
[119] 本报评论员. 发展决不能以牺牲安全为代价 这必须作为一条不可逾越的红线[N]. 中国应急管理报，2020-06-06，（004）.
[120] 阚珂. 中华人民共和国安全生产法释义[M]. 北京：法律出版社，2014.
[121] 王成栋. 行政法律关系基本理论问题研究[J]. 政法论坛，2001，（6）：48-49.
[122] 肖强，王海龙，江虹. 安全生产法律关系基本主体及其主体责任[J]. 中国安全生产，2017，

（7）：40-41.
[123] 周建新. 企业职业伤害风险分级指标与计算模型研究[D]. 首都经济贸易大学硕士学位论文，2004.
[124] 赵瑞华. 全世界每年发生工伤事故和经济损失[J]. 劳动保护，2001，（12）：48-49.
[125] 蒋抒博. 美国社会性管制的经济性分析[D]. 吉林大学博士学位论文，2009.
[126] Dorman P. Three preliminary papers on the economics of occupational safety and health：an introduction，Geneva[A]. The International Labour Organization，2000.
[127] 李红娟. 中国煤矿安全规制效果的实证研究[D]. 东北财经大学硕士学位论文，2007.
[128] 谭玲玲，宁云才. 煤炭安全步出"囚徒困境"的博弈分析[J]. 中国矿业，2007，（9）：36-38.
[129] 卢晓庆，赵国浩. 煤炭安全生产中政府与企业的博弈分析[J]. 能源技术与管理，2009，（5）：113-115.
[130] 张国兴. 基于博弈视角的煤炭企业安全生产管制分析[J]. 管理世界，2009，（9）：184-185.
[131] 李海华. 我国资源结构及煤液化发展现状[J]. 煤炭技术，2012，（1）：233-234.
[132] 陈鹏，刘宗光，李成林. 我国煤炭行业的安全现状和对策分析[J]. 煤炭技术，2006，（11）：1-2.
[133] 于秀琴. 浅谈地方煤矿安全监察体制的建立[J]. 煤炭经济研究，2007，（7）：74-76.
[134] 蒋占华，邵祥理. 煤炭企业生产安全中相关利益主体的动机分析[J]. 煤炭企业管理，2006，（11）：26-27.
[135] 于忠. 煤矿安全生产的经济学分析[J]. 税务与经济，2008，（2）：46-51.
[136] 陶长琪，刘劲松. 煤矿企业生产的经济学分析——基于我国矿难频发的经验与理论研究[J]. 数量经济技术经济研究，2007，（2）：124-135.
[137] 沈斌，梅强. 煤炭企业安全生产管制多方博弈研究[J]. 中国安全科学学报，2010，（9）：139-144.
[138] 孙永波，耿千淇. 基于四方博弈的煤炭安全生产机理研究[J]. 煤炭经济研究，2009，（3）：78-80.
[139] 胡文国，刘凌云. 我国煤矿生产安全监管中的博弈分析[J]. 数量经济技术经济研究，2008，（8）：94-109.
[140] 张慧，梁美健. 新闻媒体对我国煤矿安全生产的监督研究[J]. 内蒙古煤炭经济，2014，（1）：84-86.
[141] 周慧文. 欧洲国家工伤保险费率管理实践及其对我国的启示[J]. 中国安全科学学报，2004，（4）：3-5.
[142] Burton J F，Berkowitz M. Objectives other than income maintenance for workmen's compensation[J]. Journal of Risk and Insurance，1971，38，（3）：343-355.
[143] Kip W，Zeckhauser R J. Optimal standards with incomplete enforcement[J]. Public Policy，1979，27（4）：438-456.
[144] Burton J，Chelius J. Workplace safety and health regulations：rationale and results[J]. Government Regulation of the Employment Relationship，1997，55（2）：253-293.
[145] Boden L I，Ruser J W. Workers' compensation "Reforms"，choice of medical care provider and reported workplace injuries[J]. Review of Economics and Statistics，2003，85（4）：923-929.

[146] Blum F，Burton J F. Workers' compensation benefits：frequencies and amounts in 2002[J]. Workers' Compensation Policy Review，2006，6（5）：3-27.

[147] Baden L I，Galizzi M. Blinded by moral hazard[J]. Rutgers University Law Review，2016，69（3）：12-13.

[148] 胡务，汤梅梅. 政府管制费率约束下工伤保险待遇的安全效应研究[J]. 经济管理，2019，（9）：20-37.

[149] 吴宗之. 面向 2020 年我国安全生产的若干战略问题思考[J]. 中国安全生产科学技术，2007，（1）：19-23.

[150] 任晓聪. 美国煤炭安全监管对中国的启示[J]. 煤炭工程，2016，（6）：145-148.

[151] 陈隆展. 杜邦公司安全绩效评估[J]. 安全管理，2004，（3）：11-12.

[152] 肖兴志. 中国煤矿安全规制经济分析[M]. 北京：首都经济贸易大学出版社，2009.

[153] 王恒. 河南省煤矿安全监察体系研究[D]. 陕西师范大学硕士学位论文，2016.